普通高等学校"十三五"规划教材

河北省精品课程推荐教材

基于工程设计思想的工程图学实践——案例与实操

刘宇红　刘　伟　戚开诚　主　编

刘淑英　张润利　张建军　副主编

张顺心　主　审

U0316882

中国铁道出版社有限公司

CHINA RAILWAY PUBLISHING HOUSE CO., LTD.

内 容 简 介

本书是根据我国当前对培养高素质、高水平、国际化人才的需求，在总结和吸取多年教学改革经验的基础上，参考国内外同类教材编写而成的。本书根据本学科知识的逻辑性、系统性、规律性，在不同阶段、不同环节中，对学生进行不同程度的空间思维能力、构型能力、创新能力、使用现代化工具和解决复杂工程问题能力的培养，其主要特点是：采用全新的国家标准；建立独特的结构体系；实操案例全部为工程应用内容，适用性强。

本书的主要内容有：零部件构形设计，机械零部件的三维造型与装配设计基础，机械零部件二维表达与 AutoCAD2018 辅助设计基础，机械零部件测绘与案例及面向工程应用的案例实操。

本书适合作为普通高等院校工程类专业教材，也可供工程技术人员参考。

图书在版编目（CIP）数据

基于工程设计思想的工程图学实践——案例与实操/刘宇红，
刘伟，戚开诚主编. —北京：中国铁道出版社，2018.10（2024.6 重印）
普通高等学校"十三五"规划教材
ISBN 978-7-113-25000-3

Ⅰ.①基… Ⅱ.①刘… ②刘… ③戚… Ⅲ.①工程制图-高等
学校-教材 Ⅳ.①TB23

中国版本图书馆 CIP 数据核字（2018）第 228874 号

书　　名：基于工程设计思想的工程图学实践——案例与实操
作　　者：刘宇红　刘　伟　戚开诚

策　　划：曾露平　　　　　　　　　　编辑部电话：（010）63551926
责任编辑：曾露平
封面制作：刘　颖
责任校对：张玉华
责任印制：樊启鹏

出版发行：中国铁道出版社有限公司（100054，北京市西城区右安门西街 8 号）
网　　址：https://www.tdpress.com/51eds/
印　　刷：三河市兴博印务有限公司
版　　次：2018 年 10 月第 1 版　　2024 年 6 月第 7 次印刷
开　　本：850 mm×1 168 mm　印张：14　字数：416 千
书　　号：ISBN 978-7-113-25000-3
定　　价：43.80 元

前　言

党的二十大报告强调，教育要以立德树人为根本任务，要坚持科技自立自强，加强建设科技强国。

工程图学是研究工程与产品信息表达和交流的学科，是普通高等学校本科专业重要的工程基础课程。本课程对培养学生工程图样绘制和阅读以及形象思维能力，提高工程素质和增强创新意识，具有重要作用。为了适应我国制造业的迅速发展和工程认证的要求，改革传统的教学内容和课程体系，培养大批素质高、工程能力和创新能力强的人才是当前的教改重点，因此，根据教育部工程图学教学指导委员会的基本要求，在参考国内外同类教材的基础上编写了本教材。

本书的特色和主要内容：

1. 基于产品设计思想，从构形、三维软件建模及装配、二维工程图绘制、测绘四方面分别展开，力图培养学生的空间想象能力、构形能力、产品表达能力、测绘技能以及解决复杂工程问题的能力。

2. 在前期工程图学基础知识的基础上，增加软件学习。三维采用容易上手、应用广泛的 Solid Works 软件进行建模和装配讲解；二维采用经典的 AutoCAD 2018 软件进行讲解。培养学生的设计构形思维能力、和使用现代化工具的能力。

3. 工程实践案例实操部分，采用了工程上常用的，并具有一定难度的零件和装配体作为案例，以使学生学习更有目的性，更接近工程实际，从而进一步提高学生的工程意识和解决复杂工程问题的能力。

4. 本书将基础讲解和案例分开，案例难易有度，以利于各专业学生选取适合自己专业要求和水平的案例进行实践和练习。

本书可供普通高等学校工程类本科专业教学使用，也可供工程技术人员参考。

本书凝聚着河北工业大学制图教研室全体教师多年来教学改革的经验和体会，由刘宇红、刘伟、戚开诚任主编，刘淑英、张润利、张建军任副主编。参加本书编写的有刘淑英（绪论、第 1 章），戚开诚、张润利（第 2 章），张润利（第 3 章），刘伟、田颖（第 4 章），商鹏、刘宇红（第 5 章），李满宏（第 6 章），刘宇红（附录）。刘宇红、张建军统稿。

全书河北工业大学张顺心教授主审。

由于编者水平有限，书中难免有欠妥、不当之处，恳请读者批评指正。

编　者
2023 年 7 月

目 录

绪论

一、工程设计概论

工程设计是人们运用科技知识与方法,有目标地创造工程产品构思和计划的过程,几乎涉及人类活动的全部领域。虽然工程设计的费用往往只占最终产品成本的一小部分(8%～15%),然而它对产品的先进性和竞争能力却起着决定性的影响,并往往决定70%～80%的制造成本和营销服务成本。因此工程设计是现代社会工业文明最重要的支柱,是工业创新的核心环节,也是现代社会生产力的龙头。工程设计的水平和能力是一个国家和地区工业创新能力和竞争能力的决定性因素之一。

工程设计的一般过程是根据工程所需的技术、经济、资源、环境等条件进行综合分析、论证;然后编写设计文件,包括总图、工艺设备、结构、动力、储运、自动控制、技术经济等工作;最后对设计产品进行包装、营销和使用等。

1. 工程设计发展史

中国在人类文明史上留下了无数杰出的设计成果,在世界文明史上占有重要的地位。和工程设计有关的成果反映在为提高生产效率而改进的生产工具上,如石磨、辘轳、绞车等,随着设计水平的进步和生产方式的变化,人们创造了更为复杂的产品,如指南针、纺织机械等。公元9年汉代就有了量具——铜卡尺,宋元时期的兵器和天象测量仪等方面的设计已经达到了很高的水平,北宋的《营造法式》是世界上最早的一部建筑规范巨著……。凡此种种,说明了工程设计在不断地发展。

在国外,工程设计同样经历了不断演化的过程。早在公元前3世纪,由于测绘和航海的需要,古希腊数学家就创立了度量几何学,开始用几何图形表示物体。国外最早的工程设计常常是和艺术关联在一起的,很多设计师同时也是艺术家和科学家,意大利的建筑师兼数学家阿尔贝蒂就编著了最早的绘画教材,德国画家、建筑师和数学家阿尔布雷特也编著了设计教材。18世纪的工业革命更是把工程设计带到了新的顶峰,资本主义生产完成了从工厂手工业向机器大工业的过渡,于是对工业产品的设计提出了新的课题,诞生了各种设计方法。

2. 工程设计方法

工程设计中又分传统设计方法、现代设计方法和创新设计方法。

（1）传统设计方法

一般包含以下几个阶段:市场需求分析——功能目标分析——明确设计任务——提出设计方案——优化设计方案——详细设计阶段——生产阶段——销售阶段。主要强调运用公式、图表、经验等。

（2）现代设计方法

这种方法强调以计算机为工具,以工程软件为基础,运用现代设计理念进行产品设计。其内容广泛,学科繁多,主要有计算机辅助设计、优化设计、可靠性设计、并行设计、虚拟设计等。其特点是效率高,可靠性强。尤其是使复杂的设计过程变得简单容易,阶段性不太明显,可随时随地修改任意参数。常见的软件有 Matlab、UG、Catia、Adams、Ansys、Solid Works、Auto CAD 等。

（3）创新设计方法

这种方法是指设计人员在设计过程中采用新的技术手段和技术原理,发挥创造性,提出新方法,探索新的设计思路,最后创造出新颖且成果独特的设计。其特点是运用创造性思维,强调产品的创新性和新颖性。它只包含两个阶段:从无到有,从有到新。尤其强调人的思维在设计过程中的创新性和创造性。

大量的设计案例证明:创新设计方法的优点远远大于其他方法。对于工程图学实践课程而言,创新设计更具有长远的实际意义,而其中的核心设计内容就是构形设计。大量实践表明:构形设计不仅要明确形体的分类,还要理解形体的生成和分解。而这些过程借助于 CAD 技术的应用会得到极大的发挥。

二、CAD 技术在工程设计中的应用

随着我国经济的不断发展和科技的进步,CAD 技术在工程设计领域中不断深入发展,对工程设计的重大突破起到了重要的作用,在机械制造、工程建筑、零件加工、航空航天等重要工业领域方面得到了广泛的应用,减少了设计人员的工作难度,提高了设计人员的创新思维和创造能力,为工程设计领域注入了新动力。

1. CAD 技术简介

(1)CAD 技术的组成

CAD 即计算机辅助设计,它是利用先进的计算机计算和图形处理技术,根据设计者的设计创造对工程进行设计和分析,来完成要实现的目的和得到要设计的成果。CAD 技术由硬件部分和软件部分组成,硬件系统是支持 CAD 发挥功用进行运作的物质支持,CAD 技术的运用建立在硬件系统之上。软件系统则是 CAD 技术的核心,它决定了 CAD 技术所具有的功能,软件部分越完善先进,CAD 能够发挥的功用就越强大。CAD 技术能够以计算机图形处理能力、产品造型技术、参数设计原理等为基础,实现设计、生产、管理一体化。同时 CAD 能将复杂的问题较简便的呈现出来,一些模糊的问题能够通过图示的分析研究做到可视化,从而减少问题的困难度,便于更好的理解,不仅能够解决问题,还能大大节省实验步骤和时间,提高经济效益,对试验过程进行良好的控制。CAD 技术能够满足现今社会快速发展的科学技术对高科技产品提出的高要求,能够实现产品的高质量和高效率,达到快速更新换代的要求,在应用领域中得到不断的推广和产生新的延伸与分支。

(2)CAD 技术的特点

在 CAD 技术出现以前,工程设计方法局限在传统的设计方法上,设计技术的发展和完善十分缓慢。传统的设计方法对设计人员技术要求较高,需要具有丰富的经验,结合静态分析和近似计算的方法,设计过程中不可避免地会出现误差,进程缓慢,结果也差强人意,不利于工程设计技术的发展,使企业难以在激烈的竞争中脱颖而出。CAD 技术的出现,提高了设计效率,解放了设计人员劳动力,可以方便快捷地实现设计者创造性思维和设计结果的轻松转换,大大发挥了设计人员的创新思维,降低了设计工作强度,能够将复杂的设计分析过程简单化,利用计算机强大的计算能力完成任务。CAD 技术适应能力强,应用范围广泛,在不断的发展和完善过程中,应用范围也在不断扩大,功能不断强化,为了适应广大用户的使用需求,未来 CAD 技术必然会向着标准化、集成化和智能化的方向发展,从而有利于工程设计行业的蓬勃发展。

(3)CAD 技术在工程设计中的作用

作为一项新兴的计算机辅助设计技术,CAD 技术在我国的设计行业中得到了充分的使用,尤其促进了我国制造行业的建设和发展。在 CAD 技术中,机械建模功能能够建立线框模型、表面模型和实体模型,这三种常见的三维建模相较于传统的二维建模体系能更加直观、立体的将模型展示出来,能够实现参数化变量化。尤其在绘制复杂的零件模型时,CAD 技术的建模功能给机械工程设计人员提供了一个简便、解放思维能力的平台,能够轻松地将复杂的模型快捷灵活地建立起来。零件的设计变得更加灵活、真实,能够更好地满足运用中实现的功能。CAD 技术能够降低传统的设计方法所带来的误差,降低设计时的操作难度,减少设计所需的时间,也极大地提高了零部件设计的成功率,给我国带来了巨大的经济效益。

2. CAD 在机械工程设计方面的应用

(1)简化绘制装配图、零件图的程序

CAD 技术在机械工程设计中最基础的功能就是进行计算机辅助绘图,相对于传统的由设计人员手工进行绘图易产生误差、不直观、不准确,也延长了工程设计的工作周期等缺点,CAD 制图则改进了这些缺点,通过常见的三种三维建模方式,不仅可以将设计人员要设计的零件图高精度地绘制出来,而且可以通过连接打印机直接打印投入生产,极大地缩短了工作时长,简化了绘制装配图、零件图的程序,能够提供每一个零部件的实际位置,实现零部件的精确装配,提高机械工程设计的绘图质量和效率。

(2)提高设计精确度和设计质量

CAD 技术利用其强大的计算机计算能力和图形处理技术,从根本上改变了机械零件设计的质量,提高了零部件制造时的成功率,与传统的设计理念有着质的飞跃,提高了零件设计的质量。由于 CAD 技术的发展,现代机械零件的生产,使模型和零件在很大程度上能够统一,从而极大程度上保证了机械设计产品的质量。CAD 技术先进与传统的机械设计方法还体现在解放了设计人员创新思维。传统的机械设计方法注重的是实践能力,这就限制了人们的创新思维,很多有创新性的想法无法得到技术支持和实现,而 CAD 技术的运用,可以将设计人员具有新意、创造性的产品以立体直观的形式轻松地展现出来,这就有助于设计人员找出产品设计的不足和缺陷,及时做出改正,提高零件制造的成功率。

三、工程图学实践的作用与内容

随着时代的发展,在新工科的背景下,教学体系和教学内容在不断地改革,转变教育思想、加强创新能力、提高工程实践能力是当前改革的重要指导思想。课程的理论知识必须有实践环节来配合才能更加完善。工程图学实践就是在学习工程图学这门课程之后,综合运用图学理论和 CAD 技术进行的工程设计训练。通过实践这一环节的训练,学生不但能更加深入地了解课程的基本理论和基本知识,而且能够学会运用这些理论和知识去解决工程中的具体问题。具体内容如下:

①熟练掌握 AutoCAD 二维绘图功能。

②能应用任意一个三维软件进行构形设计,例如 UG、Solid Works、Catia 或者 Pro E 等。

③通过对零部件的测绘实践训练,能正确使用工具拆卸机器、部件,正确使用测绘工具测量零件。

④能熟练掌握徒手绘制零件草图,读懂所给零件的所有内外部结构。

⑤掌握零件图的内容,掌握装配图的内容。

零部件构形设计

1.1 形体的分类、生成和分解

空间任何形体,从几何构形的观点来看,都是有规律的、可认识的,同时还可以将其正确地表达出来,这就需要分析空间形体的类型和形成规律,研究其生成和分解,从而在这个过程中更加深刻地认识空间形体。

空间形体分为基本形体和组合体,在工程应用中,常见的基本体有棱柱、棱锥、圆柱、圆锥、圆球和圆环,而组合体则千变万化,种类繁多。随着计算机技术在设计领域的广泛应用,按着构形方法分类更加符合创新设计的思想。

1.1.1 形体的生成

(1)回转法 任一平面图形(草图)绕轴线做旋转运动形成的形体。不同形状的运动母线(或平面图形)及其与回转轴线相对位置的不同,可以生成不同的回转体,如图1-1所示。

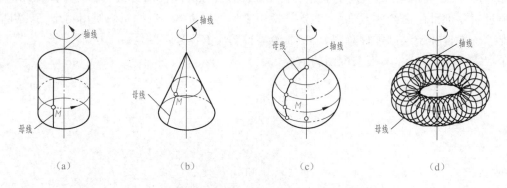

(a)　　　　　(b)　　　　　(c)　　　　　(d)

图1-1　回转体

(2)拉伸法 任一平面图形(草图)沿某一方向做平移运动生成的形体,如图1-2所示。

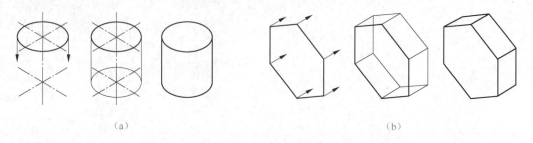

(a)　　　　　　　　　　　(b)

图1-2　拉伸体

(3)扫掠法 任一平面图形(草图)沿规定的路径曲线(导线或导面)运动生成的形体,如图1-3所示。简单基本体形成后可以进行布尔运算,通过求交集、并集、差集等得到各种组合体,如图1-4所示。

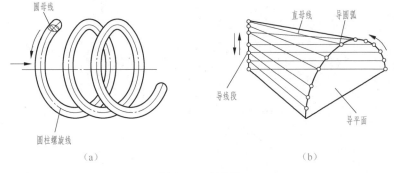

图 1-3　扫掠体

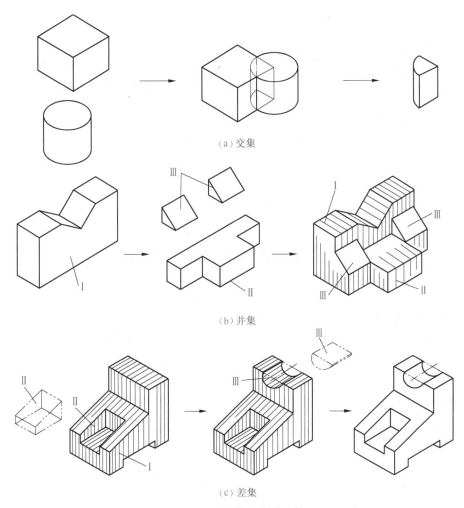

图 1-4　基本体的简单运算

1.1.2　形体的分解

1. 基本形体的分解

基本形体是由几何元素（点、线、面）组合而成，因此可以将其分解为最基本的几何元素，首先分析各种面的几何特征，再分析线和点，分析他们的相对位置、距离、角度，如图 1-5 所示。

2. 组合体的分解

很明显，形体的分解是形体生成的逆过程，掌握了形体的生成过程，就能将任何形体进行分解，进而顺利构形，如图 1-6 所示。

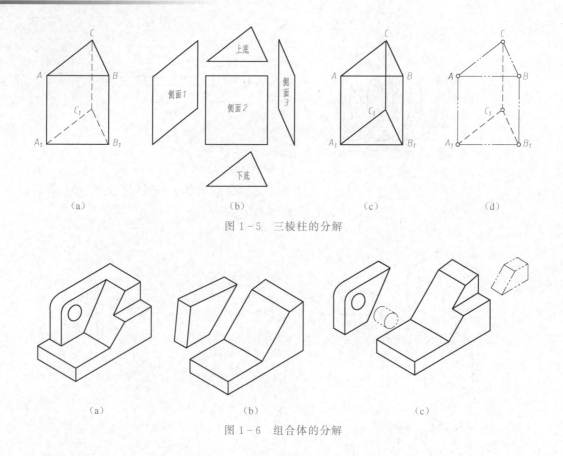

图 1-5 三棱柱的分解

图 1-6 组合体的分解

1.2 零件的构形设计

　　一般的设计过程,往往是囿于经验,当给出的设计任务接近脑中已形成的印象的产品时,很容易不加分析地在脑中反映出产品的形象,从而限制了想象的思路,造成不必要的失误。为了避免因纯"经验想象"而造成的失误,设计时应根据产品具体的功用,逐步拆解分功能,让每一个组成部分对应完成具体的分功能并进行对比分析,从而得出正确的结论。比如,水龙头是用来开关流水的;千斤顶是用来顶起重物的,台灯是用来照明的,等等。要设计这些产品,必须明确:为保证实现这些功能,需要采用怎样的结构和形状,如何表达这些设计信息,同时在此过程中,要考虑所设想的形体的各部分是否能组成整体,设想形体的轮廓形状是否符合已知外形要求等,也就是说,所设计的产品不仅要符合设计要求,还要符合工艺要求。这才是构形设计的最终目的。

　　零件构形设计的基础是基本几何形体的构形,只有把基本体拆分、叠加正确,才能准确、快速的构造出满足设计要求的结构、外形,但是要想真正进行完整的零件构形还要考虑产品的制造、装配等过程中的工艺要求,例如铸造过程中的起模斜度、铸造圆角、壁厚等;机械加工过程中的倒角、倒圆、凸台、凹坑、钻孔等结构,以及从外形美观方面进行设计。

1.2.1 从产品的功用进行构形分析

　　产品的构形设计过程主要应满足其功能要求。构形设计的过程是由抽象到具体、由模糊到精确的渐进过程,设计的每一步都可以随时修改、润色,以便最大限度地达到满足功用的目的,而且各个步骤之间的先后关系也可以适当更改。

　　一般情况下,应按照零件的各个组成部分所起的作用进行功能性分解,再构建以基本体为毛坯的各个分解体,最后利用各个分解体之间的相对位置关系,完成零件的总体构形。图 1-7 所示为底板的构型设计过程。

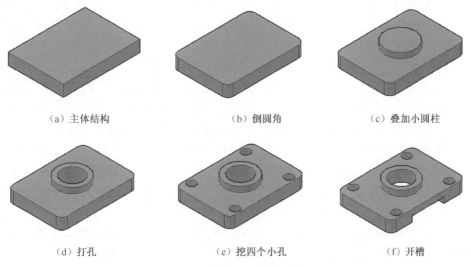

| （a）主体结构 | （b）倒圆角 | （c）叠加小圆柱 |
| （d）打孔 | （e）挖四个小孔 | （f）开槽 |

图 1-7　底板的构型设计过程

　　首先,底板作为支承部分一般要求稳重、平坦,便于安放,所以基本体选择较扁的长方体,这样图 1-7(a)构形成功;然后为了安全、方便起见,四周倒圆角,则图 1-7(b)出现;为了减少加工面、对中方便,增加一个凸台,则图 1-7(c)出现;在正中心打安装孔,则图 1-7(d)出现;为了固定底板,四角增加安装孔,则图 1-7(e)出现;最后为了减少加工面,减轻重量,则图 1-7(f)出现,这样底板总体构形成功。

1.2.2　从工艺、加工、装配等方面进行构形分析

　　从工艺要求方面看,为了产品的毛坯制造而设计出铸造圆角、起模斜度;为了零件的安装方便而设计出倒角、倒圆;为了连接安装设计出法兰、键槽和螺孔;为了支承零件而设计出肋板、凸缘等。如图 1-8(e)所示的零件是减速器中的从动轴,它的主要功用是装在轴承中支承齿轮传递扭矩(或动力),并与外部设备连接。它的构形过程如图 1-8 所示。为了伸出外部与其他机器相连且用轴承支承轴,在左端制出一轴颈,如图 1-8(a)所示;为了安装齿轮在右端做一轴颈,如图 1-8(b)所示;为了固定齿轮的轴向位置,增加一稍大的凸肩,如图 1-8(c)所示;为了支承齿轮用用轴承支承轴,轴端作成轴颈,如图 1-8(d)所示;为了与外部设备连接,左端做一键槽,为了与齿轮连接,左端第二部分也做一键槽,为了装配方便,保护装配表面,多处做成倒角,如图 1-8(e)所示。

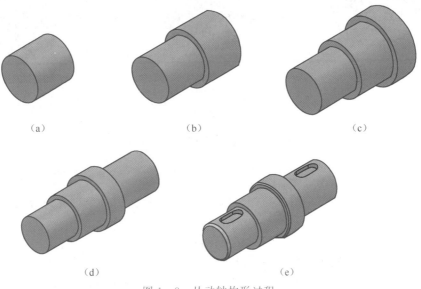

| （a） | （b） | （c） |
| （d） | （e） | |

图 1-8　从动轴构形过程

很显然,无论产品的功能是什么,构成产品的形体数量是多还是少,每个部分在实现产品功能中起什么作用,各个组成部分是简单还是复杂,他们所构成的体素(特征)是相同的,随着 CAD 技术在设计领域的应用,按着构形方法进行工程设计更加符合计算机辅助设计的思想。

1.2.3 从外形美观进行设计

一般来说,在完成了零件的功能设计和工艺设计后,产品是可以满足人们需求的。但是,随着科学技术的进步,人们文化水平不断地提高,对产品的要求也越来越高。不仅要求能用,而且还要求轻便、经济、美观。这就需要进一步从美学的角度出发来考虑零件的外形设计。因此,具备一些工业美学、造型科学的知识,才能设计出更好的产品。如图 1-9 所示台灯可以拆解成灯罩、连杆、底座等几个部分,每一部分的功能非常简单,可以设计成各种形状和颜色,例如底座可以是椭圆的[图 1-9(a)],也可以是锥台状的[图 1-9(b)],还可以是扁圆柱状的[图 1-9(c)];颜色可以是白色的,也可以是黑色的,还可以是银灰色的;连杆断面可以是椭圆柱形或圆柱形的[图 1-9(a)],也可以是长方形的[图 1-9(b)];灯罩部分可以是牛角形的[图 1-9(a)],圆球形的[图 1-9(b)]或异形的[图 1-9(c)]等。总之设计空间很大,留给设计者自由发挥的余地很充足。

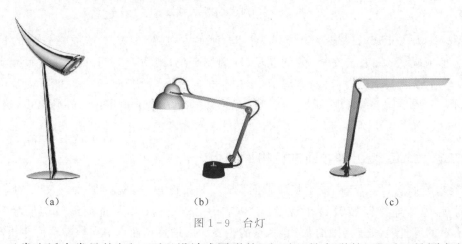

(a)   (b)   (c)

图 1-9 台灯

再比如,日常生活中常见的鱼缸,可以设计成圆形的,也可以是方形的,还可以是漂亮的曲面形状,如图 1-10 所示。

(a)   (b)   (c)

图 1-10 鱼缸

1.3 部件的构形设计

部件的构形过程实际上就是根据其功能,设计出完成其功能的各个零件,然后把各个零件完成装配的过程。一般需按以下步骤进行:

①明确部件的功能,确定完成此功能需要的结构和具体零件。

②构思每个零件的可能结构,择优选择设计方案。

③确定各部分的具体尺寸。一般根据设计任务的具体要求和实践经验确定,后续机械设计的有关

知识学习还可以进行相应的力学计算。

　　④建立各个零件的三维模型图,完成其装配模型。

　　⑤绘制二维装配图和零件图。

　　下面以千斤顶为例,介绍此部件的构形过程。

　　图 1－11 所示为利用螺旋传动来顶升重物的千斤顶,工作时,绞杠穿在螺旋杆顶部的孔中,通过它的旋动使螺旋杆在螺套中靠螺纹作上、下运动,从而使顶垫上的重物升降。

　　设计千斤顶的目的是为了利用其顶起重物,这是主要功能。可能需要的结构至少有支承底座和升降结构。为了能稳定地支承重物,必须设计出一个较大的底座,可以是圆形的,也可以是方形的,其内部中空,是为了容纳其他零件和减轻重量。图 1－12 所示为三种形式的底座。

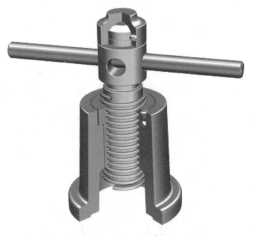

图 1－11　千斤顶

　　为了抬升重物,必须设计出相应的升降结构,升降重物的方法有很多种,可以通过气动机构升降,也可以通过液压机构升降,这里采用最简单的螺纹结构升降重物。而且为了传递较大的力矩,采用矩形螺纹。螺纹结构由于使用频繁,为了制造、修配和使用方便,不能把螺纹结构直接加工在底座上,而是另外设计一个螺套,把螺套安装在底座内部,可以自由拆卸,如图 1－13 所示。

　　为了保证底座和螺套的相对位置,保证二者之间不能相对转动或移动,可以用各种方法定位。其中,标准件由于具有很好的互换性,不经修配和挑选就能顺利地装配到部件上,所以选择标准件。这里用一个开槽锥端紧定螺钉(GB/T 73—2000)把二者定位。

　　图 1－14 是把三者装配到一起后部件的效果图形。

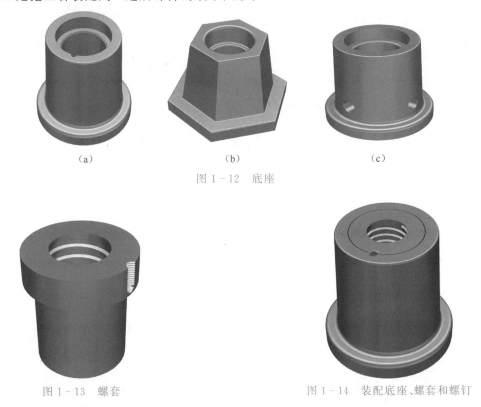

（a）　　　　　　　　　　（b）　　　　　　　　　　（c）

图 1－12　底座

图 1－13　螺套　　　　　　　　图 1－14　装配底座、螺套和螺钉

　　为了能把重物升到一定高度,必须有与螺套配套使用的有一定长度的杆件,称之为螺杆,螺杆的形状、高度也可以自由设计,图 1－15 所示为其中两种形状。

图 1-16 是把螺杆装配好的部件效果图。

其中为了使杆件转动方便,在螺杆上设计了垂直相交的两个小孔,把一个绞杠穿插在其中,通过绞杠的转动达到升降重物的目的。图 1-17 为绞杠的形状。

图 1-18 是把绞杠装配上的效果图。

为了保护被抬升重物的接触面,不让螺杆顶端与重物的底面产生转动磨损,设计了一个顶垫,如图 1-19 所示。

图 1-20 是把顶垫装配好的效果图。

为了给顶垫和螺杆定位,选用一圆柱端紧定螺钉(GB/T 75—2000)。螺钉一端带有一小段圆柱端,保证其插入到螺杆的槽内但不与槽接触。

图 1-21 是把螺钉装配好的效果图。

这样,千斤顶的构形过程完成,为了明确各零件的细节,图 1-22 列出了零件的明细。

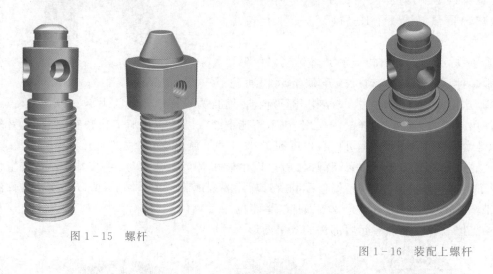

图 1-15　螺杆

图 1-16　装配上螺杆

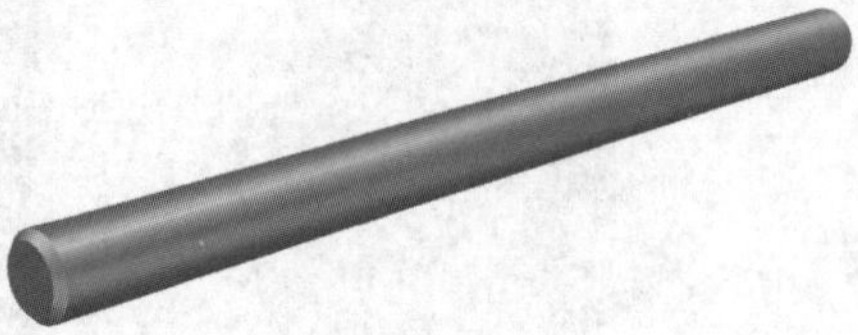

图 1-17　绞杠

图 1-18　装配绞杠

图 1-19　顶垫

图 1-20　装配顶垫

图 1-21　装配螺钉

图 1-22 为千斤顶的装配图。

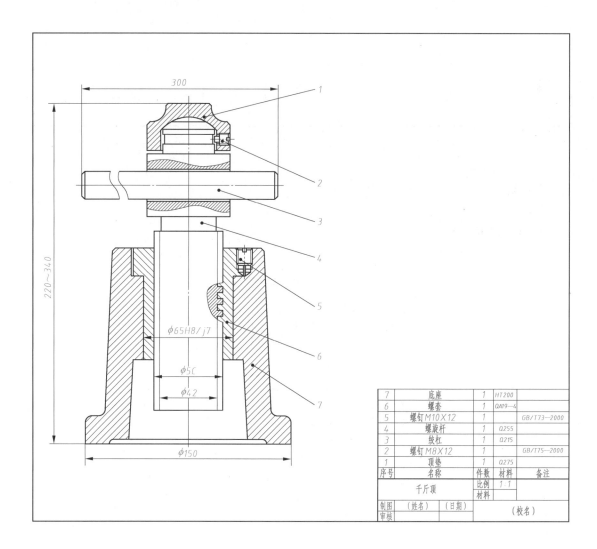

7	底座	1	HT200	
6	螺套	1	QA19—4	
5	螺钉M10×12	1		GB/T73—2000
4	螺旋杆	1	Q255	
3	绞杠	1	Q215	
2	螺钉M8×12	1		GB/T75—2000
1	顶垫	1	Q275	
序号	名称	件数	材料	备注
千斤顶		比例	1:1	
		材料		
制图	(姓名)　(日期)		(校名)	
审核				

图 1-22　千斤顶装配图

图 1-23 是顶垫的零件图。

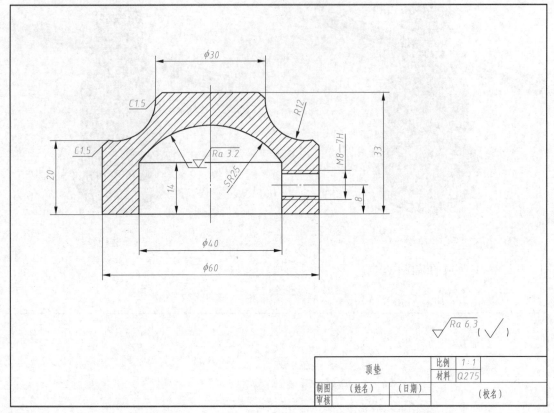

图 1-23　顶垫零件图

习　题

1. 分析图 1-24 所示零件的构形过程,用造型软件建立其三维模型。

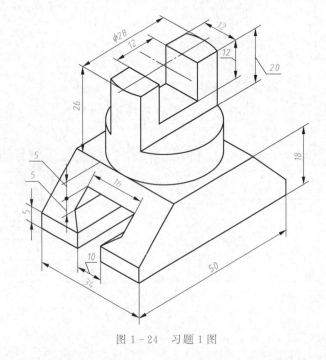

图 1-24　习题 1 图

2. 部件的构形设计——顶尖的设计。

（1）工作原理

顶尖是钳工经常用到的部件，主要用来支撑工件和精确定位。图 1-25(a)是其三维装配图，其中底座 1 为支撑部分，通过调节螺母 3 调整整个部件的总体尺寸，而螺钉 2 是在部件中给零件 4 定位的。

（2）设计要求

对顶尖进行改进性设计，可调高度 80～120 mm。除了 60°顶角不需要变动，其他各个部位均可以改变。

①可以对各个零件的形状进行改造。例如把底座 1 的形状变成方形，也可以在上面打孔，底座的形状可以是圆锥台的形状，也可以是圆柱状。

②可以更改零件的数量，比如零件数量由 4 个变成 5 个或 6 个。

③零件的数量和形状可以同时改变。

（3）设计任务

①确定各个零件的具体尺寸和结构，用造型软件创建顶尖的三维装配模型。

②由三维图绘制零件图，标注所有尺寸和技术要求。

③徒手绘制其中的一个零件的草图。（零件自选）

图 1-25(b)给出了底座的一种二维结构图，其中所有组成结构的尺寸、形状可以自行设计，各个孔、槽的大小、位置也可以自由放置，只要能保证顶尖的可调高度在 80～120 mm 之间即可。

3. 产品的构形设计——设计带电风扇的台灯。

台灯一般包括灯头、灯杆、底座三部分。这里不考虑电路，只考虑结构，灯头部分形状任意，但要保证可转位，风扇部分可转动，直径为 150 mm，可安装在灯杆部分，底座大小、形状任意，参看图 1-26。

设计任务：

（1）确定各个组成部件的具体尺寸和结构，用造型软件创建三维装配模型。

（2）由三维图绘制一个零件二维图。（自选）

（3）徒手绘制其中的一个零件草图。（零件自选）

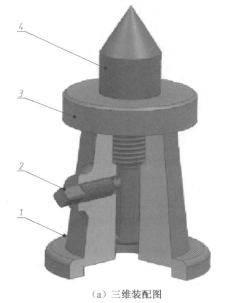

（a）三维装配图

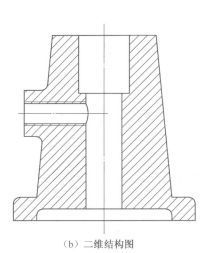

（b）二维结构图

图 1-25　习题 2 图

图 1-26　习题 3 图

第2章

机械零部件的三维造型与装配设计基础

随着科技的发展,机械工业中的设计方法逐渐从二维平面设计过渡到三维立体设计。设计者可以将头脑中的零部件模型通过设计软件直接生成虚拟的计算机模型,能够在电脑上直接显示出来。三维模型是产品的重要信息载体,可以将设计思想、制造以及管理等联系在一起,因此在设计阶段就考虑产品特征的规划,将设计思想融入到整个过程,可以提高产品的开发效率。

本章以三维设计软件 SolidWorks 2016 讲述三维设计思想,以及该软件的建模及装配体的设计方法。

2.1 三维建模思想与意图

对单个零件进行建模设计,其实就是在模拟零件的生产制造过程,只不过实际的生产是通过机械加工以及铸造、焊接、3D打印等工程方法来实现产品的去除材料和添加材料而最终得到产品。三维软件的设计则是通过软件中的命令实现去除和添加材料,而且方式更多、更灵活,有时不完全拘泥于模仿实际的加工手段,比如可以在软件中通过镜像、阵列等命令快速生成模型。下面以一根轴的设计过程来说明三维建模的思想以及和平面工程图设计的区别,如图 2-1 所示。

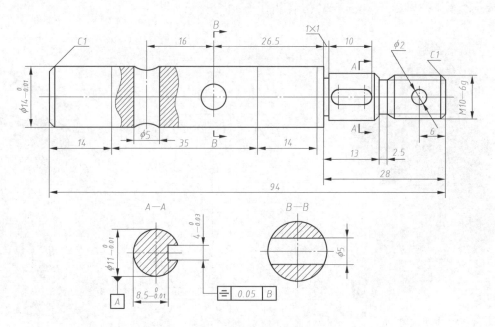

图 2-1　泵轴的零件图

三维建模主要是叠加和挖切两种思想,如果模型中有需要叠加和挖切两种形体,一般情况下是先叠加后挖切。叠加可以通过拉伸、旋转以及扫描放样等命令来实现,切除也可以通过拉伸切除、旋转切除以及扫描放样等切除方法得到。

方法一:把泵轴零件分成 5 段圆柱,如图 2-2 所示,然后通过拉伸各段圆柱将其叠加。最后通过切除材料的方式进行细节(孔,键槽,倒角等)的建模。

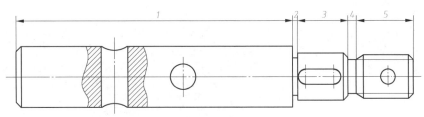

图 2-2　分段叠加生成泵轴

方法二:从整体考虑,轴套类零件有回转轴,可以采用旋转方式生成,如图 2-3 所示,然后通过切除材料的方式进行细节(孔、键槽、倒角等)的建模。

图 2-3　整体旋转生成泵轴

建模时不要试图一步到位,而是应该考虑把模型分成几个部分,通过叠加或者挖切的形式最后建立模型。

例 2-1　观察图 2-4,思考其建模过程。

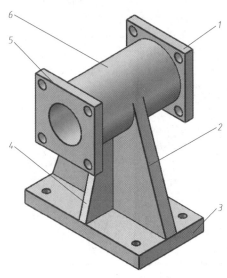

图 2-4　例 2-1 模型图

分析:每个模型的建模方法都不是唯一的,但是合理的建模过程可以提高建模速度,减少建模过程中的错误。在该模型中,可以分成 6 个部分来建模,合理的建模顺序应该为 3—6—1—5—4—2。4 和 2 的生成是依靠 6 和 3 的,所以一般情况是先建模 3 和 6。模型中孔结构部分要等到整体建模完成后再进行挖切。

2.2　Solid Works 界面介绍

Solid Works 是达索公司产品,集建模、产品分析(运动、力、流场、热)一体的功能强大的机械设计软件。本课程以 Solid Works 2016 版本为例介绍建模相关功能。

图 2-5,图 2-6 所示为 Solid works 界面。

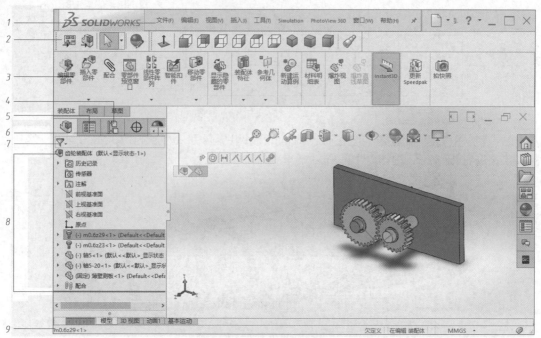

（a）Solid Works 2016 界面（一）

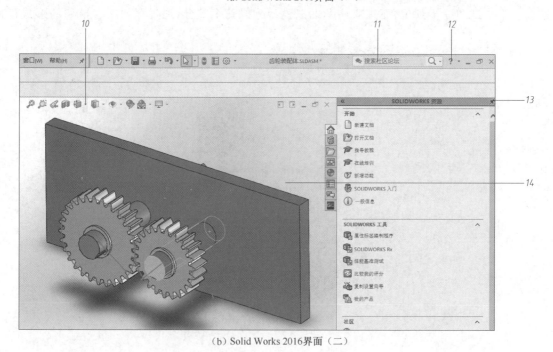

（b）Solid Works 2016 界面（二）

图 2-5　Solid Works 2016 界面

1—菜单栏;2—工具栏;3—commandmanager;4—configurationmanager;5—propertymanager;6—选择导览列;7—featuremanager 设计过滤器;8—featuremanager 设计树;9—状态栏;10—视图导航栏;11—搜索;12—帮助;13—资源栏;14—绘图区域

2.3　Solid Works 新建模型

从标准工具栏中选择"新建"命令,或者从菜单栏单击"文件→新建"按钮启动新建窗口。如图 2-6 所示,有三个模块:零件,装配体,工程图。选择相应的模块,单击"确定"按钮,进入相应的建模、装配或者工程图环境。

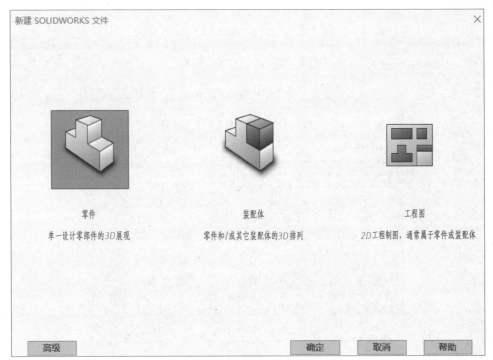

图 2-6　新建模型对话框

2.4　Solid Works 图形环境设置

Solid Works
图形环境设置

每个人使用工具都有自己的爱好，软件也是一种工具，也可以设置自己的绘图环境。进入 SolidWorks 软件以后，需要掌握一些常用的环境设置方法。

2.4.1　工具栏

1. 工具栏上名称的显示

可以启用带文本的大按钮，启用方式是在工具栏上单击右键，在右键菜单中的"使用带文本的大按钮"前复选框中打勾，即可在工具栏中显示带中文名称的图标按钮，这样便于选择相应按钮，图 2-7 是两种方式的区别和操作过程图。

（a）

（b）

图 2-7　启用带文本的大按钮的操作过程

2. 工具栏的隐藏和显示

右键单击常用工具栏下方的工具名,在弹出菜单中选择需要的工具,如焊件,则会在常用工具上添加焊件工具栏,也可以去除相应工具栏名称前的对勾,则可隐藏相应工具栏,如图2-8所示。

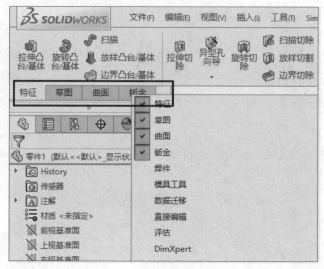

图2-8 工具栏的隐藏和显示

3. 工具栏中命令的添加

工具栏中显示的命令只是常用的一些命令,有些命令并没有显示出来,如需要则自定义添加,如图2-9所示。

第一步:右键单击工具栏空白处,从弹出菜单中"自定义"按钮;

第二步:在"自定义"的窗口中选择"命令",则所有的命令显示出来;

第三步:选择"特征",则相应的特征工具栏的命令都显示出来;

第四步:在"特征"工具栏上选择要添加的命令,左键拖动想要添加命令的图标到相应的工具栏上即可。

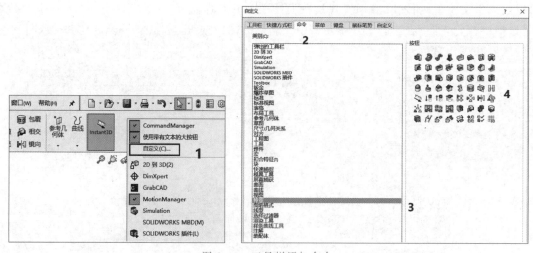

图2-9 工具栏添加命令

2.4.2 设置绘图区域背景颜色

背景颜色除了个人喜好以外,有时在设计文档打印中需要模型背景的颜色为白色,系统默认颜色不是素白色,需要修改,其他颜色的设置也类似。如图2-10所示,以设置白色背景为例,第一步:单击"选项"按钮,弹出"系统选项"窗口;第二步:从系统选项中选择"颜色"选项,出现颜色设置对话框;第三步："颜色方案设置"中选择"区域背景";第四步:在"背景外观"中选择"素色";第五步:左键单击"编辑(E)"按钮;第六步:在出现的颜色设置方案中选择想要设置的颜色"白色";第七步:单击"确定"按钮;第八步:单击"确定"按钮。

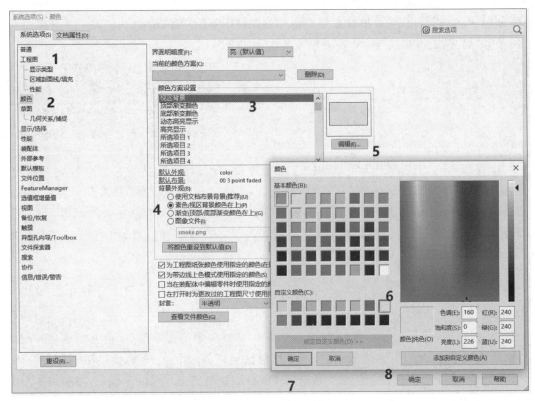

图 2 - 10　设置图形区域颜色背景

2.4.3　建模单位设置

中文版系统默认单位是 MMKS 单位系统,如果需要设置成别的单位系统,可以从菜单"工具→选项"中选择"文档属性",然后选择"单位",从中选择相应的"单位系统"即可,如图 2 - 11 所示。

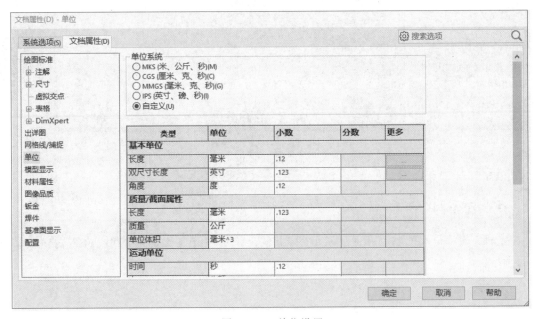

图 2 - 11　单位设置

2.4.4 鼠标的使用

鼠标一般都是三键鼠标,通过三键的使用控制模型显示(视觉上的显示)。

(1)模型的旋转:按住鼠标滚轮;

(2)模型缩放:滚动滚轮,一般把鼠标放到要缩放区域附近进行滚动缩放;

(3)模型移动:先按住[Ctrl]键,再按滚轮就能实现模型平移。

2.5 Solid Works 草图

草图绘制案例1 草图绘制案例2 草图绘制案例3

草图与工程图不同,工程图是为了指导制造加工零件而绘制;草图是为了建立特征实体而绘制的几何体,一般情况下是封闭图形,它是三维建模的基础。草图由直线、圆弧等基本几何元素构成。

草图绘制有两种:2D草图和3D草图。两者区别在于2D草图必须选择一个绘制平面,才能进入绘制;而3D草图则可以直接进入,并绘制空间草图轮廓,3D草图的绘制一般是为了生成实体的路径,而不能用3D草图作为轮廓生成实体。

2.5.1 进入/退出草图绘制

草图绘制一般是由草图工具栏里的草图绘制命令进入,如图2-12(a)所示。如果在选择草图绘制命令之前没有选择任何平面或者基准面,则会有如图2-12(b)中的提示信息,也就是说2D草图需要选择一个平面或者基准面,然后才能进入绘制,或者选择已经存在一个草图(也就是激活所选草图);如果选择3D草图绘制,则不会提示任何信息直接进入3D草图绘制状态。完成草图后左键单击草图左上角的保存退出即可,或者不保存退出。

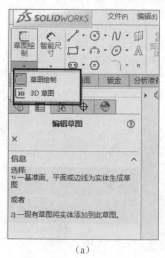

(a)

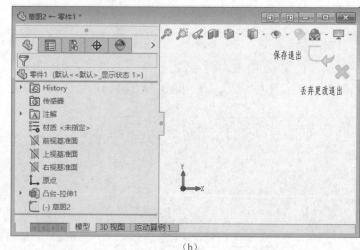

草图的介绍

(b)

图2-12 草图绘制进入和退出

2.5.2 2D草图绘制

SolidWorks软件是尺寸驱动几何元素形状,也就是说可以先画出图形的形状,然后标注尺寸来约束图形的大小。

1.绘制方式

有两种绘制方式:单击—拖动和单击—单击。

(1)单击—拖动 主要适用于单个草图曲线,比如仅仅画一条直线,可以单击起点后不要松开而是拖动鼠标到下一点再松开鼠标,此时在两点间就完成了一条直线,而且命令结束。

　　(2)单击—单击(左键单击)　适用于连续画图,比如画一个四边形,此时可以激活直线命令后,单击起点,然后松开鼠标,把鼠标移动到下一点,鼠标单击松开,然后继续,这样连续单击四次就能够形成一个四边形。在此过程中,直线命令一直被激活,不会结束。

　　结束命令有三种方式,可以通过按键盘的[Esc]键,退出命令;也可以在绘图区域的空白处双击鼠标左键;或者在绘图区域的空白处单击鼠标右键,从弹出的右键菜单中选择相应命令来结束。

　　2. 绘制直线

　　首先选择一个基准面或者平面(后面别的命令也是如此),单击草图绘制进入到草图。从草图工具栏上单击直线命令,然后可以采用上面两种绘制方式绘制直线。此处要说明的是直线有三种形式:直线,中心线和中点线。直线和中点线都是实线,可以形成生成实体的轮廓,只是直线的绘制形式是起点—终点,而中点线的绘制形式是从中点开始对称绘制直线,如图 2-13 所示。中心线命令主要是生成图形的结构线,不能生成实体特征。

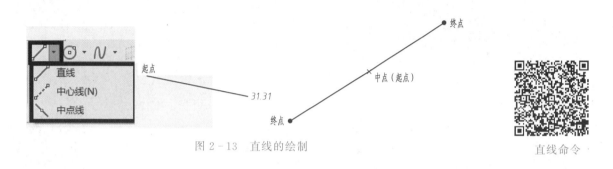

图 2-13　直线的绘制　　　　　　　　　　　　　　　　　　　直线命令

　　单击"直线"命令后,弹出图 2-14 所示"直线命令"窗口,可以在窗口中选择方向或者设置选项生成不同的直线。

　　3. 圆/圆弧绘制

　　圆/圆弧绘制根据已知条件可以选定不同的形式进行绘制。圆命令有两种形式:圆心半径和三点圆弧,如图 2-15(a)所示;圆弧命令有三种形式:圆心、起点、终点,切线弧和三点圆弧,如图 2-15(b)所示。画完图形后用尺寸标注来约束圆的大小和位置。

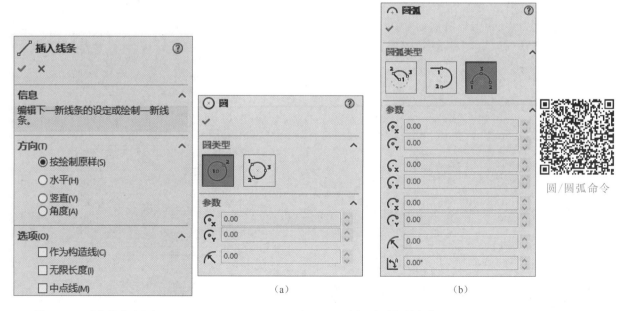

（a）　　　　　　　　　（b）

图 2-14　"直线命令"窗口　　　　　　图 2-15　圆/圆弧绘制命令

4. 矩形/平行四边形绘制

该命令根据给定的条件有五种情况可供选择,如图 2-16(a)所示。画完图形后,用尺寸标注来约束大小和位置。其中选中"添加构造性直线"选项可在矩形的中心形成两条中心线,有两种选择:从中点和从边角,如图 2-16 所示。

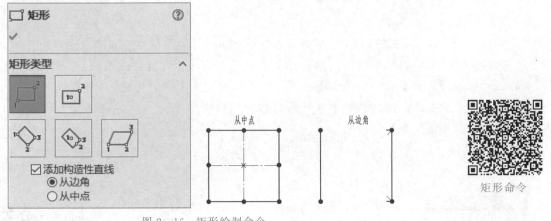

矩形命令

图 2-16 矩形绘制命令

5. 槽口

槽口命令非常有用,在常用的机械零件中经常出现这种结构,例如键槽。如图 2-17 所示为"槽口"命令的对话框。在弹出的"槽口"对话框中有四种槽口的形式,图 2-16 中的 1、2、3、4 就是在绘制槽口时鼠标单击的顺序,可以通过选中"添加尺寸"选项在绘制时自动添加相关尺寸,也可以在绘制完成后标注尺寸来约束其大小。

槽口命令

6. 多边形

多边形命令是指绘制正多边形,如图 2-18 所示,根据绘制要求在参数选项中填写相应参数,也可以在可选项中选择作为构造线绘制成由点画线构成的多边形。一般在绘制完成后标注尺寸和相关的几何约束。

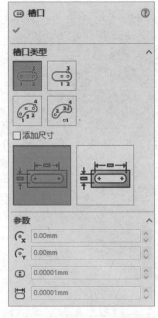

图 2-17 "槽口"对话框

图 2-18 "多边形"对话框

7. 绘制圆角

圆角绘制是指在草图的两条直线之间或者一条直线和一个圆弧之间绘制圆角,如图 2-19 所示。图 2-20 所示为圆角的绘制窗口,在该窗口中,在"要圆角化的实体"中选择需要添加圆角的两条直线;在"圆角参数"中设置圆角半径,圆角半径要合理,设置过大则会报错。

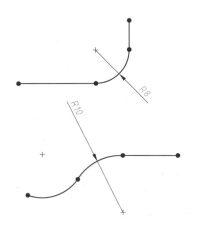  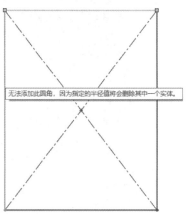

图 2-19　绘制圆角连接形式　　　　　　　　图 2-20　圆角绘制

8. 倒角绘制

只能在两条直线之间绘制倒角,图 2-21 所示为"绘制倒角"对话框,根据绘图条件选择不同的倒角参数进行绘制。

（a）　　　　　　　　　　（b）　　　　　　　　　　（c）

图 2-21　倒角绘制

9. 草图文字

草图文字命令就是编辑草图中的文字,可以通过特征建模将草图文字生成实体文字。图 2-22 为"草图文字设置"对话框。其中"曲线"就是要选择一条文字放置形状的线,该曲线可以是直线、圆弧或者样条曲线。窗口设置中可以通过设置字体形成不同的效果,也可以设置文字的高度、宽度、距离以及文字的方向。

2.5.3　草图修改

草图的修改包括:如何进入已经退出的草图;如何删除一幅草图;进入草图后如何删除几何元素;如何修剪几何元素的一部分。

1. 进入(激活)已经退出的草图

草图完成后保存退出,如果发现草图绘制有错误,需要再进入草图进行修改,也就是要修改草图,必须先激活它。要激活另一幅草图,必须退出当前正在编辑的草图。如图 2-23 所示,在模型树中需要激活的草图上右击,从弹出的菜单中选择"编辑草图"命令。

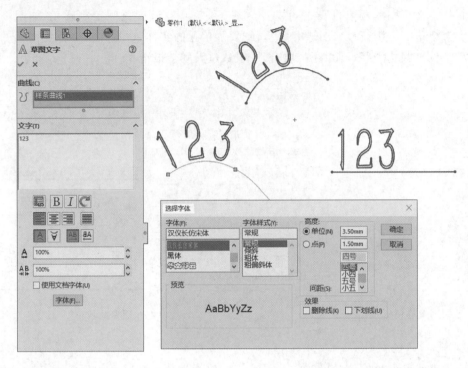

图 2-22 "草图文字设置"对话框

2. 删除一幅草图

如果整幅草图不需要,则需要删除。如图 2-24 所示,在模型树相应草图上单击右键,在弹出的菜单中选择"删除"命令即可。

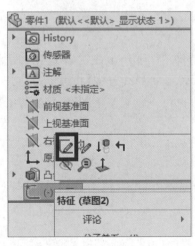

图 2-23 激活草图

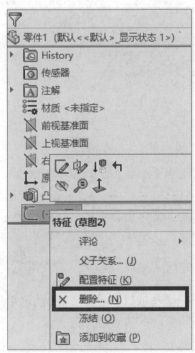

图 2-24 删除草图

3. 删除几何元素

要删除某个完整的几何元素,首先应进入该(激活)草图,选中它以后可以按键盘上的[Delete]键删除,也可以在该几何元素上右击,在弹出的菜单中选择"删除"命令即可。

4. 剪裁草图/延伸实体

剪裁草图指的是删除几何元素和其他几何元素相交的一部分。选择"剪裁"命令,弹出"剪裁"命令对话框,一般选择"强劲剪裁"选项,此时单击鼠标左键不放,在要剪裁的元素上划过一条线,线通过的元素即可以剪裁(不是删除,是剪裁掉两个元素之间的部分),如图 2-25 所示。

选择"延伸实体"后,用鼠标左键单击要延伸的几何元素的一端,则该端会延伸到下一个元素,如图 2-25 所示,若单击直线 AB 靠近 A 端一侧,则 A 端延伸到直线 1;若单击直线 AB 靠近 B 端一侧,则 B 延伸到直线 2。

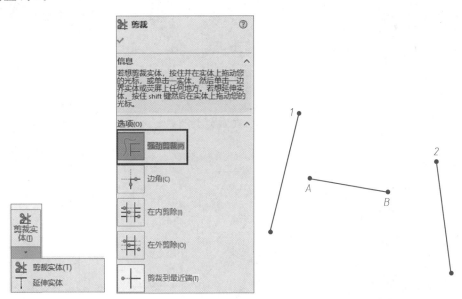

图 2-25　修剪和延伸

2.5.4　常用草图工具

使用草图工具可以加快画图速度,可在草图绘制过程中对草图进一步编辑。包括绘制圆角,倒角,修剪,等距实体,转换实体引用,镜像,整列,移动,复制,旋转,缩放比例,伸展等。前面已经介绍了一些,下面介绍一些经常用到的工具。

1. 等距实体

等距实体就是将一条线或一个线链沿着一个方向或者两个方向偏移一定的距离。如图 2-26 所示,其中"参数"设置中是偏移的距离,"添加尺寸"是指在偏移完成后自动标注尺寸,"反向"和"双向"就是偏移的方向,"构造几何体"是指将所选的几何体转换成构造线(点画线构成的形状)。

2. 转换实体引用

"转换实体引用"是指在打开的草图中,引用别的草图或者实体的几何元素到打开的草图中形成新的轮廓。如图 2-27 所示,在基准面 1 的草图中引用圆柱体底面上的样条边界线,激活基准面 1 的草图后,在"实体引用"对话框中选择样条边界线,确定后则可以在基准面 1 上引用该线。

图 2-26　等距实体

3. 草图镜向实体

对于轴对称的图形,在画草图时可以仅画一半,然后用"镜向实体"命令完成全部图形,当两个图形是对称图形时也可以用"镜向"命令。如图 2-28 所示,在"镜向"命令对话框中,首先要选择"镜向"的实体,然后在镜向点处选择对称轴,最后单击"确定"按钮即可。

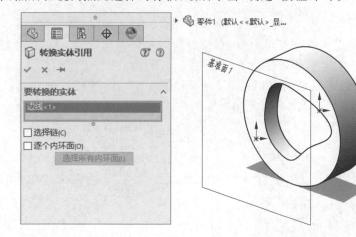

图 2-27　转换实体引用

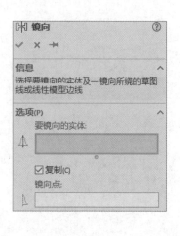

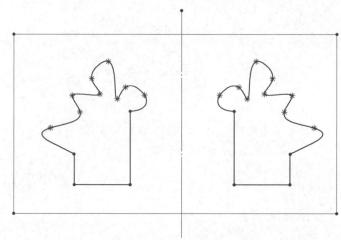

图 2-28　草图镜像实体

4. 线性草图阵列

对于线性规律分布的草图可以用线性草图阵列命令一次生成多个实体。也可以设置角度进行偏转,方向 1 为 x 轴方向,方向 2 为 y 轴方向,距离指的是要阵列的两元素之间的距离,可在设置对话框中选择标准 x 距离;选择要阵列的实体,可多选;若阵列位置为空,可在设置窗口的可跳过的实例处进行选择,所选元素为不需要生成阵列位置上的元素,如图 2-29 所示。

5. 圆周草图阵列

圆周草图阵列就是在圆周方向上一次创建多个相同的图形元素。如图 2-30 所示,首先"圆周阵列"对话框,其后步骤如下。

第一步:选择圆周阵列的中心;

第二步:选择圆周阵列的方式;

第三步:设置圆周阵列的数目;

第四步:选择要阵列的几何元素;

第五步:选择要跳过的阵列位置。

2.5.5　约束

约束包括尺寸约束(标注图形尺寸)和几何约束(几何元素的位置关系),目的就是让图形能够按设计要求的形状显示。Solid Works 是尺寸驱动图形,设计图形时一般情况下是先画图形再标注尺寸或者进行几何约束,图形会根据尺寸和几何约束进行变化。

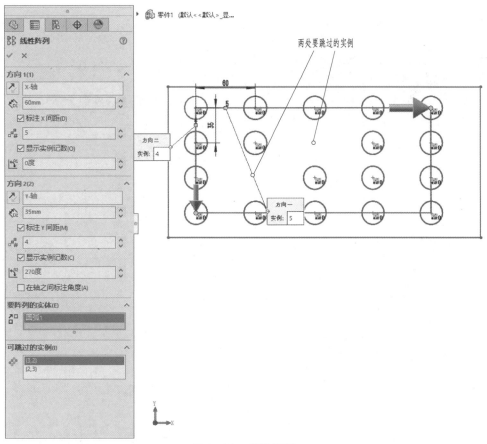

图 2 - 29　线性阵列

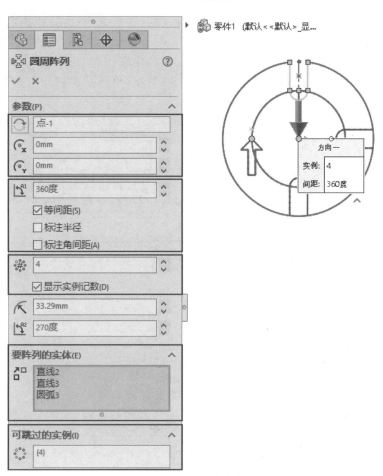

图 2 - 30　圆周阵列

1. 尺寸约束

在标注尺寸时最常用的标注命令就是智能尺寸,如图 2-31 所示。其他命令可以根据所标注情况使用。在标注尺寸时,首先激活标注命令,然后按照如下步骤操作。

第一步:左键单击要标注的几何元素(线段,圆弧等);

第二步:软件自动根据所标注的几何元素进行标注,移动鼠标左键单击放到合适位置;

第三步:在出现的尺寸修改图框中修改尺寸,然后单击√按钮。一个图形的形状位置都确定后,这个图形可称为完全约束的图形。

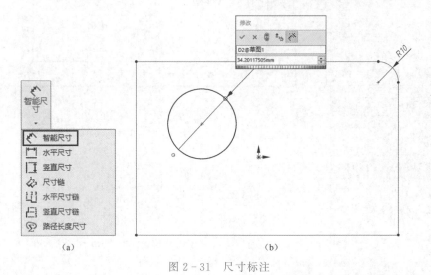

图 2-31 尺寸标注

2. 几何约束

几何约束就是约束几何元素的位置关系,根据所选择的元素不同,在添加几何关系的对话框中出现不同的可选约束。例如:两条直线,可以选择水平、竖直、平行、共线、垂直、固定等。添加几何约束时有两种方式,第一种方式:按住[Ctrl]键,同时用鼠标左键选择要添加约束关系的几何元素,此时,添加几何约束的对话框会出现,选择相应的约束即可;第二种方式:先选择添加几何关系的按钮,然后再选择相应的元素和约束即可,如图 2-32 所示。

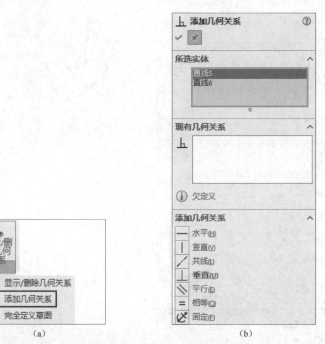

图 2-32 添加几何约束

2.5.6　绘制草图技巧

1. 隐藏草图的几何关系

图 2-33 所示草图显示了很多几何关系影响读图。可在菜单栏的"视图→隐藏"显示命令中选择隐藏草图的几何关系。

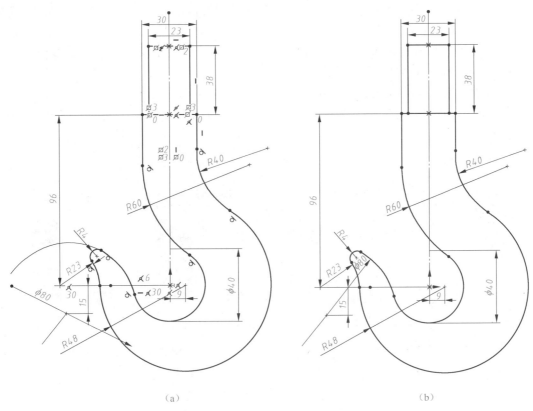

（a）　　　　　　　　　　　　　　　（b）

图 2-33　隐藏/显示草图几何关系

2. 标注两圆弧间的最大和最小距离

在画键槽时需要用到这种标注方式,如图 2-34 所示。在智能尺寸的标注环境下左键单击两个圆会自动标注两个圆的中心距;但是如果按住[Shift]键,并在两圆弧的最大距离或最小距离附近单击,即可完成最大或者最小距离的标注,如图 2-34 所示。

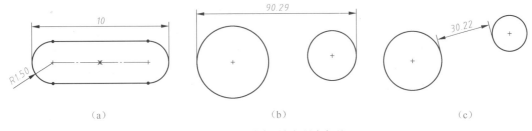

（a）　　　　　　　　　（b）　　　　　　　　　（c）

图 2-34　最大/最小距离标注

3. 草图复制

草图复制有三种情况:草图被复制到同一草图的其他位置;草图被复制到同一零件的其他草图上;草图被复制到其他零件的草图上。

步骤如下。

第一步:先激活该草图,选择要复制草图中的几何元素;

第二步:按[Ctrl]+[C]键,如果是在同一零件中则需要退出该草图,再进行下一步;

第三步:激活要复制到的草图,然后按[Ctrl]+[V]键;

第四步:在该草图中进行草图编辑即可。

注意:复制的草图不会随着原草图的变化而变化,是两个独立的草图,互不影响。

4. 派生草图

从已经有草图通过派生草图命令生成另外一个新的草图,称为派生草图,注意:派生的草图不能删除或添加几何体,而且其尺寸与原始草图保持一致,但是位置可以通过尺寸和几何关系进行重新定位。有两种情况:从存在的零件中派生或从装配体中派生。

(1)从零件中派生草图 这种方法可从同一个零件的另一个草图生成或派生草图,步骤如下。

第一步:在模型树中选择要派生的草图,如图 2-35 所示;

第二步:按住[Ctrl]键,单击要放置的新草图平面(或者基准面);

第三步:选择菜单栏中的"插入→派生草图"命令,则在新的草图平面上生成派生草图,并且该草图为激活状态。

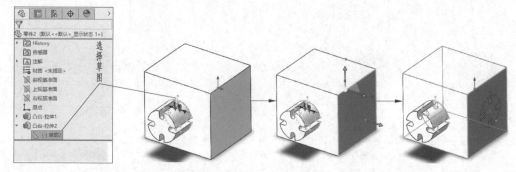

图 2-35 从零件图生成派生草图

(2)从装配体派生草图 如图 2-36 所示,这种方法可以在自上而下的装配设计中使用,步骤如下。

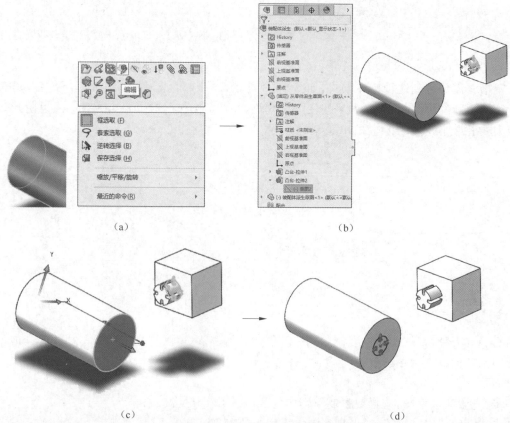

图 2-36 从装配图生成派生图

第一步：在装配体中激活要放置派生草图的零件，方法是右击该零件，此时该零件处于零件编辑状态；

第二步：在该装配体的模型树中选择要派生草图的草图；

第三步：按［Ctrl］键，选择要放置新草图的平面（一般在处于编辑状态的零件中选择）；

第四步：选择菜单栏中的"插入→派生草图"命令，则在新的草图平面上生成派生草图，并且该草图为激活状态。可以通过尺寸和几何关系约束新生成草图的位置。

2.5.7　3D 草图绘制

3D 草图不受二维平面的影响，也就是在绘制三维草图时不需要预先选择平面或者基准面。虽然三维草图是空间草图，但是每一部分都是在平面上绘制而成，只是在三维草图绘制状态中多次切换草图绘制平面。切换草图平面是 3D 草图绘制必须掌握的技能。

3D 草图一般用于框架结构的轮廓（有时也用来作为扫描特征的路径线），然后采用焊件特征或者扫描特征来完成最后实体特征的建模。下面以一空间折线，一般可以作为扫描特征的路径线（如图 2-37 所示，AB 在 XY 面，BC 在 YZ 面，CD 在 XZ 面，尺寸不要求）为例讲解画图过程。

建立 3D 草图步骤如下。

第一步：在新建零件模型的草图工具栏中选择 3D 草图，进入三维草图绘制界面；

第二步：在草图工具栏上选择"直线"命令，此时光标变为 ^{XY}，单击视图空白处（线段的起点），出现空间坐标，辅助定位，如图 2-38 所示；在 XY 平面内画 AB 线段；如果在 XY 平面上画图，则此时可以用直线命令画出直线；如果在别的坐标面画图，则需要按［Tab］键切换绘图坐标面；

第三步：按［Tab］键切换到 YZ 面画 BC 线段；

第四步：按［Tab］键切换到 XZ 面画 CD 线段；

完成绘制后作尺寸约束，3D 草图的尺寸约束和 2D 草图相同。

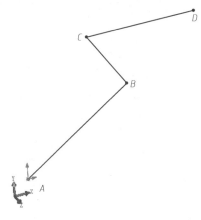

图 2-37　三维草图-折线

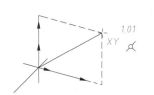

图 2-38　3D 草图空间坐标

2.6　Solid Works 特征建模

特征建模是以草图绘制为基础，然后通过拉伸、旋转、扫描和放样等操作生成三维实体模型。常用的特征建模命令有拉伸特征，旋转特征，放样特征，孔特征和圆角特征等。同一个产品模型可以通过多种方式生成。

2.6.1　参考几何体

参考几何体是一个重要命令，系统默认三个基准面，如果建模需要不一样的基准面，则需要重新建立。其贯穿于整个软件建模过程中,如草图绘制,零件建模,模型装配。最常用的参考几何体包括:基准面,基准轴。

选择方式就是从特征工具栏的参考几何体命令中选择相应的命令,如图 2 - 39 所示。

1. 基准面

基准面添加有时是为了绘制草图建立一个合理的平面,有时是为了在装配体中实现零件的准确定位。基准面设置对话框中有三个参考,根据参考中选取的几何元素不同,可以设置与参考几何元素的位置关系,如图 2 - 40 所示。例如:如果第一参考中选取一个面,则生成的基准面可以和参考面平行、垂直或重合;但是如果想要成一定的角度,则需要选择第二参考面。

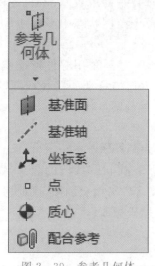

图 2 - 39　参考几何体

图 2 - 40　基准面

2. 基准轴

基准轴常作为圆周阵列的方向参数或者装配中的一个配合参数来使用。图 2 - 41 是设置窗口,有五种设置方式:选择一条直线或者一条边或者一根轴,重合;选择两平面,交线;选择两点,过两点的一条直线;选择圆柱面或者锥面的回转轴,重合;选择一点和一平面,过点且垂直于平面。

2.6.2　拉伸特征

拉伸是实体建模的一种方式,包括拉伸凸台和拉伸切除。

1. 拉伸凸台/基体

将一个封闭的草图(不交叉)沿着某一个方向或者两个方向拉伸成实体,图 2 - 42 为"凸台－拉伸"设置窗口。

图 2 - 41　基准轴

一般设置步骤如下。

第一步:设置拉伸位置,如图 2 - 43 所示。有四个选择:①从草图的基准面开始拉伸;②从某一个曲面,面或者基准面开始拉伸;③从一点或者顶点开始拉伸;④等距,距离草图平面某一个距离开始拉伸,等距的方向可以选择反向。

第二步:设置拉伸方向,如图 2 - 44 所示。方向有两个方向,如果需要,两方向均需设置,有多种选择,可以根据实际建模条件进行选择。

第三步:如果需要,可以进行实体拔模,拔模设置有两种方式,向内拔模和向外拔模,可以设置拔模角度,如图 2 - 45 所示。

第四步:可以进行薄壁特征的设置,生成一个具有一定壁厚的实体特征,薄壁设置方向有三种:单向、两侧对称、双向,并且设置相应距离,如果需要可以选择"顶端加盖"选项,如图 2 - 46 所示。

图 2-42　"凸台-拉伸"对话框

图 2-43　设置拉伸位置

图 2-44　设置拉伸方向

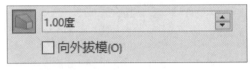

图 2-45　拔模设置

图 2-46　薄壁特征设置

　　第五步:选择要拉伸的轮廓,此处可以选择一个或者多个区域进行拉伸操作,也就是说如果一个草图内含有多个封闭或者交叉封闭的草图,可以选择其中一部分或者几部分进行拉伸操作,如图 2-47所示。

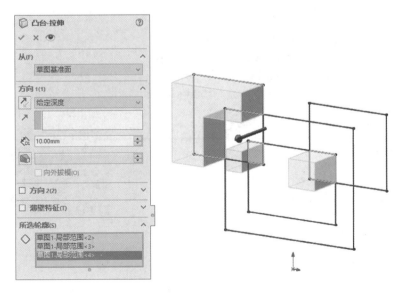

图 2-47　选择封闭轮廓

2. 拉伸切除

拉伸切除的设置步骤基本与拉伸凸台的一样。不一样的地方,在于可以设置反侧切除,把轮廓以外的实体切除掉,如图2-48所示。

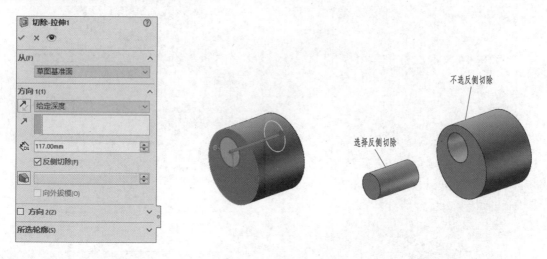

图2-48　拉伸切除

2.6.3　旋转特征

旋转建模工具包含旋转凸台和旋转切除两种应用。一般用于有回转轴的特征形成,比如圆柱、圆锥、球体等实体,或者这些形体形成的孔结构。

1. 旋转凸台

旋转凸台用于轴套类零件的应用建模中,如图2-49所示,进入其界面后设置步骤如下。

第一步:设置旋转轴,旋转轴可以是所画封闭轮廓中的任意一条直线,也可选择封闭轮廓外的一条直线,但是要注意所选的轴线不能与轮廓线相交。

第二步:设置旋转方向,有必要可以选择两个方向,设置回转角度,默认为360°,也可以是任意角度。有五种选择方式,如图2-50所示,可以参照拉伸命令。

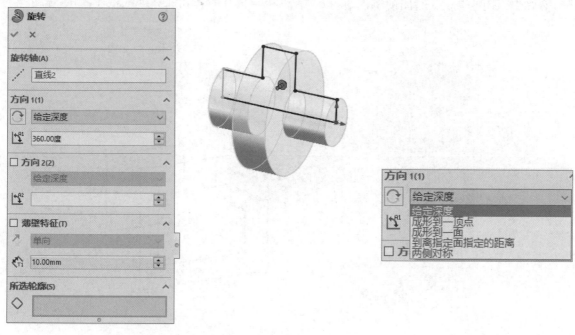

图2-49　旋转凸台设置　　　　　　　　　　图2-50　设置旋转方向

第三步:如果选择轮廓外的直线(实线)作为旋转轴,则可以选择生成薄壁特征,如图2-51所示;如果轮廓外的直线是中心线(构造线),则生成如图2-52所示特征;如果在图2-51中,选择薄壁特征选项,如图 2-53 所示,则回转轴直接变为中心线(构造线),也能生成如图 2-51 所示的薄壁特征。

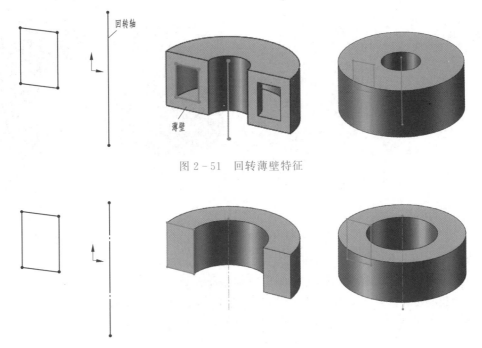

图 2-51　回转薄壁特征

图 2-52　旋转特征

图 2-53　薄壁选项设置

第四步:选择要旋转的轮廓,草图轮廓可以包含多个相交轮廓,如图 2-54 所示,可以选择一个多个交叉的轮廓生成旋转特征,单击"确定"按钮完成旋转操作。

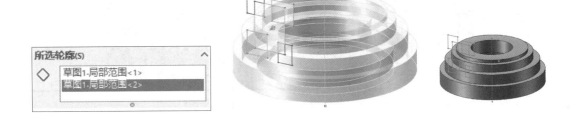

图 2-54　选择交叉轮廓

2. 旋转切除

旋转切除主要完成有回转轴的孔结构或者有回转轴的切除特征,如图 2-55 所示。操作步骤和旋转凸台相同。主要是设置回转轴,回转方向以及回转角度等。

2.6.4　扫描特征

扫描特征是指草图轮廓沿着一定的路径移动来生成实体的方法。扫描有扫描实体和扫描切除两种生成特征的方式。常用于弹簧或者螺纹结构的特征生成。

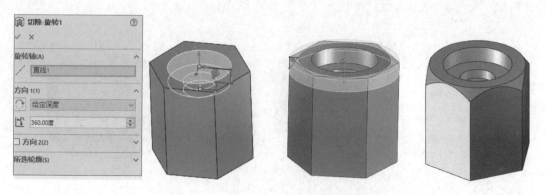

图 2-55 旋转切除

1. 扫描实体特征

图 2-56 为"扫描"实体特征的设置对话框,扫描生成方式有两种选择:草图轮廓和圆形轮廓。

(1)草图轮廓 第一步:选择草图轮廓;

第二步:选择草图轮廓的路径(**注意**:草图轮廓和路径不能有交叉之处);

第三步:如果想让轮廓大小随着路径变化,则需要选择引导线(**注意**:引导线和路径应该在两个草图中,而且在绘制引导线时应该添加引导线的端点和轮廓为穿透几何约束);

第四步:可以选择起始处和结束处与轮廓的关系。

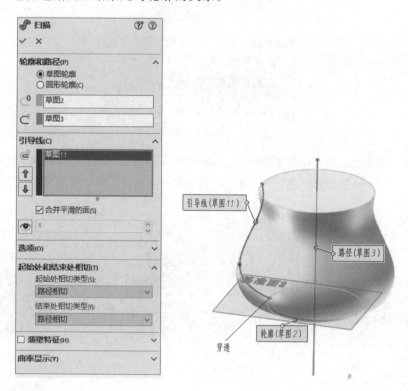

图 2-56 扫描实体—草图轮廓

(2)圆形轮廓 如图 2-57 所示,选择圆形轮廓后可以选择一个闭环或者开环的曲线,以该直线为中心轴生成回转特征实体。

以上两种方法都可以选择薄壁特征,设置相应选项,生成薄壁实体。

2. 切除扫描特征

切除扫描设置方式和扫描实体相同,只是从原有的实体上切除扫描特征,如图 2-58 所示,不再赘述。

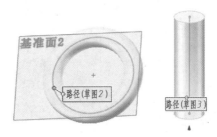

图 2-57　扫描特征—圆形轮廓

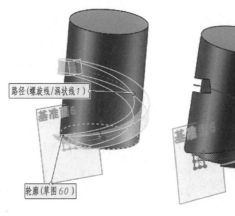

图 2-58　切除扫描

2.6.5　放样特征

放样一般用于曲面结构的造型,比如:水壶、鼠标外壳、剃须刀外壳、吹风机外壳等。

如图 2-59 所示为"放样"对话框,在使用放样特征之前需要建立放样的轮廓、放样的路径、引导线等。放样时轮廓和引导线可以选择多条,有利于控制曲面的形状。

放样特征
注意问题

注意:

(1)每个放样轮廓都是一个独立的草图,每条引导线也是一个独立的草图,不要在一个草图中画多个轮廓或者引导线;

(2)临近某轮廓的每条引导线上的一点必须和该轮廓添加穿透几何关系,在图 2-59 中,点 1 为引导线 2 上的一点,则应该在几何约束中添加点 1 和轮廓线 4 为穿透几何关系;

(3)顺序选择轮廓,比如轮廓 1、2、3、4、5 顺序选择;

(4)也可以不进行引导线的选择,直接选择轮廓也能生成放样特征。其他参数可以根据需要进行设置。

2.6.6　放样切割特征

放样切割主要是为了生成内部复杂曲面,其设置方式和放样凸台相同。

2.6.7　圆角特征

圆角是设计机械零件中的一个常用的工艺结构。使用圆角特征可以在实体零件上生成一个内圆

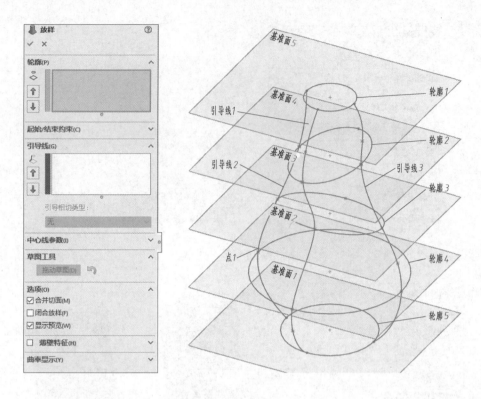

图 2 - 59 "放样"实体特征对话框

角或者外圆角,起到造型、平滑过渡。圆角类型有恒定圆角、变量圆角、面圆角和完整圆角。

在机械设计中一般常用的是恒定圆角特征。图 2 - 60 为圆角特征对话框,下面详细说明其建模过程。

第一步:在特征工具栏中单击"圆角"按钮,弹出"圆角"对话框,单击"手工"按钮;

第二步:选择"圆角类型"中"恒定圆角";

第三步:在"圆角项目"中选择一条线或者面;

第四步:设置"圆角参数"为"对称"或者"非对称",并且设置相应的半径;

第五步:选择圆角"轮廓",默认为"圆形"。

2.6.8 倒角特征

倒角是机械零件中的一种工艺结构,在工程上一般是为了满足装配的需要或者去除零件的毛边。Solid Works 倒角特征就是在所选的边线上生成一个倾斜面的特征造型方法,有三种倒角方式:角度距离、距离-距离、顶点,如图 2 - 61 所示。步骤如下。

第一步:在特征工具栏中单击"倒角"按钮,弹出"倒角"对话框,选择"倒角参数";

第二步:选择倒角方式;

第三步:设置相应的倒角方式或参数数值。

图 2 - 60 "圆角"特征设置对话框

2.6.9 抽壳特征

抽壳会掏空一个零件,去除所选的面同时去除零件内部的实体,并在剩余的其他面上生成薄壁特征。如果未选择任何面,则会生成一个闭合且掏空的模型。也可以单独设定某些面的厚度,而生成不同厚度的模型零件。

（a）

（b）

（c）

图 2-61　"倒角"特征设置对话框

第一步:在特征工具栏中单击"抽壳"按钮,弹出"抽壳"特征设置对话框,如图 2-62 所示;

第二步:设置抽壳的厚度;

第三步:选择要移除的面,也可以不选择生成封闭空壳;

第四步:选择壳的生成方向,默认往零件里;

第五步:如果生成多厚度的壳体,则选择相应的面,同时设置相应的厚度参数。

图 2-62　"抽壳"特征设置对话框

2.6.10　包覆特征

包覆就是将草图包覆到平面或者非平面上,从而生成特征的方式,Solid Works 2016 一般可以从圆柱面、圆锥面(球面和曲线回转面除外)生成一个实体,并且包覆特征末端和这些特征相同。包覆特征有三种形式:浮雕、蚀雕、刻画。

该特征将草图包裹到平面或非平面。可从圆柱、圆锥或拉伸的模型生成一平面。也可选择一平面轮廓来添加多个闭合的样条曲线草图,如图 2-63 所示。包覆特征支持轮廓选择和草图再用。可以将包覆特征投影至多个面上。

注意　(1)草图基准面必须与面相切,从而使面法向和草图法向在最近点平行,如图 2-64 所示。

图 2-63　多个封闭轮廓的包覆草图

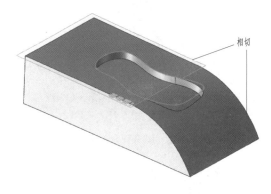

图 2-64　包覆特征草图基准面

（2）包覆的草图只可包含多个闭合轮廓。不能从包含有任何开放性轮廓的草图生成包覆特征，如图 2-64 所示。

图 2-65 为"包覆"特征设置对话框，具体步骤如下。

第一步：在特征工具栏中单击"包覆"按钮，弹出"包覆"对话框，选择一个基准面或者现有模型上的平面，画封闭草图；或者选择一个现有的封闭草图。

第二步：选择一种"包覆参数"，见表 2-1。

第三步：选择要包覆到的面，如有必要设置反向。

第四步：设置包覆的厚度，以及包覆的方向，也就是设置对话框中的拔模方向。

第五步：单击 ✔ 按钮，完成如图 2-66 所示模型。

表 2-1 包覆参数说明

选　项	说　明
浮雕	在面上生成一突起特征
蚀雕	在面上生成一缩进特征
刻划	在面上生成一草图轮廓的压印

图 2-65 "包覆"特征设置　　　　　　　　　图 2-66 柱面上的包覆特征

如果选择浮雕或蚀雕，可以选取一直线、线性边线、或基准面来设定拔模方向。对于直线或线性边线，拔模方向是选定实体的方向，如图 2-67、图 2-68 所示。对于基准面，拔模方向与基准面正交。如需包覆与草图基准面正交的草图，应将拔模方向保留为空。

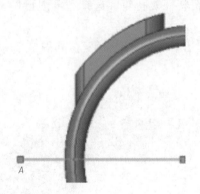

图 2-67 拔模方向基准面 A　　　　　　　　　图 2-68 拔模方向基准面 B

2.6.11 异型孔向导特征

异型孔向导主要用来完成孔特征，螺纹孔，阶梯孔，或者盲孔等。在特征工具栏中单击"异型孔向导"按钮,弹出如图 2 - 69 所示窗口,步骤如下。

第一步:确定"类型"卡下的"孔类型""标准""类型""规格""终止条件""选项"等
内容;

第二步:选择"位置"选项卡中孔生成的平面,如图 2 - 70 所示;

第三步:通过草图尺寸标注确定孔的位置,如图 2 - 71 所示;

第四步:单击 ✔ 按钮,完成孔特征。

异形孔特征

图 2 - 69　"孔规格"对话框

图 2 - 70　选择生成孔的平面

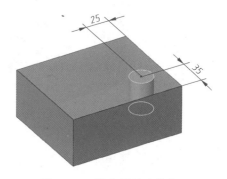

图 2 - 71　孔位置尺寸约束

2.7　Solid Works 特征编辑

利用特征编辑工具可以实现多个特征的造型,例如:阵列、镜像等,以便节省建模时间,加快建模的速度。

2.7.1　特征阵列

可以在一个模型中创建多个有规律性的
特征,提高建模效率,保证特征的一致性。

1. 线性阵列

模型中有线性规律分布的特征,就可以
用线性阵列,如图 2 - 72 所示,圆柱特征在
平面上线性分布,此时可以只建立一个圆柱
特征(源特征),然后线性阵列其余的。

步骤如下。

第一步:单击特征工具栏中的"线性阵
列"按钮,弹出"线性阵列"对话框,如
图2 - 73 所示;

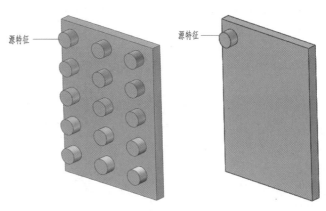

图 2 - 72　适合线性阵列的模型

第二步：根据模型线性分布情况选择"方向 1"，一般选择某个实体的边线；

第三步：选择间距和参考，设置两特征之间的距离，以及沿着方向 1 的特征个数；

第四步：选择"方向 2"，同理也是选择某条实体边线；

第五步：选择要阵列的特征；

第六步：如果在阵列的特征中并不是连续的，可以在可跳过的实例中选择相应特征的位置；

第七步：单击 ✔ 按钮。

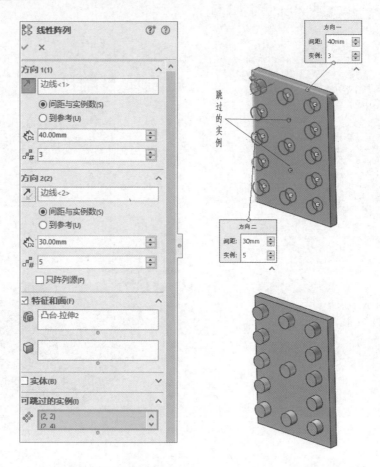

图 2-73 线性阵列步骤

2. 圆周阵列

模型中有圆周分布的特征时，可以先建立一个源特征，然后用圆周阵列的命令完成剩余的建模工作。如图 2-74 所示，一个端盖零件，该零件的连接孔在圆周上分布有 5 个，建模时可以先建立一个孔（源特征），然后再阵列。

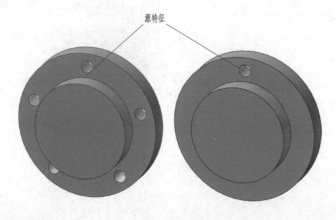

图 2-74 适合圆周阵列的模型

如图 2-75 所示,步骤如下。

第一步:建立好源特征后,单击特征工具栏上的"圆周阵列"命令,弹出"圆周阵列"对话框;

第二步:选择圆周阵列的方向,可以是回转面或者回转轴线;

第三步:设置阵列的方式和个数;

第四步:选择要阵列的特征,即源特征;

第五步:如果阵列不是连续的,可以选择要跳过的特征;

第六步:单击✔按钮。

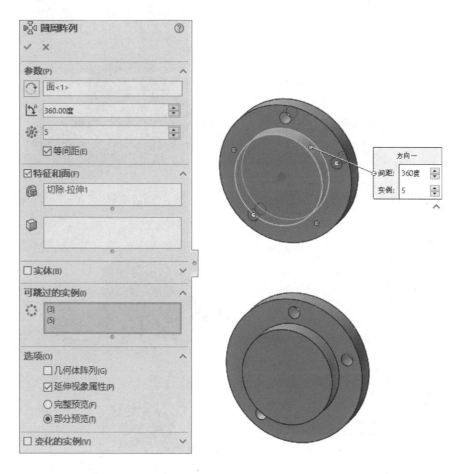

图 2-75　圆周阵列的步骤

2.7.2　镜向

镜向一般用于生成一个和源特征关于平面或基准面对称的特征,比如两个眼镜框的造型,左右对称的肋板和 U 形槽结构(见图 2-76),都可以用此方法建模。镜向可以完成绕面或基准面镜向特征、面及实体。

下面详细说明图 2-77 镜向设置对话框中的含义。

(1)"镜向面/基准面"是指选择镜向过程中绕其镜向的面;

(2)"要镜向的特征"是指选择要镜向的一个或者多个特征;

(3)"要镜向的面"是指定要镜向的面,在图形区域中选择构成要镜向的特征的面,仅可用于零件,对于只导入构成特征的面而不是特征本身的模型很有用;

(4)"要镜向的实体"是指指定要镜向的实体和曲面实体,选择一个或多个实体(注意实体和特征的区别);

(5)"选项"中的含义如下:

①几何体阵列是指仅镜向特征的几何体(面和边线),而非求解整个特征(在多实体零件中将一个实体的特征镜向到另一个实体时必须选中此选项),几何体阵列选项会加速特征的生成和重建。但是,如某些特征的面与零件的其余部分合并在一起,不能为这些特征生成几何体阵列;

②合并实体将源实体和镜向的实体合并为一个实体(可用于镜向实体);

③缝合曲面将源曲面实体和镜向的曲面实体合并为一个曲面实体(可用于镜向曲面实体);

④"延伸视象属性"是指合并源项目和镜向项目的视象属性(例如颜色、纹理和装饰螺纹数据);

下面以图2-76(b)图为例说明其步骤。

第一步:首先建立好源特征,例如建立好图2-77(b)中的左边肋板和U形槽结构。"镜向"特征对话框如图2-77所示;

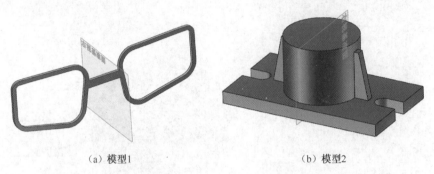

(a) 模型1　　　　　　　　　　　(b) 模型2

图2-76　适合镜向特征的模型

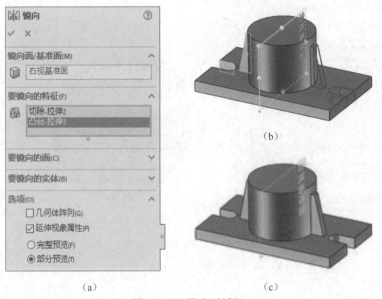

(a)　　　　　　　　　　　(c)

图2-77　镜向对话框

第二步:选择要镜向的对称面,如果没有则需要建立基准面;

第三步:选择要镜向的特征,此处可以选择多个,同时选择肋板和U形槽结构;

第四步:单击✔按钮。

2.8　Solid Works 标准件库

Solid Works 标准件、常用件库是设计库的一部分。常用的标准件、常用件:螺纹紧固件、键、销、轴承、齿轮都可以在 Toolbox 库 GB 标准下直接选择相应的参数而生成,然后以生成的零件为基础进行建模修改。

调用方法和步骤如下：

启动 Solid Works 2016,如图 2-78 所示,设计库位于界面右端,左键单击打开设计库,选择 Toolbox 下面的 GB(国家标准),GB 下面是相应的标准件和常用件,如图 2-78(b)所示。

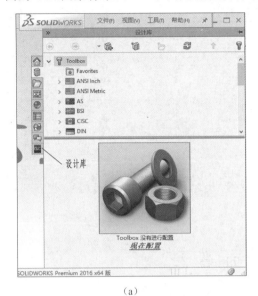

| (a) | (b) |

图 2-78　启动标准件库

下面以螺栓 GB/T 5782 M12×80 为例讲解标准件库的使用。

第一步:进入标准件库,选择 GB 下面的 bolts and stuts,如图 2-79 所示;

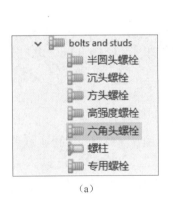

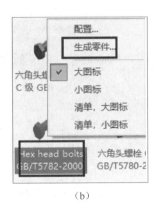

| (a) | (b) |

图 2-79　生成标准件

第二步:在弹出的不同标准螺栓列表中选择 GB/T 5782,单击右键,选择"生成零件"选项;

第三步:弹出"配置零部件"对话框,如图 2-80 所示,设置"大小""公称直径""长度",选择显示方式。

第四步:单击 ✅ 按钮,当前零件需另存到一个设计文件夹中。如果不另存,当前打开的文件是在系统的标准件库中,不能修改。

注意:在标准件库的系统选项设置时,如图 2-81 所示,在"工具→选项→系统选项→异型孔向导/Toolbox"工具栏中,去掉默认搜索位置前的 ✅。在装配过程中使用标准件时,如果默认搜索位置,系统只能在标准件库中指引文件。

标准件库-调用
方法及注意问题

图 2-80　配置标准件参数

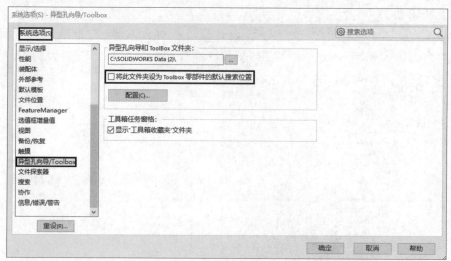

图 2-81 标准件库的系统选项设置

2.9 曲面建模

曲面设计一般用于创建形状复杂的曲面。对于有些表面复杂的立体,用本书前述建模的方法不易或不能生成,可以应用曲面建模的方法,先生成各个表面,然后再生成立体。Solid Works 曲面建模的步骤一般是:

第一步:由点生成曲线、由曲线生成曲面;

第二步:对曲面进行编辑;

第三步:对曲面进行缝合后加厚成实体,或对闭合曲面进行缝合并转化为实体。

2.9.1 曲线的创建

1. 通过空间已存在的多个点绘制空间曲线

第一步:选择下拉菜单中的"插入→曲线→通过参考点的曲线"命令,弹出图 2-82 所示的"通过参考点的曲线"命令窗口。

第二步:指定曲线通过的点。单击激活命令窗口中的"通过点"区域中的选择区域,使其高亮,然后依次选取图 2-83 中的 1 点、2 点、3 点、4 点。

第三步:单击"通过参考点的曲线"命令窗口中的 ✔ 按钮,完成空间曲线的创建,结果如图 2-84 所示。

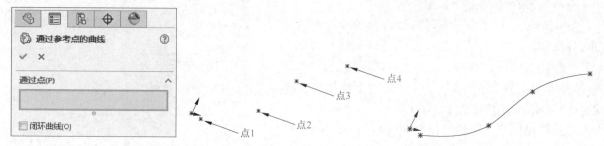

图 2-82 "通过参考点的曲线"命令窗口　　图 2-83 曲线通过的参考点图　　图 2-84 通过参考点的曲线创建结果图

2. 通过输入多点的三个坐标值绘制空间曲线

第一步:选择下拉菜单中的"插入→曲线→通过 XYZ 点的曲线"命令,弹出图 2-85 所示的"曲线文件"的对话框。

第二步：输入曲线上点的 X、Y、Z 坐标值。可通过在对话框中最后一行中双击的方式添加新点；在每行单元格中输入曲线上一个点的 X、Y、Z 坐标值，如图 2-86 所示。

第三步：单击对话框中的"确定"按钮，完成空间曲线的创建，结果如图 2-87 所示。

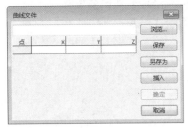

图 2-85　"曲线文件"
对话框

图 2-86　带空间点坐标
的"曲线文件"对话框

图 2-87　通过 XYZ 点的
曲线创建结果图

3. 创建螺旋线、涡状线

螺旋线通常用在绘制螺纹、弹簧特征中，用作扫描特征的引导线或路径、放样特征的引导线；涡状线一般用在绘制发条部件中。在绘制"螺旋线/涡状线"之前，需要先绘制一个圆作为横断面使用。

第一步：选择下拉菜单中的"插入→曲线→螺旋线/涡状线"命令，弹出图 2-88 所示的"螺旋线/涡状线"命令窗口。

第二步：指定螺旋线的横断面。选择图 2-89 所示的圆为螺旋线的横断面。

第三步：指定螺旋线的生成方式和参数。如图 2-90 所示，在"螺旋线/涡状线"命令窗口中的"定义方式"下拉列表中选择"螺距和圈数"选项；在"参数"区域中选中"恒定螺距"前面的单选按钮，在"螺距"下面的文本框中输入螺距的数值，在"圈数"下面的文本框中输入圈数，在"起始角度"下面的文本框中输入螺旋线的起始角度，一般为 0，选中"顺时针"前面的单选按钮。

第四步：单击命令窗口中的 ✔ 按钮，完成螺旋线的创建，如图 2-91 所示。

图 2-88　"螺旋线/
涡状线"命令窗口

图 2-89　螺旋线
的横断面图

图 2-90　带参数的"螺旋
线/涡状体"命令窗口

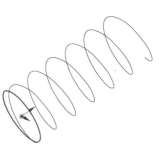

图 2-91　螺旋线
创建结果图

4. 创建组合曲线

组合曲线是指将一组连续的曲线组合成一条曲线。

第一步：选择下拉菜单中的"插入→曲线→组合曲线"命令，弹出图 2-92 所示的"组合曲线"命令窗口。

第二步：指定要组合的曲线。依次选取图 2-93 所示的线 1、线 2、线 3。

第三步：单击命令窗口中的 ✔ 按钮，完成组合曲线的创建，其结果是将线 1、线 2、线 3 组成一条曲线。

图 2-92 "组合曲线"命令窗口

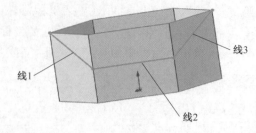

图 2-93 要组合的曲线图

5. 创建投影曲线

创建投影曲线有两种方法,一是指将平面曲线沿其本身所在的平面的法向,在指定的曲面上投影得到的曲线(面上草图);二是先在两个相交的基准平面上各自绘制草图,然后将每个草图沿所在平面的法向拉伸为曲面,最终这两个曲面在空间的交线即为所求(草图上草图)。

第一步:选择下拉菜单中的"插入→曲线→投影曲线"命令,弹出图 2-94 所示的"投影曲线"命令窗口。

第二步:指定投影方式。在"投影曲线"命令窗口中的"投影类型"区域内选中"面上草图"前面的单选按钮。

第三步:选取图 2-95 所示的曲线为要投影的草图;选取图 2-95 所示的曲面为投影面;在命令窗口中的"选择"区域中勾选"反转投影"前面的复选框,使投影方向指向投影面。

第四步:单击"投影曲线"命令窗口中的 ✅ 按钮,完成投影曲线的创建,如图 2-96 所示。

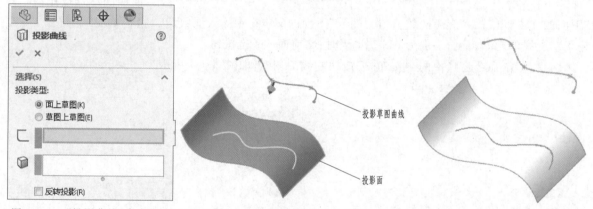

图 2-94 "投影曲线"命令窗口　　　图 2-95 投影草图曲线和投影面　　　图 2-96 投影曲线创建结果图

6. 创建面的分割线

分割线命令可将平面草图、实体边线、面等几何对象投影到另外的面上,在面上形成投影线,投影线将面分割成多部分,以备后续其他操作所用。

第一步:选择下拉菜单中的"插入→曲线→分割线"命令,弹出如图 2-97 所示的"分割线"命令窗口。

第二步:指定分割面的类型。在"分割线"命令窗口中的"分割类型"区域中选中"投影"前的单选按钮,在"选择"区域中单击激活"要投影的草图"选择区域,使其高亮,选择如图 2-98 所示的曲线;单击激活"要分割的面"选择区域,使其高亮,选择如图 2-98 所示的平面。

第三步:单击"分割线"命令窗口中的 ✅ 按钮,完成面的分割线的创建,如图 2-99 所示。

2.9.2 创建曲面

1. 创建拉伸曲面

拉伸曲面是将线或线组沿指定的方向和深度进行移动拉伸所形成的面。

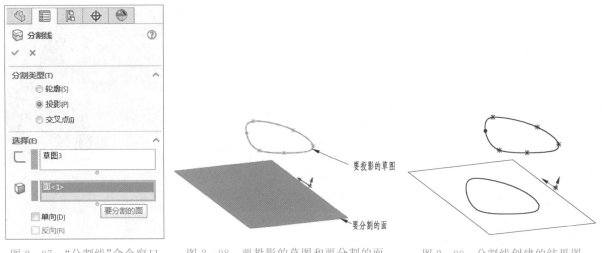

图 2 - 97　"分割线"命令窗口　　　图 2 - 98　要投影的草图和要分割的面　　　图 2 - 99　分割线创建的结果图

第一步:选择下拉菜单中的"插入→曲面→拉伸曲面"命令,弹出图 2 - 100 所示的"拉伸"命令窗口。

第二步:指定拉伸的曲线。选择图 2 - 101 所示的线为拉伸曲线。

第三步:指定拉伸的深度特性。在"曲面-拉伸"命令窗口中的"方向 1"区域中的下拉列表中选择"给定深度",在该下拉列表的左方有"方向"控制按钮,可单击其改变拉伸的方向;在上述下拉列表的下方"深度"文本框内输入拉伸的深度数值 60,如图 2 - 102 所示。

第四步:单击"曲面-拉伸"命令窗口中的✅按钮,完成拉伸曲面的创建,如图 2 - 103 所示。

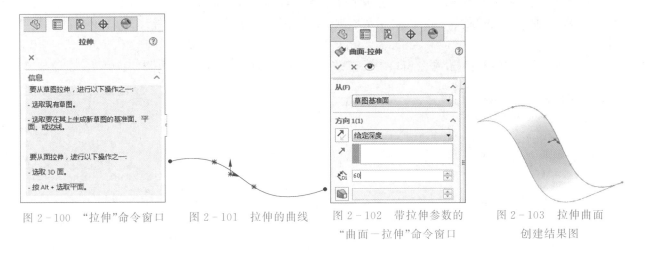

图 2 - 100　"拉伸"命令窗口　　　图 2 - 101　拉伸的曲线　　　图 2 - 102　带拉伸参数的　　　　图 2 - 103　拉伸曲面
　　　　　　　　　　　　　　　　　　　　　　　　　　　　　　"曲面—拉伸"命令窗口　　　　　创建结果图

2. 创建旋转曲面

旋转曲面是将线或线组绕指定的轴线旋转所形成的面。

第一步:选择下拉菜单中的"插入→曲面→旋转曲面"命令,弹出图 2 - 104 所示的"旋转"命令窗口。

第二步:指定要旋转的曲线。选择图 2 - 105 所示的线为旋转曲线,弹出图 2 - 106 所示的"曲面-旋转"命令窗口。

第三步:指定旋转轴线。单击激活"曲面—旋转"命令窗口中的"旋转轴"区域中的选择区域,使其高亮,选择图 2 - 105 所示的直线为旋转轴线。

第四步:指定旋转的特性。在"方向 1"区域中的下拉列表中选择"给定深度",在该下拉列表的左方有"方向"控制按钮,可单击其改变旋转的方向;在上述下拉列表的下方"角度"文本框内输入旋转的角度数值。

第五步:单击"曲面-旋转"命令窗口中的✅按钮,完成旋转曲面的创建,如图 2 - 107 所示。

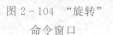

图 2-104 "旋转"
命令窗口　　图 2-105 要旋转的曲线
和旋转轴线　　图 2-106 "曲面—
旋转"命令窗口　　图 2-107 旋转曲面
创建结果

3. 创建扫描曲面

扫描曲面是将线或线组沿指定的路径移动所形成的曲面,也可以添加引导线控制断面轮廓形状。

第一步:选择下拉菜单中的"插入→曲面→扫描曲面"命令,弹出图 2-108 所示的"曲面-扫描"命令窗口。

第二步:指定要扫描的轮廓曲线,轮廓曲线开、闭环均可。单击激活"曲面-扫描"命令窗口中的"轮廓和路径"区域中的第一个选择区域,使其高亮,选择图 2-109 中的曲线为轮廓曲线。

第三步:指定扫描路径,扫描路径控制轮廓行走路线,路径的起点需要位于轮廓曲线的基准面上,开、闭环均可。单击激活"曲面-扫描"命令窗口中的"轮廓和路径"区域中的第二个选择区域,使其高亮,选择图 2-110 中的直线为路径。

第四步:指定扫描的引导线,引导线控制扫描过程中断面轮廓的形状,引导线的起点应位于轮廓曲线上。单击"曲面-扫描"命令窗口中的"引导线"区域右方的"向下的三角",选择图 2-109 中的线为引导线。

第五步:单击"曲面-扫描"命令窗口中的 ✔ 按钮,完成扫描曲面的创建,如图 2-110 所示。

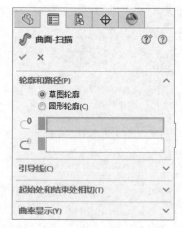
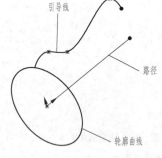
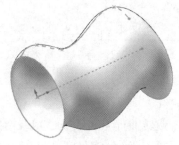

图 2-108 "曲面-扫描"命令窗口　　图 2-109 扫描曲面所用基础要素图　　图 2-110 扫描曲面创建结果图

4. 创建放样曲面

放样曲面是由两个或两个以上的轮廓曲线,在轮廓曲线之间生成光滑过渡、连续的曲面(一般通过引导线控制断面轮廓形状)。其截面之间生成的截面形状,按"非均匀有理 B 样条"算法来实现光滑过渡。

第一步:选择下拉菜单中的"插入→曲面→放样曲面"命令,弹出图 2-111 所示的"曲面-放样"命令窗口。

第二步:指定要放样的轮廓曲线。单击激活"曲面-放样"命令窗口中的"轮廓"区域中的选择区域,使其高亮,选择图 2-112 中的线组 1、线组 2、线组 3 为轮廓曲线。

注意：在选择轮廓曲线时，要单击各自相对应的位置来选择，否则生成的曲面会发生扭曲。

第三步：指定要放样的引导线，在放样曲面中，引导线可以不与轮廓曲线相交（此时只能引导，不能完全控制中间的断面轮廓形状）。单击激活"曲面-放样"命令窗口中的"引导线"区域下方的选择区域，使其高亮，选择如图 2-112 所示的引导线 1，在关联工具栏中单击"✔"按钮，再选择如图 2-112 所示的引导线 2，在关联工具栏中单击✔按钮。

第四步：单击"曲面-放样"命令窗口中的✔按钮，完成放样曲面的创建，如图 2-113 所示。

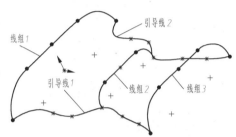

图 2-111　"曲面-放样"命令窗口　　　　图 2-112　线组及引导线图　　　　图 2-113　放样曲面创建结果图

5. 创建边界曲面

边界曲面是指沿着封闭的空间曲线组（边界）生成的曲面，其可生成曲率连续或与相邻面相切的曲面。

第一步：选择下拉菜单中的"插入→曲面→边界曲面"命令，弹出图 2-114 所示的"边界-曲面"命令窗口。

第二步：指定曲面一个方向的边界。单击激活"边界-曲面"命令窗口中的"方向 1"区域中的选择区域，使其高亮，选择如图 2-115 所示的线组 1 和线组 2 为曲面边界。

第三步：设置与相邻面连接的约束方式。在"边界-曲面"命令窗口中的"方向 1"区域中的选择区域内选择"边线 1"，在上述选择区域下方的下拉列表框中选取"与面相切"。

第四步：指定曲面另一方向的边界。单击激活"边界-曲面"命令窗口中的"方向 2"区域中的选择区域，使其高亮，在该区域内右击，在右键快捷菜单中执行"SelectionManager"命令，打开一关联工具栏，单击其中的"选择开环"按钮，然后选择图 2-115 中的线组 3，单击关联工具栏中的✔按钮；接着选择图 2-115 中的线组 4，线组 4 的选择过程等同于线组 3 的选择。

第五步：单击"边界-曲面"命令窗口中的✔按钮，完成边界曲面的创建，如图 2-116 所示。

6. 创建填充曲面

填充曲面是指通过定义封闭的多条边线为边界，生成曲面。

第一步：选择下拉菜单中的"插入→曲面→填充"命令，弹出图 2-117 所示的"填充曲面"命令窗口。

第二步：指定曲面的边界。单击激活"填充曲面"命令窗口中的"修补边界"区域中的选择区域，使其高亮，选择如图 2-118 所示的 6 条边线为填充曲面的边界。

第三步：单击命令窗口中的✔按钮，完成填充曲面的创建，如图 2-119 所示。

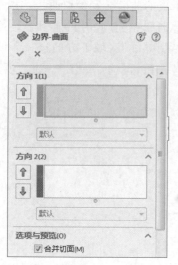

图 2-114　"边界-曲面"命令窗口

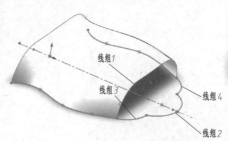

图 2-115　边界曲面边界图

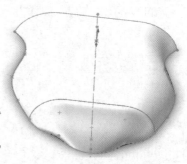

图 2-116　边界曲面创建结果图

图 2-117　"填充曲面"命令窗口

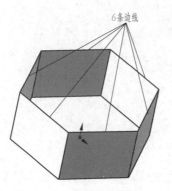

图 2-118　填充曲面边界图

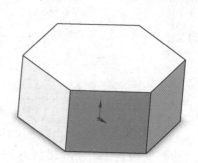

图 2-119　填充曲面创建结果图

7. 创建平面区域

利用平面区域命令能够通过一个封闭、无相交的轮廓来生成一个面域。

第一步：选择下拉菜单中的"插入→曲面→平面区域"命令，弹出图 2-120 所示的"平面"命令窗口。

第二步：指定平面区域的边界轮廓。选择图 2-121 所示的线组为面域的边界轮廓。

第三步：单击命令窗口中的✔按钮，完成平面区域的创建，如图 2-122 所示。

图 2-120　"平面"命令窗口

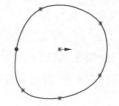

图 2-121　平面区域边界轮廓

图 2-122　平面区域创建结果图

8. 创建等距曲面

等距曲面是指将选中的曲面沿着其法向偏移一定距离后所形成的曲面。

第一步：选择下拉菜单中的"插入→曲面→等距曲面"命令，弹出图 2-123 所示的"等距曲面"命令窗口。

第二步：指定要等距的曲面。单击激活"等距曲面"命令窗口中的"等距参数"区域中的选择区域，使其高亮，选择图 2-124 所示的 6 个面为要等距的曲面。

第三步:指定等距的距离。在上述选择区域下方的文本框中输入要等距的距离,单击该文本框左侧的"反转等距方向"按钮,可以改变等距的方向。

第四步:单击"等距曲面"命令窗口中的✅按钮,完成等距曲面的创建,如图 2-125 所示。

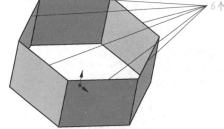

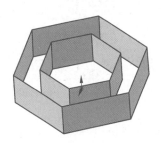

图 2-123　"等距曲面"命令窗口　　　　图 2-124　要等距的曲面图　　　　图 2-125　等距曲面创建结果图

9. 创建延展曲面

延展曲面命令可以通过延展边线、分割线,且平行于相应基准面来创建曲面。

第一步:选择下拉菜单中的"插入→曲面→延展曲面"命令,弹出图 2-126 所示的"延展曲面"命令窗口。

第二步:指定延展曲面平行的基准面。单击激活"延展曲面"命令窗口的"延展参数"区域中的第一个选择区域,使其高亮,选择上视基准面作为延展曲面平行的基准面。

第三步:指定延展的边线。单击激活"延展曲面"命令窗口的"延展参数"区域中的第二个选择区域,使其高亮,选择图 2-127 所示的圆柱面的上边线为延展的边线。

第四步:在"延展曲面"命令窗口最下方的文本框中输入延展的距离。

第五步:单击命令窗口中的✅按钮,完成延展曲面的创建,如图 2-128 所示。

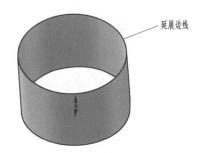

图 2-126　"延展曲面"命令窗口　　　　图 2-127　延展的边线　　　　图 2-128　延展曲面创建结果图

2.9.3　曲面的编辑

1. 剪裁曲面

剪裁曲面命令可以通过把面、线等当作剪裁工具,将与其相交的曲面进行剪裁。

第一步:执行下拉菜单"插入→曲面→剪裁曲面"命令,弹出如图 2-129 所示的"剪裁曲面"命令窗口。

第二步:指定剪裁类型。单击"剪裁曲面"命令窗口中的"剪裁类型"区域"标准"前面的单选按钮。

第三步:指定剪裁工具。单击激活"剪裁曲面"命令窗口中的"剪裁工具"下方的选择区域,使其高亮,选择图 2-130 所示的线组为剪裁工具;单击上述选择区域下方"保留选择"前面的单选按钮。

第四步:指定要剪裁的对象。单击激活"剪裁曲面"命令窗口中"选择"区域中的"保留的部分"选择区域,单击图 2-130 所示的保留曲面的区域。

第五步:单击"剪裁曲面"命令窗口中的✅按钮,完成曲面的剪裁,如图 2-131 所示。

2. 曲面延伸

曲面延伸是指将曲面延伸某一距离,或将曲面延伸到指定的位置。

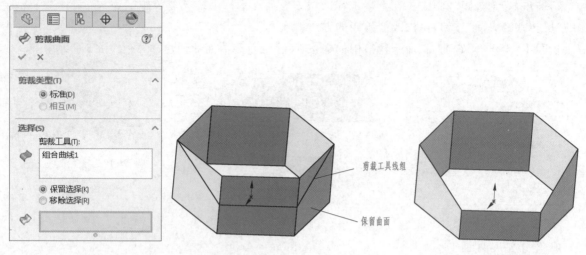

图 2-129 "剪裁曲面"命令窗口　　图 2-130 剪裁工具和保留曲面图　　图 2-131 剪裁后的曲面

第一步：选择下拉菜单中的"插入→曲面→延伸曲面"命令，弹出图 2-132 所示的"延伸曲面"命令窗口。

第二步：指定要延伸的曲面的边线。单击激活"延伸曲面"命令窗口中的"拉伸的边线/面"区域中的选择区域，使其高亮，选择图 2-133 所示的边线为要延伸的边线。

第三步：指定延伸的终止条件。选中命令窗口"终止条件"区域中的"成形到某一面"前面的单选按钮。

第四步：指定延伸终止面。单击激活"终止条件"区域下方的选择区域，使其高亮，选择图 2-133 所示的基准面 3 为延伸终止面。

第五步：指定延伸的类型。选中命令窗口"延伸类型"区域中的"线性"前面的单选按钮。

第六步：单击"延伸曲面"命令窗口中的 ✔ 按钮，完成曲面延伸，如图 2-134 所示。

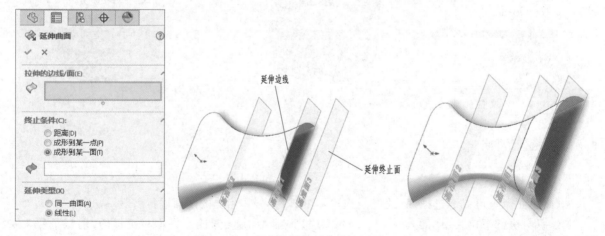

图 2-132 "延伸曲面"命令窗口　　图 2-133 延伸边线与延伸终止面图　　图 2-134 曲面延伸结果图

3. 曲面缝合

缝合曲面命令可将多个独自的曲面缝合为一个曲面。

第一步：选择下拉菜单中的"插入→曲面→缝合曲面"命令，弹出图 2-135 所示的"缝合曲面"命令窗口。

第二步：指定要缝合的曲面。单击激活"缝合曲面"命令窗口中的"选择"区域中的选择区域，使其高亮，选择图 2-136 所示的面 1 和面 2 为要缝合的曲面。

第三步：单击"缝合曲面"命令窗口中的 ✔ 按钮，缝合后，原先的两个曲面将合成为一个曲面。

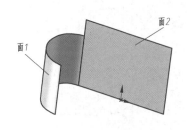

图 2-135　"缝合曲面"命令窗口　　　　　　　　　　图 2-136　需要缝合的两个曲面

2.9.4　曲面实体化

1. 曲面加厚为实体

曲面加厚为实体是指将曲面进行加厚,这样,曲面由面变为实体。

第一步:选择下拉菜单中的"插入→凸台/基体→加厚"命令,弹出图 2-137 所示的"加厚"命令窗口。

第二步:指定要加厚的曲面。单击激活"加厚"命令窗口中的"加厚参数"区域中的选择区域,使其高亮,选择图 2-138 所示的面为要加厚的曲面。

第三步:指定加厚的方向。选中"加厚参数"区域"厚度"下方的"加厚两侧"按钮。

第四步:指定加厚的厚度。在"加厚参数"区域最下方的文本框中输入加厚的数值。

第五步:单击"加厚"命令窗口中的 ✔ 按钮,完成曲面的加厚,如图 2-139 所示。

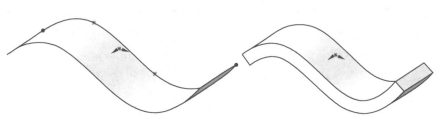

图 2-137　"加厚"命令窗口　　　　图 2-138　需要加厚的曲面　　　　图 2-139　曲面加厚结果图

2. 闭合曲面合并为实体

若多个曲面闭合(即该曲面组可以形成一个立体的完整外表面),则可将该多个曲面缝合为一个曲面并实体化,成为一个立体。

在闭合曲面合并为实体的前、后,均可执行下拉菜单"视图→显示→剖面视图"命令,弹出"剖面视图"命令窗口,在命令窗口中的"剖面"区域选择不同的剖切平面,来查看闭合曲面为"曲面(中空)"还是"实体",如图 2-140 所示。

第一步:选择下拉菜单中的"插入→曲面→缝合曲面"命令,弹出图 2-141 所示的"缝合曲面"命令窗口。

第二步:指定要缝合的曲面。单击激活"缝合曲面"命令窗口中的"选择"区域中的选择区域,使其高亮,选择图 2-142 所示的闭合圆柱体面的上下底面和圆柱侧面为要缝合的曲面。

第三步:指定实体化。勾选"选择"区域中的"创建实体"前面的复选框。

第四步:单击"缝合曲面"命令窗口中的 ✔ 按钮,完成通过闭合曲面创建实体,原先闭合的圆柱体面转化为圆柱体。

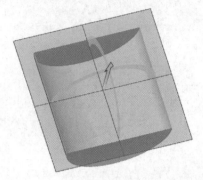

图 2-140　中空闭合圆柱体面剖视图　　图 2-141　"缝合曲面"命令窗口　　图 2-142　闭合圆柱体面图

2.10　装配设计概述

建立好模型后,要把这些零件通过一定的配合关系组装起来形成装配体。装配体中的零部件可以是独立的零件,也可以是包含多个零件的部件,也就是子装配体。装配设计的方法有两种:自下而上和自上而下的装配,可以独立使用也可以两种方法混合使用。

自下而上就是借助于软件的设计功能生成零件模型,所有的零件都设计完成了,通过配合命令把它们装配起来的方法。这是一种传统的装配设计方法,比较适合于所有的零件图已经确定,再对其进行三维建模,最后完成装配。此种方法一般不需要控制零件的大小和尺寸的参考关系。

自上而下设计方法就是从装配环境开始设计建模,用某个零件或者整体方案的布局作为参考来设计其他零件。该方法更能体现设计思想:零件的形状、大小以及各零件之间的相对位置都可以在装配体中根据设计有的思路进行设计。装配体和零件在设计上就有很大的关联性,而不是简单的配合关系,某个零件的形状改变,和其关联的零件以及装配体也会随之变化。

启动 Solid Works 2016 软件后,选择标准工具栏里的"新建"命令,或者选择"文件→新建"命令,弹出"新建"对话框,如图 2-143 所示,选择装配体选项,确定后进入装配建模环境对话框,如图 2-144 所示。单击"确定"按钮进入装配环境界面,如图 2-145 所示。

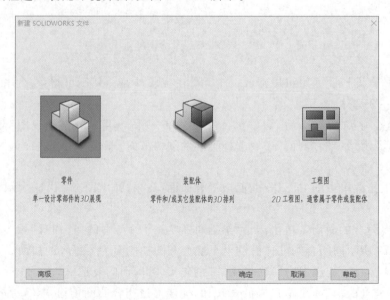

图 2-143　新建装配体

图 2 - 144　装配环境

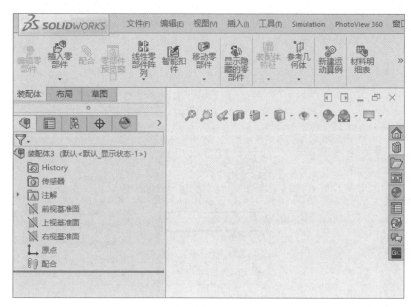

图 2 - 145　装配界面

2.11　装配设计基础

建立一个新的装配体文件后，进入装配环境。如图 2 - 146 为装配工具栏，零件的装配过程可以通过装配工具栏上的命令来完成，下面介绍工具栏上的常用命令。

图 2 - 146　装配工具栏

1. 插入零部件/新零件/新装配体/随配合复制

（1）插入零部件　一般用于已经建好了零部件在自下而上进行装配的设计中。如图 2 - 147 所示，左键单击"插入零部件"按钮，弹出"插入零部件"对话框，单击"浏览"按钮；在图 2 - 148 中选择要插入到装配体的零部件，单击 ✓ 按钮进入零部件的装配。

（2）新零件和新装配体　一般用于自上而下的装配。

（3）随配合复制　一般用于在一个装配体中相同零件在不同的位置有相同配合方式的装配。如图 2 - 149 所示的装配体，零件 1 装配在零件 2 的三个地方，配合方式相同。

一般步骤如下。

第一步：先把一个零件装配好，如图 2 - 150 所示；

第二步：左键单击"随配合复制"按钮，弹出"随配合复制"对话框，如图 2 - 151，选择装配好的零件 1；

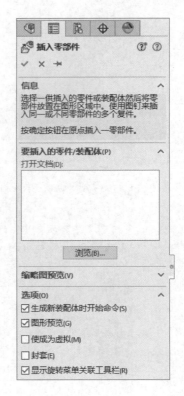

图 2-147 插入零部件

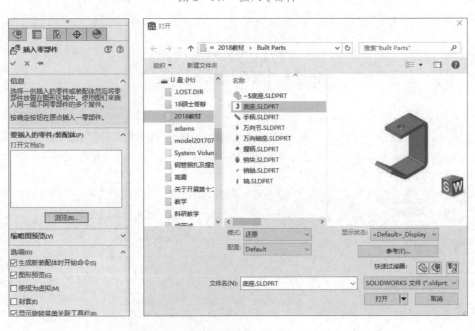

图 2-148 插入第一个零件

图 2-149　适合随配合复制的装配体　　图 2-150　装配好第一个零件　　图 2-151　随配合复制对话框

第三步：左键单击图 2-151 的 1 处，弹出图 2-152 所示对话框，在该对话框中出现了三个配合，则说明零件 1 和零件 2 有三个配合，如果在随配合复制的第二个零件 1 中有相同位置的配合，则可以选中"重复"框，否则可以选择第二个零件 1 和零件 2 的配合位置元素；

第四步：左键单击"随配合复制"对话框中的✔按钮后单击✖按钮完成操作。

2．配合

插入第一个零件后，以同样的方式插入其他零件，第一个零件插入后系统默认是固定状态，如图 2-153 所示。其他零件插入后是自由状态，需要用配合工具进行约束。选择装配工具栏上的"配合"命令，弹出"配合"对话框，如图 2-154 所示。有标准配合、高级配合和机械配合三种配合方式。其中标准配合能够完成大部分装配体中零件的约束。

标准配合的操作步骤如下。

第一步：打开"标准配合"对话框，在"配合选择"框内选择要配合的元素，如图 2-155 所示，系统会自动为两元素选择适合的配合。并在绘图区域内出现悬空的配合方式图标供用户选择。

图 2-152　配合选择对话框　　　　　　　　　图 2-153　完成配合选择

第二步：观看零件的配合方向，如果方向相反可以重新选择，配合方式下端有配合对齐方向的选择，同向对齐和反向对齐；

第三步：单击✔按钮。

图 2-156 和图 2-157 分别是高级配合和机械配合对话框。

图 2-154　配合对话框

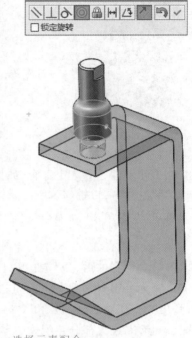

图 2-155　选择元素配合

图 2-156　高级配合

图 2-157　机械配合

　　装配体中的配合关系是指约束零件在空间中的运动方向,也就是自由度,一个零件如在装配体中没有任何配合关系,则这个零件可以绕三个坐标轴旋转和移动。配合关系不管先后,与添加的顺序无关。表 2-2 是三个配合关系的说明。

表 2-2　配合关系说明

配合方式	配合关系	关 系 说 明
标准配合	人 重合(C)	将所选面、边线及基准面定位(相互组合或与单一顶点组合),使其共享同一个无限基准面,定位两个顶点使它们彼此接触;对齐轴(可在原点和坐标系之间应用重合配合时使用,完全约束零部件。
	平行(R)	放置所选项,使彼此间保持等间距。
	垂直(P)	将所选项以彼此间 90°而放置。
	相切(T)	将所选项以彼此间相切的方式放置(至少有一选择项必须为圆柱面、圆锥面或球面)。
	同轴心(N)	将所选项放置于共享同一中心线。要防止轴心配合中出现旋转,在选择配合几何体后,选择锁定旋转。
	锁定(O)	保持两个零部件之间的相对位置和方向。
	1.00mm	将所选项以彼此间指定的距离而放置。
	30.00度	将所选项以彼此间指定的角度而放置。
高级配合	轮廓中心	可以将矩形和圆形轮廓中心对齐,并完全定义组件。
	对称(Y)	迫使两个相同实体绕基准面或平面对称。
	宽度(I)	约束两个平面之间的标签。
	路径配合(P)	将零部件上所选的点约束到路径。
	线性/线性耦	在一个零部件的平移和另一个零部件的平移之间建立几何关系。
	限制	允许零部件在距离配合和角度配合的一定数值范围内移动。
机械配合	凸轮(M)	将螺栓或槽口运动限制在槽口孔内。
	槽口(L)	强迫两个零部件绕所选轴彼此相对而旋转。
	铰链(H)	将两个零部件之间的移动限制在一定的旋转范围内。
	齿轮(G)　齿条小齿轮(K)	一个零件(齿条)的线性平移引起另一个零件(齿轮)的周转,反之亦然。
	螺旋(S)	将两个零部件约束为同心,并在一个零部件的旋转和另一个零部件的平移之间添加纵倾几何关系。
	万向节(U)	一个零部件(输出轴)绕自身轴的旋转是由另一个零部件(输入轴)绕其轴的旋转驱动的。

3. 装配零件阵列

当装配体中相同零件按规律分布在装配体中,可以通过阵列工具来实现,以减少装配的设计工作量。一般可分为线性阵列、圆周阵列和镜向阵列。

(1)线性阵列　当相同零件在装配体中按照线性规律分布时,例:图 2-158 中四个螺钉与端盖零件装配在一起,线性分布,可以选择装配工具栏上的线性零部件阵列命令来进行装配操作,操作步骤如下。

第一步:首先装配好一个零件,如图 2-159 所示;

第二步:从装配工具栏选择线性零部件阵列命令,弹出"线性阵列"对话框,如图 2-160 所示;

第三步:选择阵列的方向,设置零件之间的间距和个数,选择要阵列的零件,如图 2-161 所示;

第四步:如果有要跳过的零件,可以选择相应位置的零件即可;

第五步:单击 ✅ 按钮。

图 2-158　适合线性阵列装配的零件

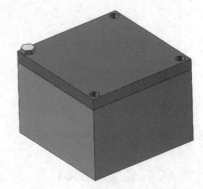

图 2-159　装配第一个零件

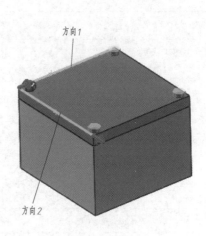

图 2-160　线性阵列设置

(2)圆周阵列　当相同零件在装配体中按照圆周规律分布时,如图 2-161 所示七个螺钉与端盖零件装配在一起,圆周分布,可以选择装配工具栏上的圆周零部件阵列命令进行装配操作。操作步骤如下。

第一步:首先装配好一个零件,如图 2-162 所示;

第二步:从装配工具栏选择"圆周阵列"命令,弹出"圆周阵列"对话框,如图 2-163 所示;

第三步:选择阵列的方向(圆周的中心或者圆周的轴线,一般选择柱面即可),设置零件之间的间距和个数,选择要阵列的零件,如图 2-164 所示;

第四步:如果有要跳过的零件,选择相应位置的零件即可;

第五步:单击 ✅ 按钮。

(3)镜向零部件　如果在装配体中零部件呈对称分布,则可以装配一半,另一半通过镜向零部件进行装配(有各种方法来完成此种模型的装配,镜向只是其中一种)。如图 2-164 所示,齿轮油泵的泵盖

图 2 - 161　适合圆周阵列的装配体

图 2 - 162　装配第一个零件

图 2 - 163　圆周阵列设置

和泵体用六个螺钉连接,六个螺钉关于基准面对称,此时装配时可以先装配基准面一侧的三个螺钉,然后用镜向零部件的命令装配另一侧的三个,步骤如下。

第一步:装配好对称面一侧的零件,如图 2 - 165 所示,并且从工具栏选择"镜向"命令并弹出对话框,如图 2 - 166 所示;

第二步:选择镜向基准面,也就是对称面;

第三步:选择要镜向的零件;

第四步:单击 ✔ 按钮,完成后的效果如图 2 - 164 所示。

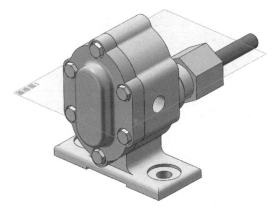

图 2 - 164　适合采用镜向装配的模型

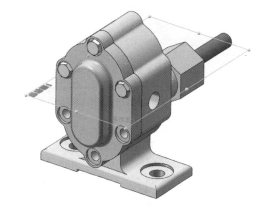

图 2 - 165　完成一半的装配

4. 零部件的放置

零部件的放置是指零部件的移动和旋转,当零件插入到装配体以后,零件的位置与装配体的距离或者方向可能相差很大,此时需要单独移动或旋转该零件,该操作只能对没有完全约束的零件起作用。移动零部件有移动和旋转两种方式,移动其实就是平移零部件。

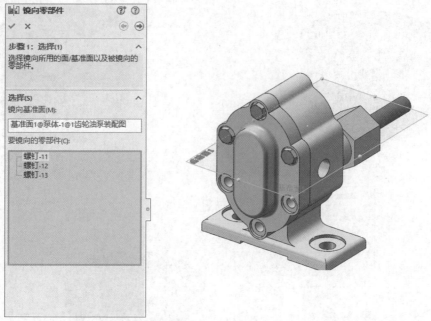

图 2-166　设置镜向装配参数

在工具栏单击"移动零部件"命令,弹出如图 2-167 所示对话框,该对话框中有移动和旋转两种方式,根据需要选择相应的选项对零件进行操作,在相应对话框中根据移动或者旋转的方向进行选择。

图 2-167　放置零部件

2.12　配合方法的选择

尽量将所有零部件配合到一个或两个固定的零部件或参考零部件,如图 2 - 168 所示。长串零部件解出的时间更长,更易产生配合错误,如图 2 - 169 所示。不能形成环形配合,以免在以后添加配合时导致配合冲突,如图 2 - 170 所示。

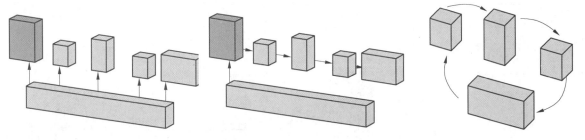

图 2 - 168　较优配合方式　　　　图 2 - 169　尽量避免的的配合方式　　　　图 2 - 170　不能采用的配合方式

在装配过程中要尽量避免冗余配合。尽管 Solid Works 允许某些冗余配合(除距离和角度外都允许),例如,约束平面 1 平行于平面 2,约束平面 2 平行于平面 3,此时如果不配合约束,则可以得出平面 1 一定平行于平面 3,但是软件仍然可以再配合约束平面 1 平行于平面 3,不会报错。但是这样的配合解出时间更长,使配合方案更难懂,如果出现问题,则更难诊断。

在图 2 - 171 所示装配体模型中,零件 1 使用了两个距离配合定义了相同自由度,从而过定义。即使配合在几何方面一致(无任何违背情形),模型仍过定义。

注意:①拖动零部件以测试其可用自由度。

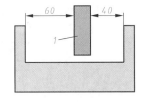

图 2 - 171　过定义装配

②尽量少使用限制配合,因为它们解出的时间更长。

③一旦出现配合错误,尽快修复,不要尝试添加新配合去修复先前出现的配合问题。

④在添加配合前将零部件拖动到大致正确位置和方向,这样配合解算应用程序更容易将零部件捕捉到正确位置。

⑤如果零部件引起问题,与其诊断每个配合,不如删除所有配合并重新创建,结果往往更容易;这种方法对于同向对齐/反向对齐和尺寸方向冲突效果更好(可反转尺寸所测量的方向)。

⑥如果不需要观看装配体的运动(一般是在运动动画仿真时使用),可在装配体中尽量完全定义每个零件的位置。带有相关可用自用度的装配体求解的时间更长,并且在拖动零件时可能会产生不可预料的行为,且更容易产生不知原因的错误。

⑦尽量将一个大型装配体分散成多个子装配体,以减少顶级装配体的重建时间。

⑧装配体完成以后,不要再去改变装配体用到零件的名字,也不要改变装配体中用到的零件在文件夹中的位置,否则会出现错误。

2.13　自下而上的装配步骤

自下而上
装配案例

首先定义二维工程图纸,然后通过三维建模完成零件的设计,最后装配零件,这个过程就是自下而上的装配方法。这种设计方法中的各个零件之间不存在任何参数的关联,仅仅是简单的装配关系。步骤如下。

第一步:新建一个装配体文件,并且打开;

第二步:插入第一个零件(一般是装配中相对设备环境固定的零件),系统会自动设为固定;

第三步:插入其余零部件,根据需要进行配合约束。

下面以案例来讲述自下而上的装配过程。

例2－2　如图2－172(a)所示,参照图中构建零件模型,并使用装配约束安装到位,注意原点坐标方位。单位为mm,$A=60,B=20,C=20,D=32°$。

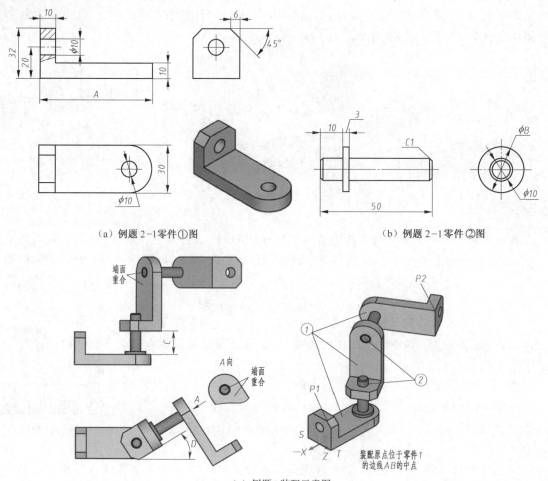

（a）例题2-1零件①图　　　　　　　　　　（b）例题2-1零件②图

（c）例题1装配示意图

图2－172　例2－2图

分析:该装配体包含五个零件,由零件1和零件2配合连接而成。

第一步:根据图2－172(a)、(b)要求建立零件1和零件2(此处省略建模过程)。

第二步:建立一个新的装配体文件,命名为"例2－2装配体"。

第三步:装配的原点位于零件1图示边线的中点处,需要首先在零件1图示边线的中点处建立基准点1,如图2－173所示。

第四步:插入零件1后,系统默认零件1固定,为了将装配原点与基准点1重合,需要先将零件1浮动,如图2－174,在装配设计树上右键单击零件1,选择浮动。

第五步:配合零件1,在这一过程中需要将零件1中上一步建好的点1(基准点)与装配原点配合,如果此时发现在插入的零件1中没有看到点1,也没有发现装配原点,则这两个点可能是隐藏的。选择这两个点有两种方式:配合时直接从设计树中选择,如图2－175所示,也可以从设计树中分别右键单击两个点将其改成可见,并且选择"视图→隐藏/显示→原点和点"命令,再从图中选择即可,如图2－176所示。

装配两点重合后,零件1是可以绕着原点旋转的,为了让其完全定义,可以右键单击零件1,再将其固定。也可以通过零件1的表面与装配体的基准面之间的重合或者平行等关系将其完全约束。

第六步:插入零件2,增加零件1孔与零件2轴的同轴心配合,还有两个面的重合配合,如图2－

177,完成零件 2 的装配。

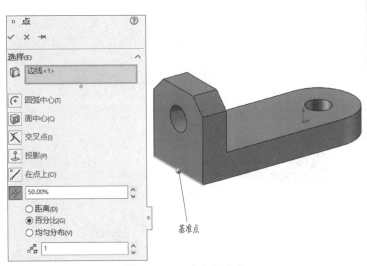

图 2－173　建立基准点

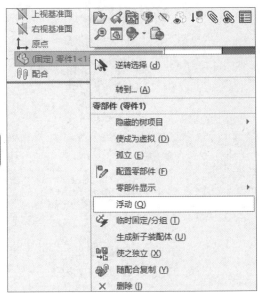

图 2－174　浮动零件 1

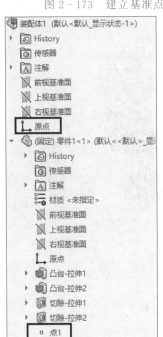

图 2－175　显示原点和基准点

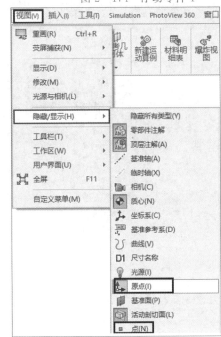

图 2－176　设置点的可见性

图 2－177　零件 1 和零件 2 同轴心配合

第七步:插入零件1,添加距离约束配合,如图2-178所示。

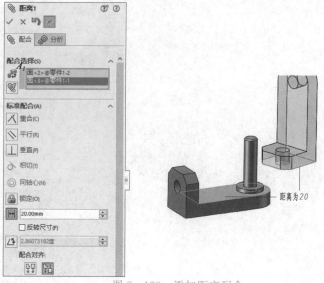

图2-178　添加距离配合

第八步:添加同轴心配合,如图2-179所示,完成第二个零件1的装配。

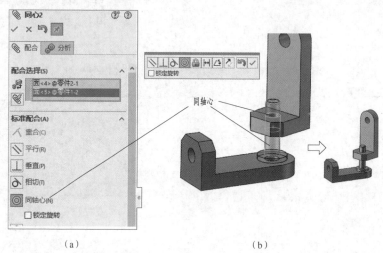

(a)　　　　　　　　　　　　　　　　(b)

图2-179　添加同轴心配合

第九步:插入第二个零件2,添加端面重合配合,如图2-180所示。

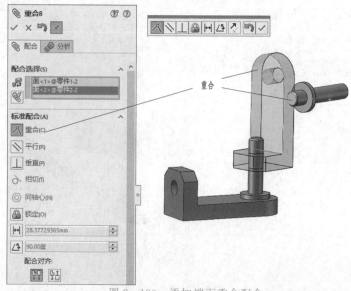

图2-180　添加端面重合配合

第十步:添加同轴心配合,完成第二个零件 2 装配,如图 2-181 所示。

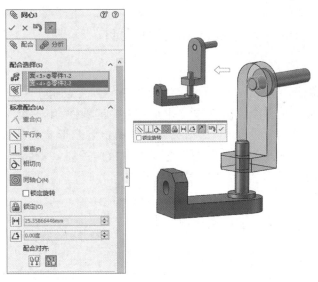

图 2-181　添加同轴心配合

第十一步:插入第三个零件 1,添加端面重合配合,如图 2-182 所示。

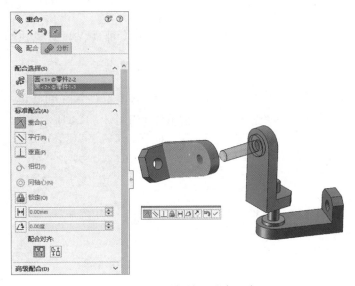

图 2-182　添加端面重合配合

第十二步:添加同轴心配合,完成第三个零件 1 的装配,如图 2-183 所示。

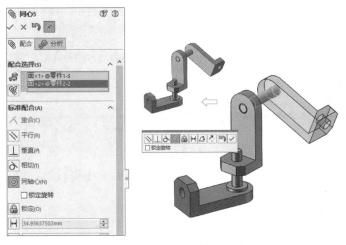

图 2-183　添加同轴心配合

第十三步：单击✔按钮，完成模型的装配。

2.14 自上而下的装配设计

自上而下
装配案例

由整体到局部的设计方法，主要用于产品模型的研发过程，一般用于非标产品的设计。其主要设计思路是：首先创建一个反映整体设计原理的关键零件，用于控制其他零件模型的尺寸等，该零件起到承上启下的作用，根据关键零件的位置及形状设计其他零部件的位置和尺寸，从而完成零部件的设计。也就是说各个零部件之间有参数的关联，一旦关键零部件或者某些零部件改变尺寸或者位置，其他有关联的零部件也要跟着变化。

注意：关键零部件可能是一个布局草图，也可以是实体零件。

这种装配设计方法的优势是：

(1)便于管理模型；

(2)对于大型装配产品可以共享信息；

(3)适合零部件尺寸不确定的设计。

在装配体中生成零件的方法和步骤如下：

可以在关联装配体中生成一个新零件。这样在设计零件时就可以使用其他装配体零部件的几何特征。还可以在另一关联装配体中生成新的子装配体。

注意：在生成关联装配体的新零部件之前，可指定将新零部件保存为单独的外部零件文件或者作为装配体文件内的虚拟零部件，设置步骤如下：

(1)选择"工具"中的"选项"命令；

(2)选择对话框中的"系统选项→装配体"按钮，选中"将零部件保存到外部文件"复选框，外部文件就是新零件作为装配文件夹中的一个模型文件而存在的，如图2-184所示。

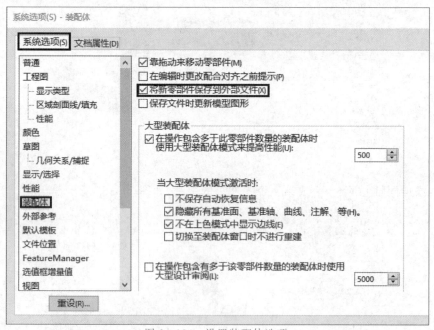

图2-184 设置装配体选项

以齿轮油泵的设计为例，讲解如何在装配体中生成零部件，在这个设计过程中，泵体作为关键零部件，泵体与密封垫，泵体与泵盖都有配合关系，可以起到承上启下作用，设计过程如下。

1. 设计密封垫

(1)新建一个装配体，命名为齿轮油泵；

（2）插入关键零部件泵体(按照图纸建模)；

（3）设计密封垫，在装配体工具栏中选择"新零件"命令，或单击"插入→零部件→新零件"按钮，则弹出"新建零件"对话框，如图 2-185 所示；

（4）对于外部保存的零件，为新零件在"另存为"对话框中键入"密封垫"名称，然后单击"保存"按钮，且保存在齿轮油泵的装配文件夹内，如图 2-186 所示；

（5）此时进入到装配体环境中，软件页面的左下角提示选择放置新零件的面或者基准面，如图 2-187，选择泵体的端面，进入到密封垫的零件编辑环境；

图 2-185　"新建零件"对话框

图 2-186　"另存为"对话框

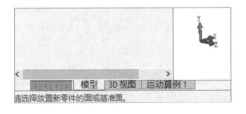

图 2-187　选择新零件的面或者基准面

（6）密封垫的外形轮廓要借用齿轮油泵端面轮廓，通过第(5)步后已经进入密封垫零件编辑状态，激活草图绘制，此时单击草图工具栏的"转换实体引用"按钮，弹出"转换实体引用"对话框，如图 2-188 所示；单击生成如图 2-189 所示草图；

（7）画中心线镜向上端圆弧，并修剪完成草图绘制，如图 2-190 所示；

（8）拉伸实体特征，并打孔，完成密封垫实体建模，如图 2-191 所示。

此时注意绘图环境是密封垫的零件编辑状态，也就是绘图窗口的右上角应该有" "图标，此时设计树如图 2-192 所示，在该图中泵体是插入零件，也是关键零件，密封垫是通过插入新零件引用泵体的相关特征生成的零件，两个零件的关系可以在模型树的配偶关系中查看是在位配合。完成密封垫的设计后,为了其他零件的设计需要退出密封垫零件编辑状态,方法是通过左键单击绘图窗口右上角图标完成。退出后,可以发现密封垫也是完全约束状态,它的约束是通过在位配合而实现。

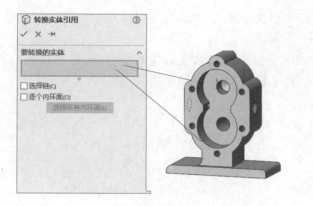

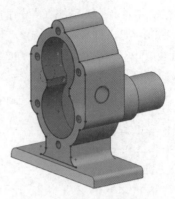

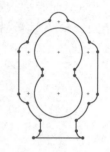

图 2-188 "转换实体引用"对话框   图 2-189 完成实体引用草图

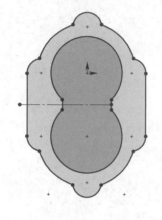

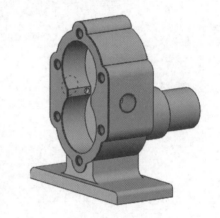

图 2-190 密封垫草图   图 2-191 密封垫模型

2. 设计泵盖

泵体是关键零件,在设计泵盖时也要参考泵体的特征,但是注意选择放置面时要选择密封垫的端面。

(1)在齿轮油泵装配体中插入新零件,并且保存为"泵盖";

(2)选择密封垫的面作为新零件的放置面,进入泵盖零件编辑状态,且激活草图绘制;

(3)为了方便选择泵体的相关特征,可以隐藏密封垫,经过草图编辑得到如图 2-193 所示草图;

(4)拉伸实体,得到如图 2-194 所示特征;

(5)进一步绘制凸起部分以及阶梯安装孔,还有泵盖靠近密封垫部分的两个盲孔,如图 2-195 所示;完成泵盖建模。为了建模方便,在装配环境中进行零件建模可以将其他零件隐藏,或者孤立正在编辑的零件。例如,为了生成泵盖端面的两个盲孔,可以将泵盖孤立,方法如图 2-196 所示:在泵盖上单击右键,从右键菜单中选择"孤立"命令,特征建立完成后退出孤立即可,得到如图 2-197 所示泵盖模型。

图 2-192 齿轮油泵设计树

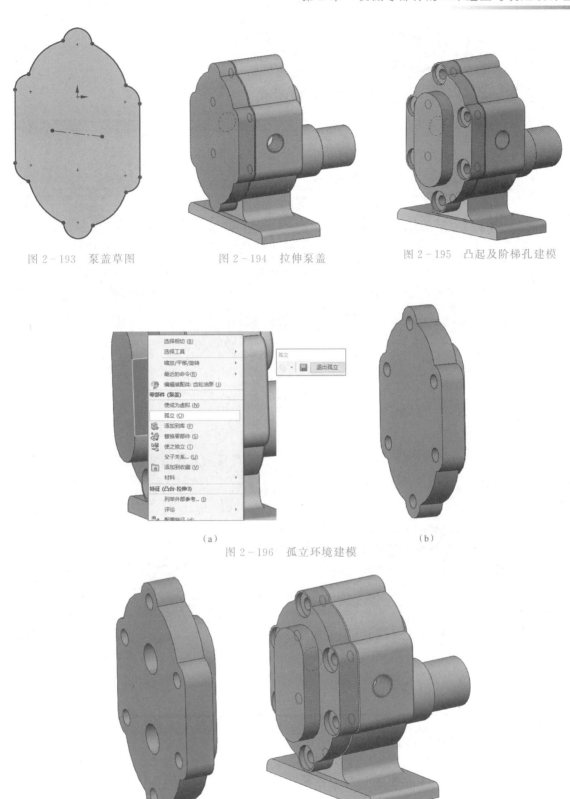

图 2-193　泵盖草图　　　　　图 2-194　拉伸泵盖　　　　　图 2-195　凸起及阶梯孔建模

（a）　　　　　　　　　　　　　　　　　　　　（b）

图 2-196　孤立环境建模

图 2-197　泵盖模型

　　在自上而下的装配设计生成零件时参考了已存在零件的特征,已存在零件特征变化,则参考该特征零件的相关尺寸也要随之变化。如果建模完成后想断开此种参考关系,可以用以下方法来实现:在零件编辑环境中,右键单击该零件,如图 2-198 所示,选择"列举外部参考"选项,则泵盖建模过程中所有的参考特征通过列表形式列出,可以单击"全部断开"按钮。配合关系是在位配合时,可以删除在位配合重新加入需要的配合约束。

（a）　　　　　　　　　　　　　　（b）

图 2-198　断开外部参考

2.15　高 级 配 合

标准配合一般能够满足常用的装配需求,但是有时为了特殊的装配要求需要高级配合工具。高级配合包括限制、线性/线性耦合、路径、对称和宽度配合。

1. 限制配合

限制配合允许零部件在距离配合和角度配合的一定数值范围内移动。指定一开始的距离或角度以及最大值和最小值。如图 2-199 所示,两个滑块之间的距离配合限制了其在一定的范围内移动。

添加限制配合的步骤如下:

（1）单击"配合"按钮🖉（装配体工具栏）或选择"插入→配合"命令;

图 2-199　添加两滑块限制配合

（2）在配合选择下,为要配合的实体🔧选择需配合在一起的实体;

（3）在 PropertyManager 的高级配合中:单击"距离"⟺或"角度"⊿按钮;

（4）设定距离或角度来定义开始距离或角度;

（5）选择反转尺寸将实体移动到尺寸的相反边侧;

（6）设定 最大值⊥和最小值÷,以定义限制配合的最大值和最小值范围;

（7）单击✔按钮,完成配合;

2. 线性/线性耦合配合

线性/线性耦合是指配合在一个零部件的平移和另一个零部件的平移之间建立几何关系。当生成线性/线性耦合配合时,可相对于地面或相对于参考零部件设置每个零部件的运动。

添加线性/线性耦合配合的步骤如下。

（1）单击"配合"🖉按钮（装配体工具栏）,或选择"插入→配合"命令;

（2）在 PropertyManager 的高级配合中,单击"线性/线性耦合配合"按钮;

（3）在"配合选择"下选取表 2 - 3 中的内容；

（4）在高级配合下为比率输入表 2 - 4 的值；

（5）单击 ✔ 按钮，完成配合。

表 2 - 3　线性/线性耦合配合选取说明

	选项	说明
	要配合的实体	指定第一个配合零部件及其运动方向
	配合实体 1 的参考零部件	为第一个配合零部件指定参考零部件。如果配合设置对话框中的配合参考留为空白，运动将相对于装配体原点
	要配合的实体	指定第二个配合零部件及其运动方向
	配合实体 2 的参考零部件	为第二个配合零部件指定参考零部件。如果配合设置对话框中的配合参考留为空白，运动将相对于装配体原点

表 2 - 4　比率说明

	选项	说明
1.00mm　第一个比率条目H	第一个比率条目	指定第一个配合零部件沿其运动方向的位移
1.00mm　第二个比率条目H	第二个比率条目	在第一个配合零部件被在第一个比率条目中所指定的距离替换时指定第二个配合零部件沿其运动方向的位移
	反向	反转第二个配合零部件相对于第一个配合零部件的运动方向

如图 2 - 200 所示，在此滑轨线性耦合配合的范例中，针对第一个配合零部件沿其运动方向的每毫米位移，第二个配合零部件以其自己的运动方向位移 2 mm。

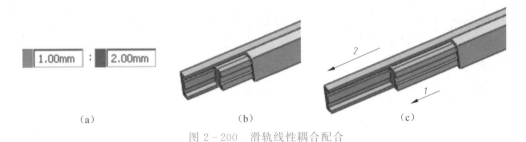

　　（a）　　　　　　　　　　（b）　　　　　　　　　　（c）

图 2 - 200　滑轨线性耦合配合

3. 路径配合

路径配合是指将零部件上所选的点约束到路径，可以在装配体中选择一个或多个实体来定义路径，也可以定义零部件在沿路径经过时的纵倾、偏转和摇摆。

添加路径配合的步骤如下。

（1）单击"配合"按钮 ✎（装配体工具栏）或选择"插入→配合"命令。

（2）在 PropertyManager 的高级配合中单击"路径配合"按钮 ✎。

（3）在"配合选择"下：

· 针对零部件顶点，选取要附加到路径的零部件顶点；

· 对于路径选择，选取相邻曲线、边线和草图实体，为便于选择，单击"SelectionManager"。

（4）在路径约束的高级配合下，选择表 2 - 5 中的一项。

表 2 - 5　路径约束选项

选 项	描 述
自由	沿路径拖动零部件
沿路径的距离	将顶点约束到路径末端的指定距离。输入距离。选取反转尺寸更改距离从哪端进行测量
沿路径的百分比	将顶点约束到指定为沿路径的百分比的距离。输入百分比。选取反转尺寸更改距离从另一端进行测量

（5）对于俯仰/偏航控制的选项及含义见表2－6。

表2－6　控制方向－俯仰/偏航选取

选　项	描　述
自由	零部件的俯仰和偏航不受约束
随路径变化	将零部件的一个轴约束为与路径相切。选取 X、Y、或 Z，选中或清除反转。

（6）对于滚转控制的选项及含义见表2－7。

表2－7　控制方向－滚转选取

选　项	描　述
自由	零部件的滚转不受约束。
上向量	约束零部件的一个轴以与选取的向量对齐。为上向量选取线性边线或平面。选取 X、Y、或 Z，选中或清除反转。

注意：俯仰/偏航控制和滚转控制不能为同一轴。

（7）单击✔按钮，完成配合。

4．轮廓中心配合

轮廓中心配合会自动将几何轮廓的中心相互对齐并完全定义零部件。添加轮廓中心配合的步骤如下。

（1）在有两个矩形或圆柱形轮廓的装配体文档中，单击"配合"按钮✎。

（2）单击 Property Manager 中的"轮廓中心"按钮⊕。

（3）对于要配合的实体，选择要进行中心对齐的边线或面。

（4）在 PropertyManager 中可以选择：

- 通过单击"对齐"按钮⬚或"反向对齐"按钮⬚来配合对齐；
- 将方向更改为顺时针↻或逆时针↺；
- 偏移两个配合的实体；
- 对于圆柱形轮廓，单击锁定旋转以防止零部件旋转。

（5）单击✔按钮两次以关闭 PropertyManager。

在该配合中支持的轮廓有以下几种：圆边或面，线性边线，正多边形的边或面。矩形轮廓可有圆角、倒角、内部切口或截止角，如图2－201所示。但是矩形的周长不能有增减，如图2－202所示。对于不支持的轮廓，可以建立支持的辅助草图已达到使用轮廓对中配合，如图2－203所示。

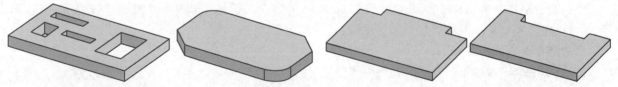

图2－201　轮廓中心配合支持的轮廓　　　　　　图2－202　轮廓中心配合不支持的轮廓

5．对称配合

对称配合是指强制使两个相似的实体相对于零部件的基准面或平面或者装配体的基准面对称。对称配合中可使用以下实体：点（顶点或草图点）直线（边线、轴或草图直线），基准面或平面，相等半径的球体，相等半径的圆柱等。

配合中应注意的问题：对称配合不会相对于对称基准面镜向整个零部件；对称配合只将所选实体与另一实体相关联。

图2－204中，两个高亮显示的面相对于高亮显示的基准面对称。在图中两个零部件互相上下颠倒。这是因为只有高亮显示的面是对称的，而不是两个零部件的所有面都对称。

添加对称配合的步骤如下：

(1)单击"配合"按钮🔗(装配体工具栏)或选择"插入→配合"命令。

(2)在"高级配合"下拉菜单中,单击"对称"按钮🗹。

(3)在"配合选择"中:

· 为对称基准面选取基准面。

· 在要配合的实体🔗中单击,然后选取两个要对称的实体。

(4)单击✅按钮,完成配合。

6. 宽度配合

宽度配合是指约束两个零件两两平面之间的对应关系。图 2 - 205 所示的两个零件的四个平面可以通过选择宽度配合来进行约束。

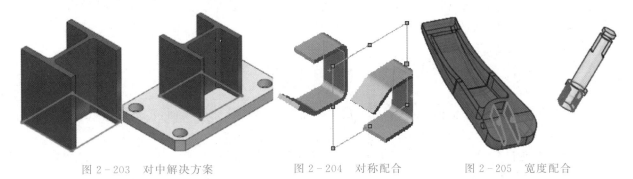

图 2 - 203　对中解决方案　　　　图 2 - 204　对称配合　　　　图 2 - 205　宽度配合

在宽度配合的平面中,可以是平行平面也可以是非平行平面;可以是圆柱面或轴。如图 2 - 206 所示的几种情况都可以采用宽度配合来进行约束。

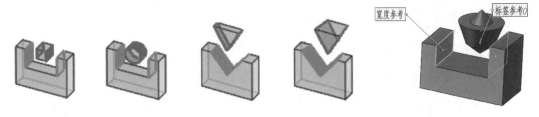

图 2 - 206　适合采用宽度配合的情况

添加宽度配合的步骤如下。

(1)单击"配合"按钮🔗(装配体工具栏)或选择"插入→配合"命令。

(2)在"高级配合"下拉菜单中,单击"宽度"📏按钮。

(3)在"配合选择"中:

· 为宽度选择选择两个平面;

· 为薄片(标签)选择选择两个平面,或一个圆柱面或轴。

(4)在"高级配合"的下拉菜单中选择表 2 - 8 约束中的其中一个。

表 2 - 8　约束选项

选　项	描　述
中心	将标签置于凹槽宽度内
自由	让零部件在与其相关的所选面或基准面的限制范围内任意移动
尺寸	设置从一个选择集到最接近相反面或基准面的距离或角度尺寸
百分比	基于从一组选择集至另一组选择集的百分比值尺寸设置距离或角度

(5)单击"✅"按钮,完成配合。

此时组件将对齐,以使标签在凹槽各面之间配合。标签可以沿凹槽的中心基准面平移以及绕与中心基准面垂直的轴旋转。宽度配合可以防止标签侧向平移或旋转。

2.16 机 械 配 合

机械配合包括凸轮推杆、齿轮、铰链、齿条和小齿轮、螺钉和万向节配合。下面讲述常用机械配合的使用方法。

1. 凸轮推杆配合

凸轮推杆配合为一相切或重合配合类型。它可将圆柱、基准面或点与一系列相切的拉伸曲面相配合,图 2-207 是凸轮配合的三种情况。

添加凸轮推杆配合的步骤:

(1)单击"配合"按钮⚮(装配体工具栏)或选择"插入→配合"命令;

(2)单击"凸轮"按钮⬤;

(3)在"配合选择"下拉菜单中对于要配合的实体⬚,选择凸轮上的一个面,将自动选择组成凸轮的拉伸轮廓的所有面,如图 2-208 所示;

(4)单击凸轮推杆,然后在凸轮推杆上选择一个面或顶点。

(5)单击 ✔ 按钮,完成配合。

注意:推杆与所有的凸轮曲面相配合,这样允许推杆在凸轮旋转时与之保持接触。凸轮推杆配合作为⬤凸轮配合重合或⬤凸轮配合相切出现在 FeatureManager 设计树中。

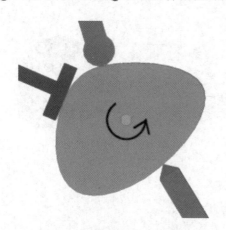

图 2-207 凸轮配合三种情况

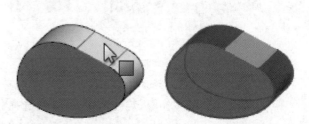

图 2-208 选择凸轮上的一个面

2. 槽口配合

可将螺栓配合到直通槽或圆弧槽,也可将槽配合到槽。可以选择轴、圆柱面或槽,以便创建槽配合,如图 2-209 所示。

添加槽口配合的步骤如下。

(1)单击"配合"按钮⚮("装配体"工具栏)或选择"插入→配合"命令。

(2)单击 Property Mallager 中的"槽"按钮⬚。

(3)在"配合选择"下拉菜单中,选择槽面以及与其配合的特征:

· 另一个直槽或有角槽的面;

· 轴;

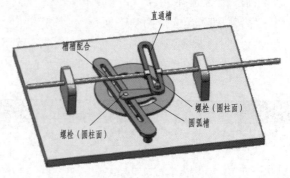

图 2-209 槽口配合

- 圆柱面。

(4)选择约束选项,见表 2 - 9。

(5)单击 ✅ 按钮,完成配合。

表 2 - 9　约束选项

选　项	描　述
自由	允许零部件在槽中自由移动
在槽内置中	将零部件放在槽中心
沿槽口的距离	将零部件轴放置在距槽末端指定距离的位置
沿槽口的百分比	将零部件轴放置在按槽长度百分比指定的距离处

注意:要更改距离测量的起始端点,可选择反转尺寸;对于槽口-槽口配合,约束选项只能选择自由或在槽口中心。

3. 齿轮配合

齿轮配合会强迫两个零部件绕所选轴相对旋转。齿轮配合的有效旋转轴包括圆柱面、圆锥面、轴和线性边线。该配合可以配合任何相对旋转的两个零部件,不限于配合两个齿轮,齿轮配合无法避免零部件之间的干涉或碰撞。

添加齿轮配合的步骤如下。

(1)单击"配合"按钮 ⬙(装配体工具栏)或选择"插入→配合"按钮。

(2)在 PropertyManager 的"机械配合"下拉菜单中单击"齿轮"按钮 ⚙。

(3)在"配合选择"下拉菜单中为要配合的实体 ⬚在两个齿轮上选择旋转轴。

(4)在"机械配合"的选项说明见表 2 - 10。

(5)单击 ✅ 按钮,完成配合。

表 2 - 10　齿轮配合选项说明

选　项	描　述
比率	软件根据所选择的圆柱面或圆形边线的相对大小来指定齿轮比率。此数值为参数值。可以覆盖数值。要恢复为默认值,请删除修改值。方框的背景颜色默认值是白色,修改值是黄色。
反向	选择反转来更改齿轮彼此相对旋转的方向。

以上是一般步骤,但是齿轮啮合时希望轮齿之间不干涉,所以通常在加入齿轮配合之前要把两个齿轮摆放好,尽量避免干涉,然后再加入齿轮配合,这样在仿真或者动画时更逼真。

下面以齿轮油泵中两个齿轮(模数 $m = 2.5$,$z = 14$),为例讲述齿轮啮合过程。在加入齿轮配合前,按要求装配好两个齿轮的安装位置,如图 2 - 210 所示,两个齿轮有干涉情况,此时如果加入齿轮配合,虽然能够完成运动,但是在转动过程中有干涉,不逼真。为了摆好两个齿轮的位置,可以主观移动两个齿轮让其摆好,尽量不干涉,或加入约束让两个齿轮配合在精确的位置。

该案例中两齿轮端面重合,装配齿轮位置的步骤如下。

第一步:在两个齿轮端面画出分度圆,并且分别在两个端面过齿轮中心画直线,一个齿轮的直线过齿顶中点,另一个齿轮的直线过齿底中点,如图 2 - 211 所示;

注意:分度圆和直线不要在装配环境下画,而是在各自的齿轮建模环境下画图。

第二步:在装配环境下,约束两条直线重合,此时齿轮的位置就变成了图 2 - 210 的理想位置;

第三步:压缩(删除)第二步加入的重合配合,方法就是在设计树的配合下找到相应的配合进行操作;

第四步:进行完第三步后不要再进行其他操作,也不要再移动或转动齿轮,否则齿轮位置就会改动,在这一步加入齿轮配合,在配合选项中选择如图 2 - 211 的两个分度圆,比率系统会根据分度圆的直径计算;

第五步:单击✔按钮,完成配合。

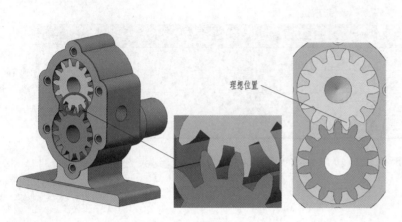

图 2-210　齿轮啮合

图 2-211　画分度圆和直线

4. 铰链配合

铰链配合将两个零部件之间的移动限制在一定的旋转范围内。其效果相当于同时添加同心配合和重合配合。此外还可以限制两个零部件之间的移动角度。相当于机构学里的转动副。

铰链配合的优点:建模时,只需应用一个配合(如果没有铰链配合,则需应用两个配合);分析时(例如使用 Solid Works Simulation 或 Solid Works Motion 进行分析),则反作用力和结果会与铰链配合相关联,而不是与某个特定的同心配合或重合配合相关联,这可减小冗余配合对分析的负面影响。

添加铰链配合的步骤。

(1)单击"配合"按钮◎("装配体"工具栏)或选择"插入→配合"命令。

(2)在 PropertyManager 的"机械配合"下拉菜单中,单击"铰链"按钮🔳。

(3)在"配合选择"下拉菜单中进行选择并设定选项:

- 同轴心选择◎。选择两个实体,选择方法和标准配合与同心相同,如图 2-212 所示;

- 重合选择 ◎,可以选择基准面、平面或点,如图 2-213 所示;

- 角度选择◎中选择两个面,如图 2-214 所示,在下拉选项中可以设置两个面的角度,从而限制两个零件之间的旋转角度,以及最大值⊥和最小值≢。

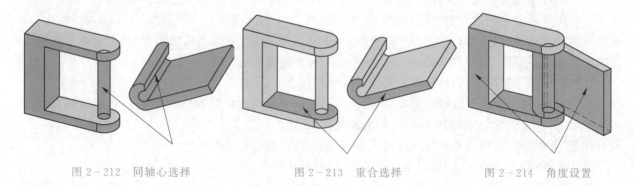

图 2-212　同轴心选择　　　　　　图 2-213　重合选择　　　　　　图 2-214　角度设置

(4)单击✔按钮,完成配合。

5. 齿条和小齿轮配合

通过齿条和小齿轮配合(见图 2-215),某个零部件(齿条)的线性平移会引起另一零部件(小齿轮)做圆周旋转,反之亦然。可以配合任何两个零部件以进行此类相对运动。

与齿轮的配合类型类似,齿条和小齿轮配合无法避免零部件之间的干涉或碰撞。要防止干涉,也要通过摆正齿轮和齿条的啮合位置,方法和齿轮啮合相同:画直线和圆,加入标准配合,约束好位置后再删除或者压缩标准配合,最后添加齿轮齿条配合。

添加齿条和小齿轮配合的步骤如下:

(1)单击"配合"按钮 ⌘(装配体工具栏)或选择"插入→配合"按钮;

(2)在 PropertyManager 的"机械配合"下拉菜单中单击"齿条小齿轮"按钮 ⌘;

(3)"配合选择项"下拉菜单中的选项见表 2-11;

(4)在小齿轮的每次完全旋转中,齿条的平移距离都等于 π 乘以小齿轮的直径。可以通过"机械配合"下拉菜单的选项来指定直径或距离,选项含义见表 2-12。

(5)单击 ✅ 按钮,完成配合。

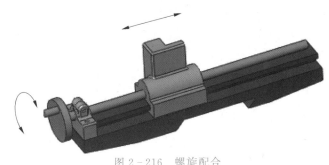

图 2-215　齿轮齿条配合

表 2-11　配合选项

选　项	描　述
齿条	选择线性边线、草图直线、中心线、轴或圆柱。
小齿轮/齿轮	选择圆柱面、圆形或圆弧边线、草图圆或圆弧、轴或旋转曲面。

表 2-12　比率选项

选　项	描　述
小齿轮齿距直径	所选小齿轮的直径出现在方框中。
齿条行程/转数	所选小齿轮直径与 π 的乘积出现在方框中。可以修改方框中的值。要恢复为默认值,请删除修改值。方框的背景颜色默认值是白色,修改值是黄色。
反向	选择可更改齿条和小齿轮相对移动的方向。

6. 螺旋配合

螺旋配合是指将两个零部件约束为同心,且在一个零部件的旋转和另一个零部件的平移之间添加纵倾几何关系。一个零部件沿轴向的平移会根据几何关系引起另一个零部件的旋转;同样,一个零部件的旋转可引起另一个零部件的平移,如图 2-216 所示。与其他配合类型类似,螺旋配合无法避免零部件之间的干涉或碰撞。

图 2-216　螺旋配合

添加螺旋配合的步骤如下:

(1)单击"配合"按钮 ⌘(装配体工具栏)或选择"插入→配合"命令;

(2)在 PropertyManager 的"机械配合"下拉菜单中,单击"螺钉"按钮 ⌘;

(3)在"配合选择"下拉菜单中,为要配合的实体 ⌘在两个零部件上选择旋转轴;

(4)"机械配合"下拉菜单中的选项含义见表 2-13;

(5)单击 ✅ 按钮,完成配合。

表 2-13　配合选项

选　项	描　述
圈数/长度单位	为其他零部件平移的每个长度单位设定一个零部件的圈数。(选择"工具→选项→文档属性→单位"命令设定文档的长度单位。)
距离/圈数	为其他零部件的每个圈数设定一个零部件的平移距离。
反向	相对于彼此间更改零部件的移动方向。

习　题

1. 草图练习。创建公制文件,应用草图工具绘制图2-217~图2-224的草图。

要求:(a)用直线和圆弧建立图形;

　　　(b)草图全约束,并且几何约束和尺寸约束正确;

　　　(c)文件名自定。

(1)

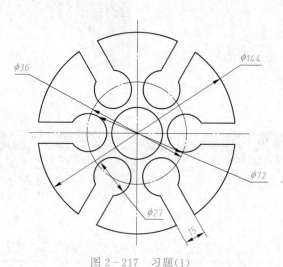

图2-217　习题(1)

(2)

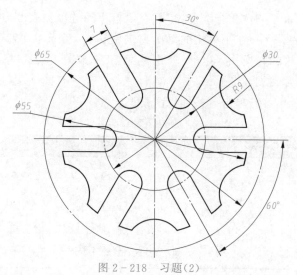

图2-218　习题(2)

(3)

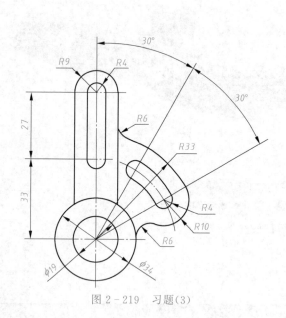

图2-219　习题(3)

(4)

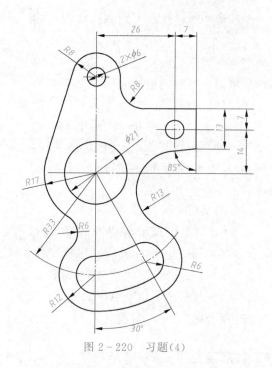

图2-220　习题(4)

（5）

（6）

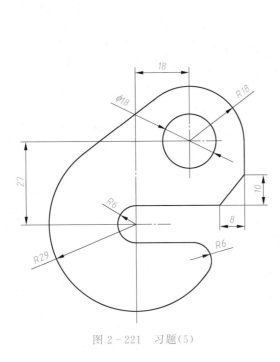

图 2 - 221　习题（5）

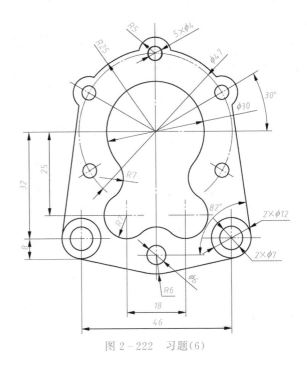

图 2 - 222　习题（6）

（7）

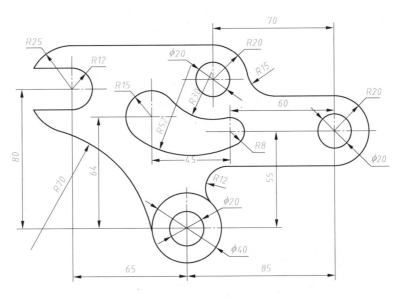

图 2 - 223　习题图（7）

（8）（注意 $R100$ 与 $R80$ 不同心，$R80$ 圆弧过 $\phi40$ 圆弧中心）。

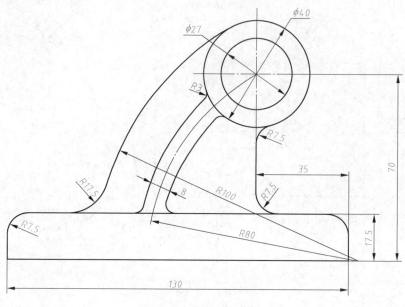

图 2-224　习题(8)

2．建模练习。完成图 2-225～图 2-228 所示的零件建模。要求：单位为公制，保留全部建摸特征，文件名自定。

（1）

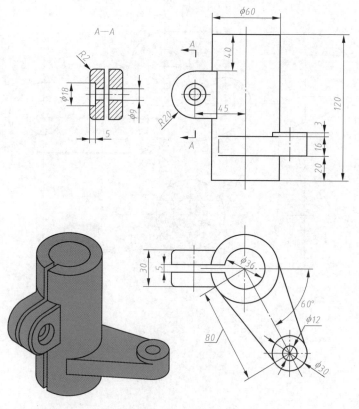

图 2-225　习题(1)

（2）

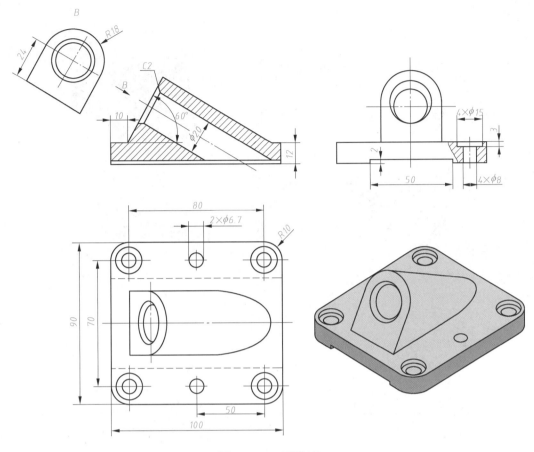

图 2 - 226　习题(2)

（3）

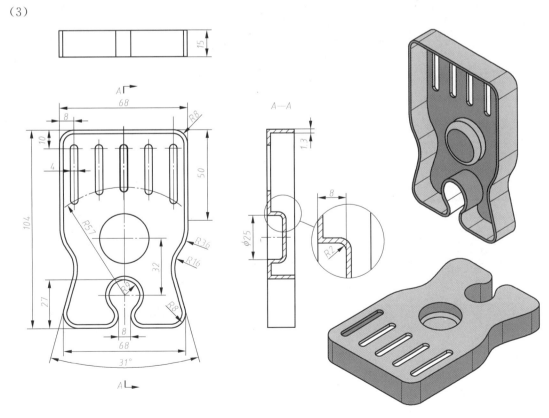

图 2 - 227　习题(3)

（4）

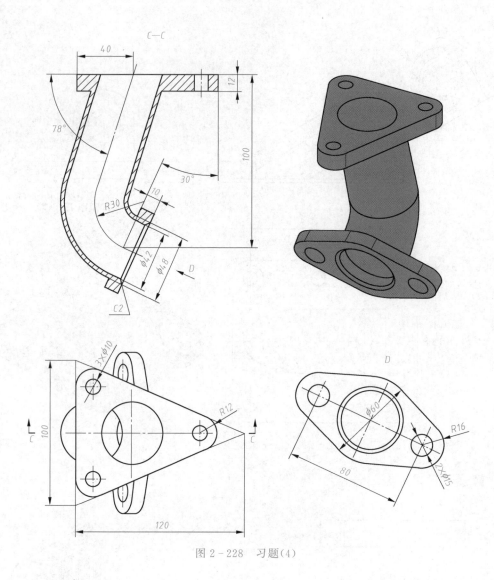

图 2 - 228 习题（4）

Solid Works 2016工程图

工程图是工程与产品信息的载体,是工程界表达、交流技术思想的语言,近代一切机器、仪器、建筑的设计、制造、使用等都是通过工程图来实现的。设计者通过工程图来表达设计意图和要求,制造者通过工程图了解设计要求并组织生产,使用者根据工程图了解产品的构造和性能,以便更好地使用和维护。

随着3D技术的快速发展和广泛应用,一个以"立体"取代"平面"的3D浪潮正在各个领域兴起。与此同时,机械设计行业出现了多个优秀的三维设计软件,如SolidWorks、UG、Pro‐E、CATIA等,机械的三维设计逐步深入人心,成为了时尚。

虽然三维机械设计技术方兴未艾,是潮流,是方向,但其并未动摇当前二维机械设计的核心地位;三维机械设计虽具有效率高、成本低、一致性好、一目了然等优点,但综观当下,仍存在诸多不足之处,主要表现在以下方面:

(1)三维模型无法像工程图(多面正投影图)那样清晰、完整地标注产品的加工信息,包括极限与配合、表面结构参数、几何公差、文本、零部件编号等的标注。

(2)三维模型对一些倾斜的、凹陷的局部结构表达不清晰。

(3)对于当下生产中大量使用的普通机床加工,三维设计便失去了其大部分优势,广大制造者经过长期二维工程图的浸染,更适应二维工程图。

(4)三维设计缺少相应的标准。

Solid Works软件由美国公司研发,工程图优先采用第三角画法,其前视图、上视图和下视图分别对应于我国国标推荐的第一角画法中的主视图、俯视图和仰视图。

3.1 新建工程图文件和模板

3.1.1 新建工程图文件

第一步:选择下拉菜单中的"文件→新建"命令,弹出图3‐1所示的"新建SOLIDWORKS文件"对话框(一)。

第二步:在上述对话框中双击"工程图"图标,软件自动选择模板库中第一个工程图模板(若无自建工程图模板,将选择A0工程图模板),进入工程图环境,软件打开"模型视图"命令窗口。

第三步:如图3‐2所示,在"模型视图"命令窗口中单击"浏览"按钮,弹出"打开"对话框,找到要导入的零件或装配体,双击;然后在"模型视图"命令窗口中,可进行创建基本视图设置,设置完毕后,在图纸区适当位置单击,放置相应视图。一般情况下,首先创建主视图,若在第二步后,在"模型视图"命令窗口中直接单击✖按钮,将生成一张空白图纸。

3.1.2 添加新的工程图图纸

Solid Works在一个工程图文件中,可以添加多张工程图图纸。方法是:选择下拉菜单中的"插入→图纸"命令,即可添加新图纸。

3.1.3 工程图图纸的激活

在Solid Works的一个工程图文件中,即使有多张工程图图纸,也只有一张工程图处于激活状态

（可编辑），激活工程图图纸的方法是：在设计树中右击需要激活的图纸名称，在右键快捷菜单中执行"激活"命令即可。

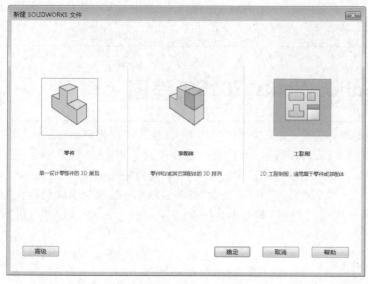

图 3-1 "新建 SOLIDWORKS 文件"对话框（一）

图 3-2 "模型视图"命令窗口

3.1.4 自定义工程图模板

工程图是设计、制造和使用产品过程中的重要文件，是工程技术人员交流技术思想的工具，其绘制必须符合相应的国家标准和规定，因此，在绘制工程图前，要先根据国家标准的要求，对图纸幅面、图框格式、标题栏、比例、字体、图线、尺寸标注等方面进行设置，以便后续使用。若使用 Solid Works 软件来生成工程图，也需要先对图纸的上述基本属性进行设置，即创建工程图模板。Solid Works 软件中内置了一些工程图模板，可以直接使用，也可以根据行业和单位的具体要求重新设置符合国标的、独具特色的工程图模板。下面以创建一张 A3 横放图纸的工程图模板为例，说明其创建过程。

第一步：选择下拉菜单中的"文件→新建"命令，弹出图 3-1 所示的"新建 SOLIDWORKS 文件"对话框（一）。

第二步：单击对话框中左下角的"高级"按钮，弹出图 3-3 所示的"新建 SOLIDWORKS 文件"对话框（二），选择"模板"选项卡，双击"gb_a3"图标，软件弹出"模型视图"命令窗口，单击命令窗口中的"×"按钮，生成一张空白图纸。

第三步：定义图纸属性。在设计树中找到"图纸1"，右击，在弹出的右键快捷菜单中执行"属性"命令，弹出图 3-4 所示的"图纸属性"对话框，打开其中的"图纸属性"选项卡，在"比例"后的文本框中输入

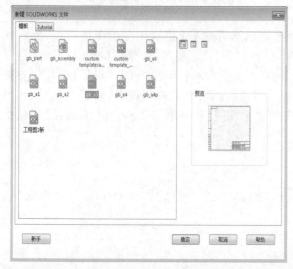

图 3-3 "新建 SOLIDWORKS 文件"对话框（二）

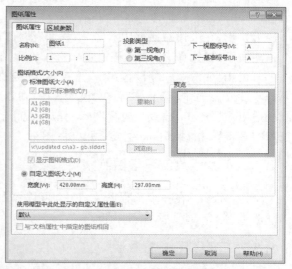

图 3-4 "图纸属性"对话框

1∶1,在"投影类型"区域中选中"第一视角"前面的单选按钮,在"图纸格式/大小"区域中选中"自定义图纸大小"前面的单选按钮,并在其下面的"宽度"文本框中输入 420,在"高度"文本框中输入 297,其他设置采用默认值,单击"确定"按钮。

第四步:编辑图纸格式。选择下拉菜单中的"编辑→图纸格式"命令,进入图纸格式编辑环境。

框选旧模板下所有的图元及文字,按[Delete]键,将其全部删除。

用草图绘制的相关命令,按无装订边图纸横放格式,绘制 A3 图纸的图框(见图 3-5,其中 L 等于 420 mm,B 等于 297 mm,e 等于 10 mm),添加尺寸约束,将图纸的左下角点约束到原点;再在图框的右下方绘制简易教学用标题栏(见图 3-6),先大概画出,然后删除多余约束,再添加其他必要的几何及尺寸约束。

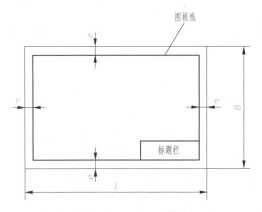

图 3-5　图纸无装订边横放图框

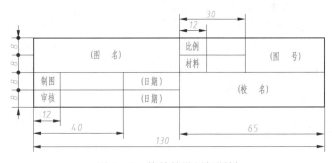

图 3-6　简易教学用标题栏

设置图框、标题栏边线的线宽。选取相应边线,单击"线型"工具栏(需调出该工具栏到工作界面上)中的"线粗"按钮,在打开的"线宽"列表中选择相应的线宽。

隐藏尺寸标注。选择下拉菜单中的"视图→隐藏/显示→注解"命令,选取图纸上的全部尺寸,被选中的尺寸颜色将会变浅,选择完毕后,按下[Esc]键,被选中的尺寸将隐藏。

添加注释文字。选择下拉菜单中的"插入→注解→注释"命令,弹出图 3-7 所示命令窗口,单击其中"引线"区域中的"无引线"按钮,在图纸的标题栏相应区域单击,弹出"格式化"对话框,并附带弹出"注释"文本框。在"注释"文本框内输入相应的内容,内容输入完毕后,可选择相应文本,通过"格式化"对话框上的各种按钮对文本进行编辑,编辑完毕后,单击"注释"文本框外任意点,即可退出当前注释,此时并未退出"注释"命令,可继续添加另外的注释。当所有注释添加完毕后,单击"注释"命令窗口中的 ✔ 按钮,即可完成注释的添加。对于注释中字高的选择,行高为"8"的字高设为"3.5",行高为"16"的字高设为"7",如图 3-8 所示。

图 3-7　"注释"命令窗口

图 3-8　"格式化"对话框及"注释文"本框

调整注释文字的位置。选取注释的文本并右击,在弹出的右键快捷菜单中执行"捕捉到矩形中心"命令,然后依次选取该注释区域边框的四条线,软件自动将选取的注释文本调整到四条边框所围成的矩形中心,单击"注释"命令窗口中的 ✔ 按钮退出命令。单击图纸区域右上角"退出图纸格式编辑"按钮。

第五步:图纸格式的保存。选择下拉菜单中的"文件→保存图纸格式"命令,弹出"保存图纸格式"

对话框,在"文件名"后的文本框中输入"教学用 A3 图纸格式",选择保存路径为"C:\Program Files\SOLIDWORKS Corp\SOLIDWORKS\Lang\chinese－simplified\sheetformat"(由于软件安装设置和版本号的不同,该路径可能不同,一般选择默认路径即可),单击"保存"按钮,保存该工程图图纸格式。

第六步:工程图模板的保存。选择下拉菜单中的"文件→另存为"命令,弹出"另存为"对话框,在"文件名"后的文本框中输入"教学用 A3 工程图模板",在"保存类型"后的下拉列表中选择"工程图模板",选择保存路径为"C:\ProgramData\SOLIDWORKS\SOLIDWORKS 2016\templates"(由于软件安装设置和版本号的不同,该路径可能不同,一般选择默认路径即可),单击"保存"按钮,保存该工程图模板。

在工程图模板创建保存后,当再次创建新工程图文件时,在图 3-3 所示的"新建 SOLIDWORKS 文件"对话框(二)的"模板"选项卡中,用户创建的工程图模板已在其中显示,双击对应选项,即可进入自定义的工程图模板环境。

说明:用户自创建的工程图模板,是在 Solid Works 软件内置模板的基础上创建的,并不是从 0 开始创建的。

3.2 视图的创建与编辑

基本视图与　　剖视图的创建
轴测图的创建

3.2.1 创建主视图、后视图、轴测图

工程图中的基本视图包括主视图 、俯视图、左视图、右视图、仰视图、后视图,一般是先创建主视图,再创建其他基本视图。

下面以图 3-9 所示的"组合体. SLDPRT"零件三维模型为例,说明创建基本视图的过程。

第一步:选择下拉菜单中的"文件→新建"命令,弹出图 3-1 所示的"新建 SOLIDWORKS 文件"对话框(一)。

第二步:在此对话框中单击左下角的"高级"按钮,弹出图 3-3 所示的"新建 SOLIDWORKS 文件"对话框(二),选择"模板"选项卡,双击"gb_a3"图标,软件新建一个工程图文件,打开"模型视图"命令窗口,单击"浏览"按钮,弹出图 3-10 所示的"打开"对话框,找到相应三维模型文件,双击打开。

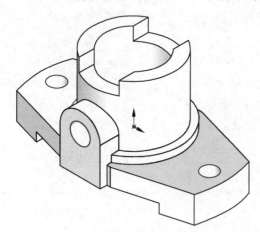

图 3-9　基本视图创建所用立体

图 3-10　导入模型的"打开"对话框

第三步:在"模型视图"命令窗口中的"方向"区域,单击选中"前视"按钮,勾选"预览"前面的复选框;在"选项"区域中,取消选中"自动开始投影视图"前面的复选框;在"比例"区域中,选中"使用自定义比例"前面的单选按钮,在其下方的下拉列表中选择1:1选项;其他设置采用默认值。

第四步:指定主视图在图纸上的位置。将光标移动到图纸上,会出现主视图的预览视图,在合适的

位置单击,即生成主视图,此时弹出"工程图视图 1"命令窗口。

第五步:单击"工程图视图 1"命令窗口的 ✅ 按钮,完成主视图的创建,如图 3-11 所示。

后视图、轴测图的生成,推荐采用类似主视图的创建方法来生成。需要先执行下拉菜单"插入→工程图视图→模型"命令,弹出"模型视图"命令窗口,在"模型视图"命令窗口中的"方向"区域,各自单击"后视""等轴测"按钮,其余步骤参照生成主视图的第二、三、四、五步即可。

3.2.2　创建其他基本视图

第一步:在上述主视图创建的基础上,执行下拉菜单"插入→工程图视图→投影视图"命令,弹出"投影视图"命令窗口,如图 3-12 所示。

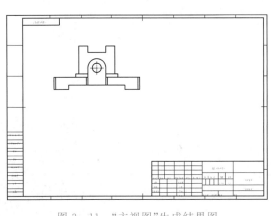

图 3-11　"主视图"生成结果图

图 3-12　"投影视图"命令窗口

第二步:在命令窗口提示"单击图形区域以放置新视图"下,在"主视图"的右侧单击,生成"左视图",如图 3-13 所示。

第三步:再次执行下拉菜单中的"插入→工程图视图→投影视图"命令,弹出"投影视图"命令窗口。在命令窗口提示"请选择投影所用的工程视图"下,单击"主视图"为后续生成视图的父视图,然后在"主视图"的下侧单击,生成"俯视图",如图 3-14 所示。

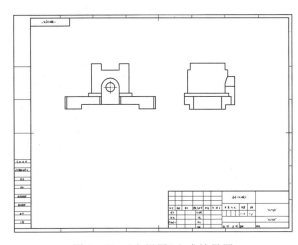

图 3-13　"左视图"生成结果图

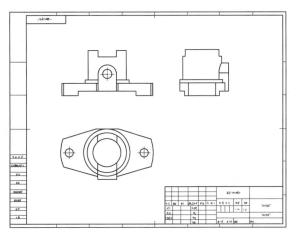

图 3-14　"俯视图"生成结果图

第四步:单击"投影视图"命令窗口的 ✅ 按钮,完成相应基本视图的创建。

右视图、仰视图的生成参考上述俯视图的生成步骤即可。

3.2.3 局部视图的创建

本例模型如图3-15所示,其主视图、俯视图、右视图已创建完毕,现要将右视图改变为局部视图。

第一步:绘制局部视图轮廓。用草图绘制工具中的样条曲线命令绘制图3-16所示的局部视图轮廓,样条曲线内为保留的部分。样条曲线绘制完毕后,单击"样条曲线"命令窗口中的按钮,退出命令。

第二步:选择"插入→工程图视图→剪裁视图"命令即可,结果如图3-17所示。

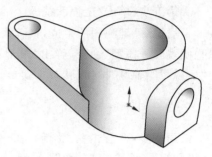

图3-15 局剖视图创建所用立体

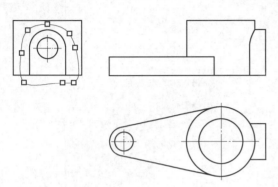

图3-16 局剖视图边界轮廓图

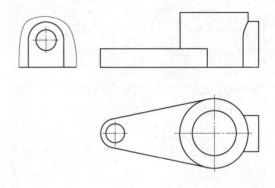

图3-17 局剖视图创建结果图

3.2.4 斜视图的创建

本例模型如图3-18所示,其主视图已创建,在主视图的基础上创建模型倾斜部分的斜视图。

第一步:选择下拉菜单中的"插入→工程图视图→相对于模型"命令,弹出图3-19所示的"相对视图"命令窗口(一)。

第二步:导入模型文件。在工程图的图形区单击任意视图,软件自动弹出图3-18所示的三维立体模型,软件弹出"相对视图"命令窗口(二)。

第三步:确定斜视图的投影面及参考投影面。

①确定斜视图的投影面:在"相对视图"命令窗口(二)的"第一方向"下拉列表中选择"前视"(见图3-20),选取图3-18所示的平面一为"第一方向"的参考平面。

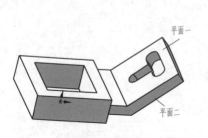

图3-18 斜视图创建所用立体图

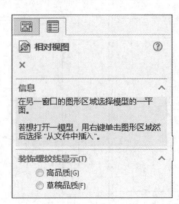

图3-19 "相对视图"命令窗口(一)

图3-20 "相对视图"命令窗口(二)

②确定斜视图的参考投影面:在"相对视图"命令窗口(二)的"第二方向"下拉列表中选择"右视"(见图3-20),选取图3-18所示的平面二为"第二方向"的参考平面。单击"相对视图"命令窗口中的✔按钮,返回到工程图界面,在合适的位置单击放置整体的斜视图。

第四步：在一般情况下，斜视图是局部视图。接下来，需要利用本书前述的"局部视图的创建"的方法，去掉图 3 - 21 中 整体斜视图中多余的部分，完成斜视图的创建，如图 3 - 22 所示。

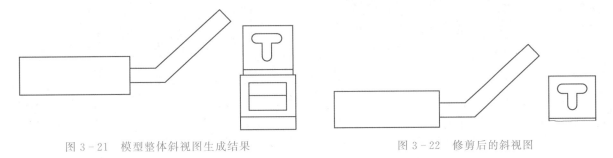

图 3 - 21　模型整体斜视图生成结果　　　　图 3 - 22　修剪后的斜视图

3.2.5　全剖视图的创建

本例模型如图 3 - 23 所示，其主视图已创建，在主视图的基础上创建左视全剖视图。

第一步：选择下拉菜单中的"插入→工程图视图→剖面视图"命令，弹出图 3 - 24 所示"剖面视图辅助"命令窗口。

第二步：选定剖切面类型。在命令窗口"切割线"区域选中"竖直"按钮，随后选择图 3 - 25 所示主视图（此视图为全剖视图的父视图）上的圆心，单击关联工具栏中的✅按钮，在主视图右侧的合适位置单击，放置左视全剖视图。初学者在各种剖视图的创建过程中，一般不勾选"剖面视图辅助"命令窗口中的"切割线"区域的"自动启动剖面实体"前的复选框。

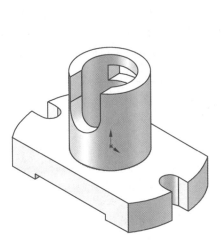

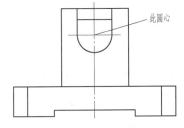

图 3 - 23　全剖视图创建所用立体　　图 3 - 24　"剖面视图辅助"命令窗口　　图 3 - 25　主视图

第三步：在"剖面视图"命令窗口的"剖切线"区域中，可单击"反转方向"按钮以改变剖视图的投影方向；在"剖切线"区域的"标号"文本框中，可输入剖视图名称代号（大写拉丁字母）；若取消选中"文档字体"前面的复选框，单击"字体"按钮，软件将弹出"选择字体"对话框，如图 3 - 26 所示，可改变剖视图标注的字体、字体样式、字号。（本例中的第三步，对其他类型的剖视图、对断面图均适用，后面不再赘述）

第四步：单击"剖面视图"命令窗口中的✅按钮，完成全剖视图的创建，如图 3 - 27 所示。

3.2.6　半剖视图的创建

本例中三维模型与上例全剖视图的模型相同，本例的俯视图已创建，在俯视图的基础上创建主视半剖视图。

第一步：选择下拉菜单中的"插入→工程图视图→剖面视图"命令，弹出"剖面视图辅助"命令窗口，如图 3 - 28 所示。

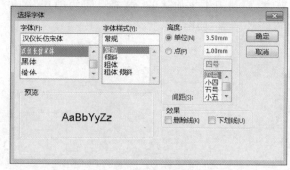

图 3-26 "选择字体"对话框

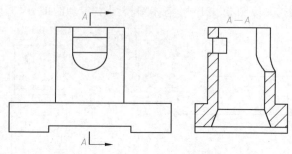

图 3-27 全剖视图结果图

第二步:选择命令窗口中的"半剖面"选项卡,选中该选项卡中"半剖面"区域中的"右侧向上"按钮,随后选择图 3-29 所示俯视图上的圆心,在俯视图的上侧适当位置单击,放置主视半剖视图。

第三步:单击"剖面视图"命令窗口中的 ✅ 按钮,完成半剖视图的创建,如图 3-30 所示。

图 3-28 "剖面视图辅助"命令窗口

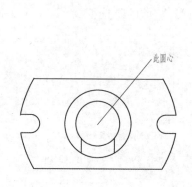

图 3-29 俯视图

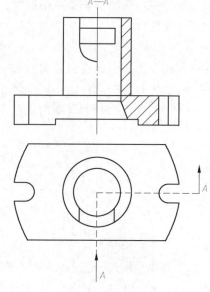

图 3-30 半剖视图创建结果图

3.2.7 局部剖视图的创建

本例模型如图 3-31 所示,其主、俯视图已创建,在主视图上创建底板中一个孔的局部剖视图。

第一步:选择下拉菜单中的"插入→工程图视图→断开的剖视图"命令。软件自动进入用样条曲线命令绘制二维草图的环境。

第二步:在要创建局部剖视图的主视图(此图为要创建的局部剖视图的父视图)上,用封闭样条曲线画出要剖切的局部,如图 3-32 所示。

第三步:样条曲线绘制完毕后,弹出图 3-33 所示的"断开的剖视图"命令窗口,单击激活命令窗口"深度"区域中的"深度参考"选择区域,使其高亮(若已高亮,不用再激活),选中图 3-34 中对应的圆。

第四步:选中"预览"前面的复选框,若满意,单击"断开的剖视图"命令窗口中的 ✅ 按钮,完成局部剖视图的创建,如图 3-35 所示。

3.2.8 几个平行的剖切面剖视图(阶梯剖)的创建

本例模型如图 3-36 所示,其俯视图已创建,需要创建主视阶梯剖视图。

第一步:选择下拉菜单中的"插入→工程图视图→剖面视图"命令,弹出图 3-37 所示"剖面视图辅助"命令窗口。

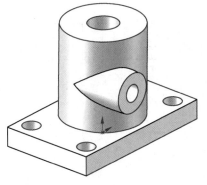

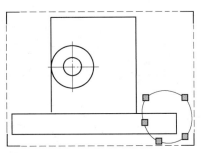

图 3-31　局部剖视图创建所用立体　　　图 3-32　局部视图剖切边界轮廓图　　　图 3-33　"断开的剖视图"命令窗口

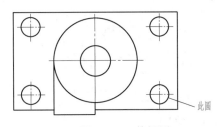

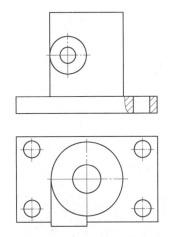

图 3-34　俯视图　　　　　　　　　　图 3-35　局部剖视图创建结果图

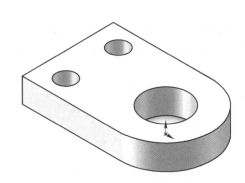

图 3-36　阶梯剖视图创建所用立体　　　　　图 3-37　"剖面视图辅助"命令窗口

第二步：选定剖切面类型。在命令窗口"切割线"区域取消选中"自动启动剖面实体"前面的复选框,选中"水平"按钮,单击图 3-38 所示的圆心 1,单击关联工具栏上的"单偏移"按钮,在图 3-38 所示位置 2 上单击,然后单击图 3-38 所示的圆心 3,单击关联工具栏中的 ✅ 按钮,在俯视图上侧的合适位置单击,放置阶梯剖视图。

第三步：单击"剖面视图"命令窗口中的 ✅ 按钮,完成阶梯剖视图的创建,如图 3-39 所示。

3.2.9　两个相交的剖切面剖视图(旋转剖)的创建

本例模型如图 3-40 所示,其俯视图已创建,需要创建主视旋转剖视图。

第一步：选择下拉菜单中的"插入→工程图视图→剖面视图"命令,弹出图 3-41 所示的"剖面视图辅助"命令窗口。

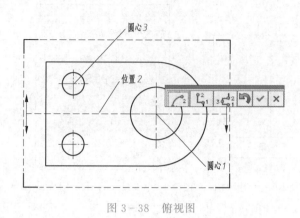

图 3-38 俯视图

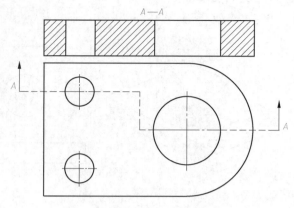

图 3-39 阶梯剖视图创建结果图

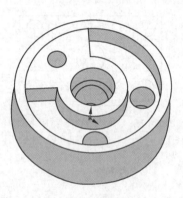

图 3-40 旋转剖创建用立体图

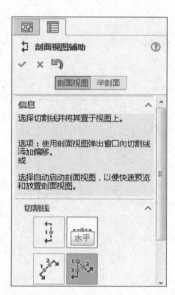

图 3-41 "剖面视图辅助"命令窗口

第二步：选定剖切面类型。在命令窗口"切割线"区域选中"对齐"按钮，随后依次选择图 3-42 所示的点 1、点 2、点 3 三个圆心点，单击关联工具栏上的 ✔ 按钮。在俯视图上侧的合适位置单击，放置旋转剖视图。

第三步：单击"剖面视图"命令窗口中的 ✔ 按钮，完成旋转剖视图的创建，如图 3-43 所示。

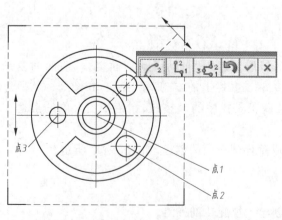

图 3-42 俯视图

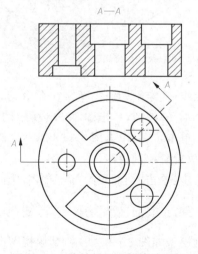

图 3-43 旋转剖视图创建结果图

3.2.10　斜剖视图的创建

本例模型如图 3-44 所示,其主、俯视图已创建,需要创建相对于俯视图的斜剖视图。

第一步:选择下拉菜单中的"插入→工程图视图→剖面视图"命令,弹出如图 3-45 所示的"剖面视图辅助"命令窗口。

第二步:选定剖切面类型。在命令窗口"切割线"区域选中"辅助视图"按钮,随后依次选择图 3-46 所示的圆心 1、圆心 2,单击关联工具栏上的 ✅ 按钮。在俯视图左上侧的合适位置单击,放置斜剖视图。

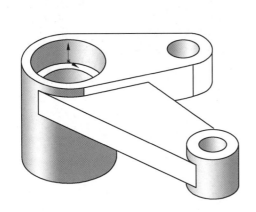

图 3-44　斜剖视图创建所用立体

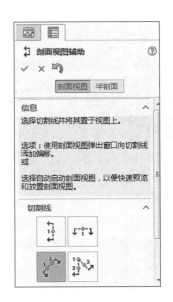

图 3-45　"剖面视图辅助"命令窗口

第三步:单击"剖面视图"命令窗口中的 ✅ 按钮,完成斜剖视图的创建,如图 3-47 所示。

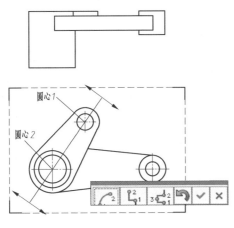

图 3-46　主、俯视图

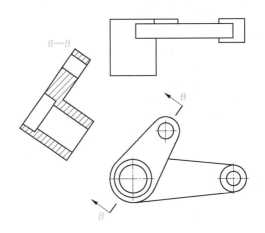

图 3-47　斜剖视图创建结果图

3.2.11　移出断面图的创建

本例模型如图 3-48 所示,其主视图已创建(见图 3-50),需要创建相对于主视图的移出断面图。

第一步:选择下拉菜单中的"插入→工程图视图→剖面视图"命令,弹出图 3-49 所示的"剖面视图辅助"命令窗口。

第二步:选定剖切面类型。在命令窗口"切割线"区域选中"竖直"按钮,随后将鼠标移动到主视图上适当的位置单击,选择关联工具栏上的 ✅ 按钮。单击"剖面视图"命令窗口中"剖切线"区域的"反转方向"按钮,可改变断面图的投影方向,在"剖面视图"区域中勾选"横截剖面"前的复选框,如图 3-51 所示。在主视图右侧的合适位置单击,放置断面图。

第三步:单击"剖面视图"命令窗口中的✅按钮,完成断面图的创建,如图 3-52 所示。

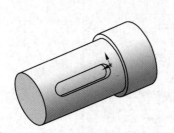

图 3-48 移出断面图
创建所用立体

图 3-49 "剖面视图
辅助"命令窗口

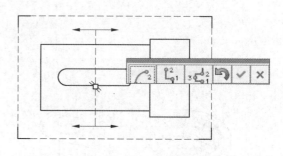

图 3-50 主视图

图 3-51 "剖面视图"命令窗口

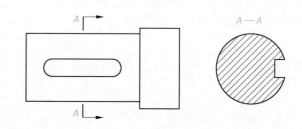

图 3-52 断面图创建结果图

3.2.12 局部放大图的创建

本例模型如图 3-53 所示,其主视图已创建,需要创建主视图的局部放大图。

第一步:选择下拉菜单中的"插入→工程图视图→局部视图"命令,弹出图 3-54 所示的"局部视图"命令窗口。软件自动进入二维草图绘制图的环境。

第二步:在主视图适当的位置绘制一圆,代表要放大的局部,此时软件弹出图 3-56 所示"局部视图1"命令窗口,选择合适的位置单击,放置局部放大图。

第三步:在"局部视图1"命令窗口的"比例"区域,选中"使用自定义比例"前面的单选按钮,可在其下面的下拉列表中选择合适的比例。

第四步:单击"局部视图1"命令窗口中的✅按钮,完成局部放大图的创建,如图 3-57 所示。

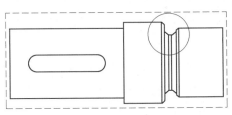

图 3-53　局部放大图创建所用立体　　图 3-54　"局部视图"命令窗口　　图 3-55　主视图

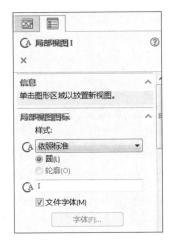

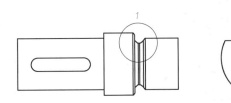

图 3-56　"局部视图 1"命令窗口　　　　图 3-57　局部放大图创建结果图

3.2.13　中心线与对称中心线的创建

1. 中心线的创建

在工程图中,回转体轴线的位置处需绘制中心线(用细单点画线来绘制)。

第一步:选择下拉菜单中的"插入→注解→中心线"命令,弹出图 3-58 所示的"中心线"命令窗口。

第二步:选取要绘制中心线的两直线(回转体转向轮廓线),选取图 3-59 所示的两条线。

第三步:单击"中心线"命令窗口中的 ✔ 按钮,即可完成中心线的创建,如图 3-60 所示。

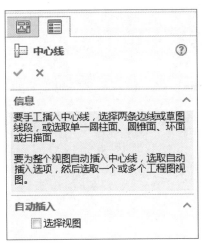

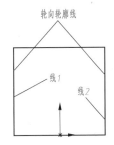

图 3-58　"中心线"命令窗口　　图 3-59　铅垂放置圆柱主视图　　图 3-60　中心线创建结果图

2. 圆的对称中心线的创建

在工程图中,圆需要通过其圆心绘制两条对称中心线(用细单点画线来绘制)。

第一步:选择下拉菜单中的"插入→注解→中心符号线"命令,弹出图3-61所示的"中心符号线"命令窗口。

第二步:选取要绘制对称中心线的圆(弧),选取图3-62所示的圆。

第三步:单击命令窗口中的✅按钮,即可完成对称中心线的创建,如图3-63所示。

3. 由模型生成视图时自动创建中心线和圆的对称中心线

第一步:选择下拉菜单中的"工具→选项"命令,弹出"系统选项—普通"对话框。

第二步:在该对话框中选择"文档属性"选项卡,选择左侧的"出详图"选项,在其中"视图生成时自动插入"区域选中"中心符号-孔-零件"和"中心线"前面的复选框,如图3-64所示。

第三步:单击对话框中的"确定"按钮即可完成相应设置,后面再由模型生成视图时,即可自动生成中心线和圆的对称中心线。

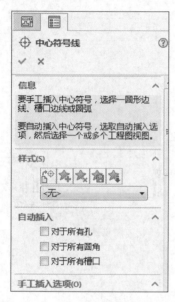
图3-61 "中心符号线"命令窗口

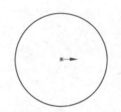
图3-62 铅垂放置圆柱的俯视图

图3-63 对称中心线创建结果图

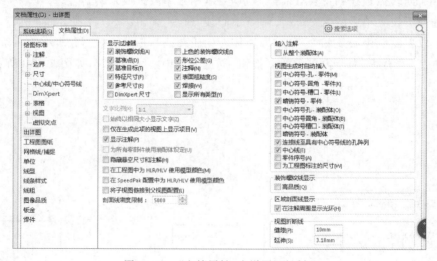
图3-64 "文档属性-出详图"对话框

3.2.14 视图的操作

1. 视图的移动

将光标放置到某一视图上,在该视图的周围会显示视图的界限(虚线框),如图3-65所示,将光标移动到该视图界限上时,光标显示为"四向箭头"样式 ,此时,按住鼠标左键即可拖拽视图到合适的位置,松开鼠标左键,即完成了视图的移动。在视图的移动过程中,被移动的视图与其他视图扔保持三等关系(长对正、高平齐、宽相等),视图只能左右或上下移动;若移动父视图,其子视图也会随之移动。

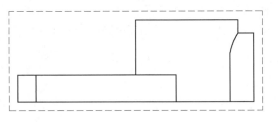

图 3 - 65　视图的界线(虚线框)

2. 视图的锁定与解锁

右击相应视图,在弹出的右键快捷菜单中执行"锁住视图位置"命令后,该视图的位置即锁定,不能移动。右击已锁定的视图,在弹出的右键快捷菜单中执行"解除锁住视图位置"命令后,该视图的位置即解除锁定,可以移动。

3. 视图的隐藏与显示

在设计树中右击某视图名称图标,在弹出的右键快捷菜单中执行"隐藏"命令,即可完成该视图的隐藏,隐藏的视图在设计树中的图标变为浅色,其图形在图形区不显示。

在设计树中右击某浅色(被隐藏)视图名称图标,在弹出的右键快捷菜单中执行"显示"命令,即可完成该视图的显示。

4. 视图的解除对齐与对齐

右击相应视图,在弹出的右键快捷菜单中执行"视图对齐→解除对齐关系"命令后,即可解除该视图与其他视图的对齐关系,可移动该视图到任意位置。

右击已解除对齐的相应视图,在弹出的右键快捷菜单中执行"视图对齐→中心水平对齐"命令,选取某一视图做为水平对齐参考视图,此时相应视图与参考视图水平对齐。

5. 视图的删除

选中相应视图,按[Delete]键,弹出"确认删除"对话框,单击"是"按钮即可。

6. 视图中虚线的显示

选取对应视图,单击前导"视图"工具栏中的"显示样式"下拉按钮,选择"隐藏线可见"按钮即可;若选择"消除隐藏线",则虚线不可见。

3.2.15　工程图的图线属性操作

在工程图中,可以通过图 3 - 66 所示的"线型"工具栏中的命令按钮来修改图线的颜色、线宽、线型等属性。

1. 修改图线的颜色

选择要修改颜色的图线,随后在"线型"工具栏中单击"线色"命令按钮,弹出图 3 - 67 所示的"编辑线色"对话框,在该对话框选取适当的颜色后,单击"确定"按钮即可。

2. 修改图线的线宽

选择要修改线宽的图线,随后在"线型"工具栏中单击"线粗"命令按钮,在"线粗"下拉列表中选取适当的线粗类型即可。

3. 修改图线的线型

选择要修改线型的图线,随后在"线型"工具栏中单击"线条样式"命令按钮,在"线条样式"下拉列表中选取适当的线型类型(见图 3 - 68)即可。

3.2.16　图层的使用

为使工程图符合国标且规范,在工程图中,用户可以利用草图绘制工具直接绘制工程图或其局部,与利用 AutoCAD、CAXA 等绘图软件绘制二维图类似。在草图之间、草图与模型生成的视图之间,可添加几何约束、尺寸约束。在工程图中,绘制二维草图时,可先创建图层,在图层中设置图线的颜色、线宽、线型等属性,将该图层置为当前后,即可绘制出相应图层设置的图线(注意此时要保证在"线型"工具栏中,线色、线粗、线条样式的各自设置均应为"默认")。

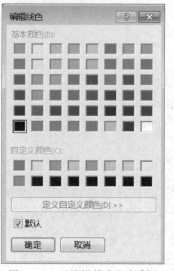

图 3-66 "线型"工具栏　　　　图 3-67 "编辑线色"对话框　　　　图 3-68 "线条样式"下拉列表图

单击"图层"工具栏中的"图层属性"按钮,弹出图 3-69 所示的"图层"对话框,单击对话框右侧的"新建"按钮,即在该对话框左侧列表的最下面新建了一个图层,在该图层的"名称"区域中输入新图层的名称,如图 3-69 所示。

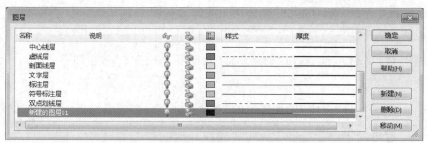

图 3-69 "图层"对话框

颜色的设置。在图 3-69 所示的对话框中,单击新图层对应的"颜色"方块区域,软件弹出"颜色"对话框,选取适当的颜色,单击"确定"按钮,即可完成颜色的设置。

线型的设置。在图 3-69 所示的对话框中单击新图层对应的"样式"区域的代表线,在弹出的"线型"下拉列表中选取适当的线型,即可完成线型的设置。

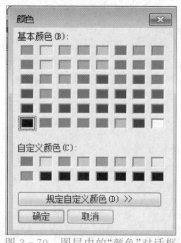

图 3-70 图层中的"颜色"对话框　　　　图 3-71 图层中下拉列表"线型"

线粗的设置。在图 3-69 所示的对话框中单击新图层对应的"厚度"区域的代表线,在弹出的"线粗"下拉列表中选取适当的线粗,即可完成线粗的设置。

在"图层"对话框中,若某个图层"名称"前面有向右的箭头,表示该图层为当前图层,此时绘制图线,其属性符合当前图层的设置;若有多个图层,可单击某图层名称前面的位置,将其置为当前图层;另外,图层还有"显示/隐藏"和"打印/不打印"两个状态按钮,单击相应按钮即可完成相应状态的翻转。

3.3　尺　寸　标　注

在工程图中,尺寸分为两类:模型(驱动)尺寸和参考(从动)尺寸。模型尺寸来源于零件的三维模型,工程图模型尺寸与三维模型双向关联,改变三维模型的大小即改变了工程图的模型尺寸,改变了工程图的模型尺寸即改变了三维模型的大小;参考尺寸是用户手动创建的尺寸,是通过"标注尺寸"命令在工程图中标注的尺寸,其数值是软件自动测量生成的,不能修改,参考尺寸与三维模型是单向关联的,改变模型的大小即改变了参考尺寸,但参考尺寸数值不能被修改。

本例尺寸标注的基本模型如图 3-72 所示,其俯视图已生成,在俯视图上标注相应的尺寸。

3.3.1　模型尺寸的标注

第一步:选择下拉菜单中的"插入→模型项目"命令,弹出"模型项目"命令窗口(图 3-73)。

第二步:在命令窗口"来源"的下拉列表框中选取"整个模型",并选中"将项目输入到所有视图"前面的复选框;在"尺寸"区域选中"为工程图标注"按钮,并选中"消除重复"前面的复选框。

第三步:单击命令窗口中的 ✅ 按钮,即可完成模型尺寸的标注,如图 3-74 所示。

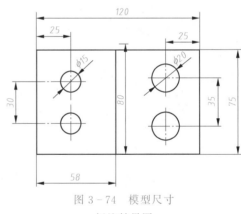

图 3-72　工程图尺寸　　　　　图 3-73　"模型项目"　　　　　图 3-74　模型尺寸

　　标注所用立体　　　　　　　　命令窗口　　　　　　　　　　标注结果图

说明:模型尺寸是系统根据三维模型自动标注的尺寸,一般情况下会有多处不符合国标的情况,一般做不到正确、完整、清晰、合理。

3.3.2　参考尺寸的标注

1. 自动参考尺寸的标注

第一步:选择下拉菜单中的"工具→尺寸→智能尺寸"命令,弹出"尺寸"命令窗口。

第二步:选择命令窗口中的"自动标注尺寸"选项卡,弹出图 3-75 所示的"自动标注尺寸"命令窗口。若工程图中只有一个视图,软件默认将其选中进行标注尺寸;若工程图中有多个视图,需要选取要标注尺寸的视图,此时要在标注尺寸的"视图"以外且"视图虚线框"以内的区域单击来选择。

第三步:单击命令窗口中的 ✅ 按钮,即可完成自动参考尺寸的标注,如图 3-76 所示。

2. 逐个参考尺寸的标注

第一步:选择下拉菜单中的"工具→尺寸→智能尺寸"命令,弹出图 3-77 所示的"尺寸"命令窗口。

第二步：在智能标注时，软件会根据选择的对象和光标移动的方向来智能判断需要标注的尺寸，由用户用鼠标单击确定后进行标注。选择两点，标注两点距离；选择一水平或竖直直线，标注直线长度；选择相交两直线，标注两直线的角度；选择整圆，标注直径，若不是整圆，标注半径。

第三步：单击命令窗口中的 ✔ 按钮，即可完成多个参考尺寸的标注，如图 3-78 所示。

说明：若将半径尺寸转换为直径尺寸，需选中该尺寸，在右键快捷菜单中执行"显示成直径"命令。把直径尺寸转换为半径尺寸，实现方式类似。

图 3-75 "自动标注尺寸"命令窗口

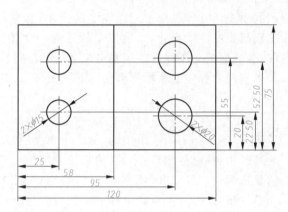

图 3-76 自动参考尺寸标注结果图

图 3-77 "尺寸"命令窗口

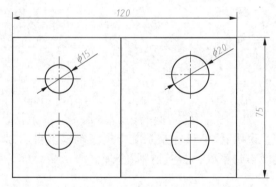

图 3-78 逐个参考尺寸标注结果图

3. 基准尺寸的标注

基准尺寸是指共用一个尺寸起点的一组尺寸。

第一步：选择下拉菜单中的"工具→尺寸→基准尺寸"命令。

第二步：选择相应的图元。依次选取图 3-79 所示的"直线 1""圆心 2""直线 3""圆心 4"，软件此时自动弹出"尺寸"命令窗口，如图 3-80 所示。

第三步：单击命令窗口中的 ✔ 按钮，即可完成基准尺寸的标注，如图 3-79 所示。

4. 倒角尺寸的标注

第一步：选择下拉菜单中的"工具→尺寸→倒角尺寸"命令。

第二步:选择相应的图元。依次选取图 3-81 所示的"直线 1""直线 2",选择合适的位置单击放置尺寸,弹出图 3-82 所示"尺寸"命令窗口。

第三步:定义倒角尺寸的类型。在"尺寸"命令窗口中的"标注尺寸文字"区域的右下角单击"C1"按钮。

第四步:单击"尺寸"命令窗口中的 ✔ 按钮,即可完成倒角尺寸的标注,如图 3-81 所示。

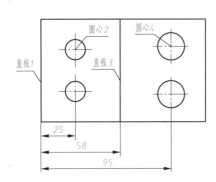

图 3-79　基准尺寸标注结果图

图 3-80　"尺寸"命令窗口

图 3-81　倒角尺寸标注结果图

图 3-82　"尺寸"命令窗口

3.3.3　尺寸的编辑

1. 关键点移动

选中要编辑的某个尺寸后,在该尺寸上会出现 7 个关键点(尺寸数字算一个关键点),如图 3-83 所示,拖动不同的关键点,可以改变尺寸要素的样式和位置。

2. 删除尺寸

选中尺寸,单击[Delete]键,即可删除该尺寸。

3. 改变尺寸线端箭头的标注方式

如何将图 3-84 所示单端箭头直径尺寸的箭头改为图 3-85 所示双端箭头直径的方式?需先单击

选中该尺寸,此时会弹出"尺寸"命令窗口,在命令窗口中选择"引线"选项卡(见图3-86),在其中的"尺寸界限/引线显示"区域,选中"外面"和"线性"按钮,单击"尺寸"命令窗口中的"√"按钮,完成修改。

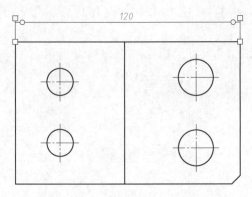

图3-83 选中尺寸的关键点图

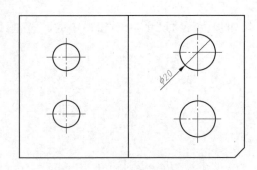

图3-84 单端箭头直径尺寸图

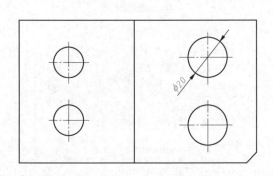

图3-85 双端箭头直径尺寸图

图3-86 "尺寸-引线"命令窗口

4. 公差带代号的输入

选中要编辑的某个尺寸后,弹出"尺寸"命令窗口,在该窗口的"数值"选项卡的"标注尺寸文字"区域中的第一个文本框内,在<DIM>后面输入该尺寸的公差带代号F7,如图3-87所示,单击"尺寸"命令窗口中的 按钮,即可完成尺寸公差带代号的标注,如图3-88所示。

图3-87 "尺寸-数值"命令窗口

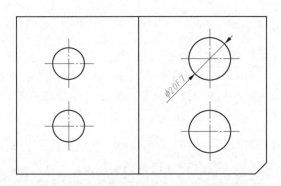

图3-88 带公差带代号的尺寸创建结果图

5. 尺寸上下偏差的输入

选中要编辑的某个尺寸后,弹出如图 3-89 所示的"尺寸"命令窗口,在该窗口"数值"选项卡的"公差/精度"区域中的第一个下拉列表框内选取相应的尺寸偏差类型,如"双边",此时在上述下拉列表的下面会出现"+"和"-"两个文本框,分别在其中输入尺寸的上偏差和下偏差。单击"尺寸"命令窗口中的✅按钮,即可完成尺寸上下偏差的标注,如图 3-90 所示。

图 3-89　"尺寸-数值"命令窗口

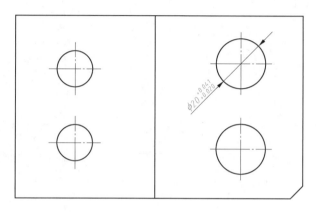

图 3-90　带上下偏差的尺寸创建结果图

3.4　其　他　标　注

3.4.1　几何公差(形位公差)的标注

几何公差的标注分为两部分,一是基准要素的标注,二是被测要素的标注。

1. 基准要素的标注

第一步:选择下拉菜单中的"插入→注解→基准特征符号"命令,弹出如图 3-91 所示的"基准特征"命令窗口(一)。

第二步:设置基准代号。在"基准特征"命令窗口的"标号设定"下面的文本框内输入基准的代号,一般用单个的大写拉丁字母来表示。

第三步:在"引线"区域中取消选中"使用文件样式"前面的复选框,然后先选中"方形"按钮,再选中"无引线"和"实三角形"两个按钮,如图 3-92 所示;然后,先选取工程图中相应的图线,接着移动光标,单击确定基准要素的放置位置。

第四步:单击"基准特征"命令窗口中的✅按钮,即可完成几何公差基准要素的标注,如图 3-93 所示。

2. 被测要素的标注

第一步:选择下拉菜单中的"插入→注解→形位公差"命令,弹出图 3-94 所示的"形位公差"命令窗口,同时弹出"属性"对话框(见图 3-95)。

第二步:单击"属性"对话框中的"符号"下面的下拉按钮,软件弹出 14 个形位公差符号,选择合适的符号单击(如选择"平行度符号"),此时,"属性"对话框上排有些"代号"按钮变成高亮可用,可以在后续输入中使用;在"公差 1"下面的文本框中输入该形位公差的数值 0.001;在"主要"下面的文本框中,输入对应基准要素的大写拉丁字母代号,如:B(见图 3-96)。

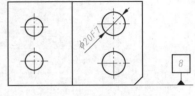

图 3-91 "基准特征"命令窗口(一)　　图 3-92 "基准特征"命令窗口(二)　图 3-93 形位公差基准要素标注结果图

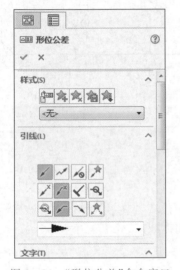

图 3-94 "形位公差"命令窗口　　　　　　　　图 3-95 形位公差"属性"对话框

　　第三步:在"形位公差"命令窗口的"引线"区域中,依次选中"引线""折弯引线""引线靠左"按钮,并在其下面的下拉列表中选择第二种"实心箭头"。

　　第四步:确定形位公差被测要素标注放置的具体位置。先选取引线箭头所指的边线位置,再在适当的位置单击以确定框格的放置位置。

　　第五步:单击"形位公差"命令窗口中的 ✔ 按钮,即可完成几何公差被测要素的标注,如图 3-97 所示。

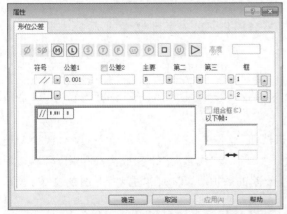

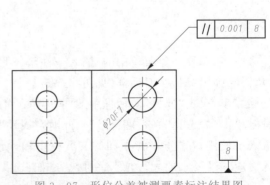

图 3-96 形位公差标注参考图　　　　　　　图 3-97 形位公差被测要素标注结果图

3.4.2　表面粗糙度的标注

零件表面上具有较小间距的峰、谷相间的微观结构特征,称为零件的表面结构。零件表面微观高低不平的程度一般用表面粗糙度(量化指标一般用算术平均偏差 Ra)来描述。Solid Works 2016 工程图中的表面粗糙度标注仍采用 GB/T 131—1993,不是最新的 GB/T 131—2009 国家标准。

第一步:选择下拉菜单中的"插入→注解→表面粗糙度符号"命令,弹出图 3-98 所示的"表面粗糙度"命令窗口。

第二步:在"表面粗糙度"命令窗口的"符号"区域中,依次选中"要求切削加工"、"当地"按钮;在"符号布局"区域中的相应文本框中输入相应 Ra 的数值 3.2;在"角度"区域选中"竖立"按钮;在"引线"区域选中"无引线"按钮。

第三步:确定表面粗糙度符号放置的具体位置。在相应边线适当的位置单击以确定具体的放置位置,如图 3-99 所示的标注 1 所示。

第四步:在"表面粗糙度"命令窗口的"角度"区域中的文本框内输入 180,标注的结果如图 3-99 所示的标注 2 所示。

第五步:单击"表面粗糙度"命令窗口中的 ✔ 按钮,完成表面粗糙度的标注。

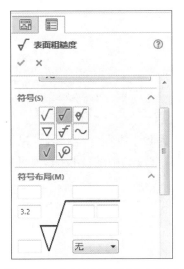

图 3-98　"表面粗糙度"命令窗口

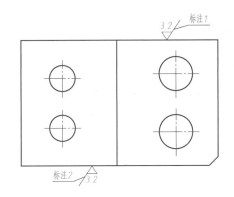

图 3-99　表面粗糙度标注结果图

3.4.3　创建注释

在工程图中,一般需要标注技术要求,有时还需要在图上采用引出方式标注一些文本内容,这些标注需要创建注释来完成。

1. 注释的创建

第一步:选择下拉菜单中的"插入→注解→注释"命令,弹出图 3-100 所示的"注释"命令窗口。

第二步:若无需引线标注,在"注释"命令窗口的"引线"区域中,选中"无引线"按钮即可;若需要引出标注,则需定义引线,一般情况下,在"注释"命令窗口的"引线"区域中,依次选中"引线""引线靠左""下划线引线"按钮;并在其下面的下拉列表中选择第二种"实心箭头",如图 3-100 所示。

第三步:若有引线,需单击两次分别确定箭头和文本的放置位置,若无引线单击一次确定文本的位置即可。

图 3-100　"注释"命令窗口

第四步：软件弹出"格式化"对话框，并附带弹出"注释"文本框，在"注释"文本框输入相应的内容，选择文本后，可通过"格式化"对话框上的各种按钮对文本进行编辑，如图3-101所示。

第五步：单击"注释"命令窗口中的 ✔ 按钮，即可完成注释的标注，如图3-102所示。

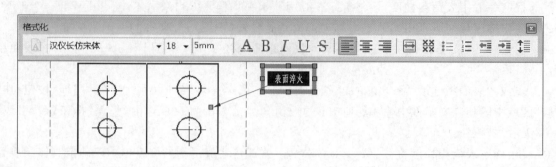

图3-101　"格式化"对话框及"注释文本框"

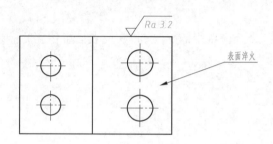

图3-102　注释标注结果图

2. 注释的修改

双击要修改的注释，即可打开"注释"命令窗口、"格式化"对话框、"注释"文本框，可以在"注释"文本框中对文本进行增、删、排版等编辑工作，满意后，单击"注释"命令窗口中的 ✔ 按钮，即可完成注释的修改。

习　　题

1. 自定义教学用A3号图纸工程图模板，其细节及尺寸如图3-103和图3-104所示。

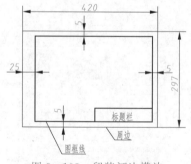

图3-103　留装订边横放
A3号图纸图框格式及相关尺寸

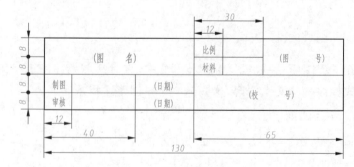

图3-104　标题栏格式及尺寸

2. 看懂图3-105所示组合体一的视图及尺寸，建立其三维模型，在题1的自定义工程图模板中，采用1：1的比例，生成如本题已知所示内容的工程图。

3. 看懂组合体二的零件图，建立其三维模型，在题1的自定义工程图模板中，采用2：1的比例，生成其零件图（内容同本题已知即可）。

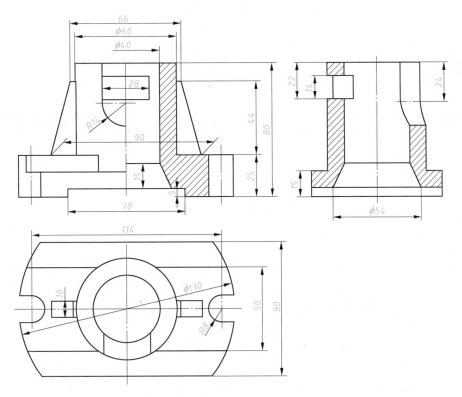

图 3 - 105　组合体一的零件图(部分)

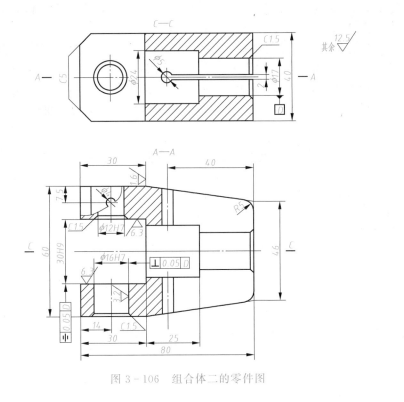

图 3 - 106　组合体二的零件图

第 ❹ 章

→ **机械零部件二维表达与AutoCAD 2018辅助设计基础**

4.1 AutoCAD 概述

AutoCAD 是由美国 Autodesk 公司于 20 世纪 80 年代初为计算机上应用 CAD 技术而开发的绘图程序软件包,经过不断的完善,现已成为国际上广为流行的工程制图工具。同传统的手工绘图相比,AutoCAD 绘图速度更快,精度更高。如今它已经在航空航天、造船、建筑、交通、机械、电子、地理、化工、美工、轻纺等很多领域得到了广泛应用。

AutoCAD 具有开放式人机交互功能,是一个更专注于设计而不是软件命令的设计软件,一直为广大用户所深爱并广泛流行,软件具有完善的图形绘制功能和强大的图形编辑功能,更加直观的用户界面、易于使用的对话框、定制工具栏和三维图形造型操作,使用方便并容易掌握。

AutoCAD 2018 在优化界面、新标签页、功能区库、命令预览、帮助窗口、地理位置、实景计算、Exchange 应用程序、计划提要等方面有所改进。包含了多项可加速 2D 与 3D 设计、创建文件和协同工作流程的新特性,使用者还能方便地使用 TrustedDWG 技术与他人分享作品,储存和交换设计资料。增强的 PDF 输出功能与建筑信息模型化(BIM)紧密协作,有效地提高了效率。大幅提升屏幕显示的视觉准确度,增强的可读性与细节能以更平滑的曲线和圆弧来取代锯齿状线条。提供了互联网桌面和云端体验,用户可以超前掌控"从设计到制造"的全过程。设计套件 ReCap 技术通过增添更多的本地化激光扫描格式、智能测量工具、高级注释和同步功能等,将"现实计算"在整个套件中的可用性和经济性都提升到了新的高度。

4.2 AutoCAD 2018 的工作界面

AutoCAD 2018 启动后的工作界面如图 4-1 所示,主要由应用程序菜单、快速访问工具栏、标题栏、信息中心、菜单栏、功能区、绘图区、坐标系、命令行和状态栏组成。

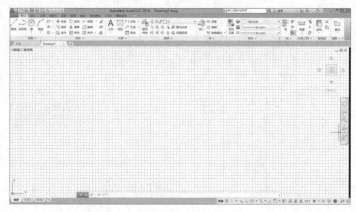

图 4-1 AutoCAD 2018 工作界面

应用程序菜单:可以进行快速新建、打开、保存、打印和发布图形、退出 AutoCAD 2018 等操作。

快速访问工具栏:用于存储经常使用的命令,单击快速访问工具栏右侧的下拉按钮,将弹出工具按钮选项菜单供用户选择。

标题栏:用于显示当前图形正在运行的程序名称及当前载入的图形文件名。

菜单栏:主要包含了常用的 12 个菜单项。

功能区:主要由选项卡和面板组成,提供了各个功能模块常用的命令按钮。

绘图区:窗口中央最大的空白区是绘图区,相当于一张图纸。绘图区是没有边界的,通过绘图区右侧及下方的滚动条可对当前绘图区进行上、下、左、右移动,用户可以在这张图纸上完成所有的绘图任务。

坐标系:位于绘图区的左下角,由两个相垂直的短线组成的图形是坐标系图标,它是 AutoCAD 世界坐标(WCS)和用户坐标(UCS),随着窗口内容的移动而移动。默认模式下的坐标(WCS)是二维状态(X 轴正向水平向右,Y 轴正向垂直向上),三维状态下将显示 Z 轴正向垂直平面。

4.3 AutoCAD 2018 绘图基础

4.3.1 图层、颜色和线型设置

图层是用户用来组织自己图形的最有效的工具之一,它可以想象为透明且没有厚度的薄片,可以把具有相同属性的对象画在同一图层上,使各种编辑操作变得方便。

用户可设置不同层的颜色和线型,而放在该层上创建的对象则默认地接受这些颜色和线型。根据需要,将不同性质的对象(如图形的不同部分、尺寸等)放置在不同的层上,用户可以方便地通过控制图层的性质(冻结、锁定、关闭等)来显示和编辑对象。

1. 图层的创建和使用

AutoCAD 2018 提供了 3 种方法打开"图层特性管理器"对话框,单击"图层"工具栏中的 图标,或从"格式"下拉菜单中选择"图层"选项,或在命令提示行键入"Layer",AutoCAD 将弹出图 4-2 所示对话框。

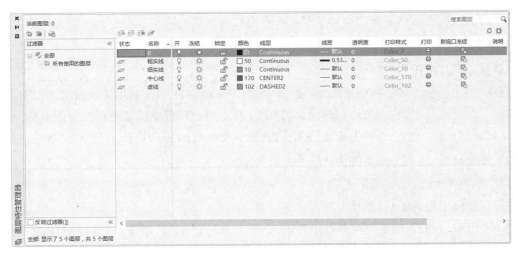

图 4-2 "图层特性管理器"对话框

2. 对话框说明

通过该对话框用户可完成创建图层、删除图层及其他图层属性的设置操作。

(1)"图层过滤器特性"选项组:在这一选项组内,用户可进行图层列表中的显示控制。

①图层过滤器名称下拉列表框:用户可利用列表框,有针对性的选择显示当前图形文件图层的过滤条件。其中有两个选项,分别为"显示所有图层""显示所有使用的图层"。默认情况下,在图层列表

中显示所有图层。

　　②"图层过滤器特性"：单击 按钮，弹出"图层过滤器"对话框，利用该对话框可命名图层过滤器，如图4-3所示。

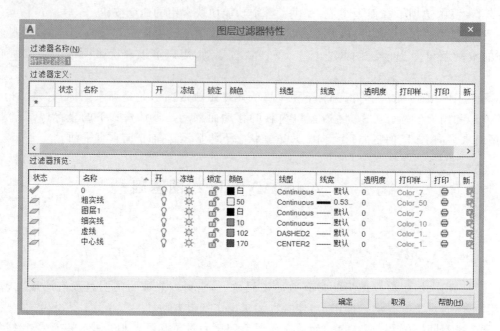

图4-3　"图层过滤器特性"对话框

　　在该对话框中，用户可以设置图层名称、状态、颜色、线型及线宽等过滤条件。当指定图层名称、颜色、线宽、线型以及打印样式时，可使用标准的"?"和"＊"等多种通配符，其中"?"用来代替任意一个字符，"＊"代替任意多个字符。

　　此外，在"过滤器名称"下拉列表框中显示了当前图形包含的所有命名图层过滤器的名称；单击"添加"按钮可以创建一个新的过滤器；单击"删除"按钮可以删除一个已有的过滤器；单击"重置"按钮可以重新设置过滤器的过滤条件。

　　(2)图层列表框：在该列表框中列出了所有符合图层过滤器选项组控制条件的图层。

　　3.新建图层

　　用户创建新图层的操作方法为：

　　(1)在图4-3所示的对话框中单击"新建"按钮 ，AutoCAD将自动生成一个名为"图层××"的图层。其中"××"是数字，它表明所创建的是第几个图层，用户可根据需要更改图层的名称。

　　(2)在对话框的任一空白处单击或按[Enter]键可结束创建图层的操作。若单击"确定"按钮，则结束图层创建操作，并自动关闭图层属性管理器对话框。

　　4.删除图层

　　用户可以删除不用的图层，操作方法为：

　　在图4-3所示对话框的图层列表框中单击，选中要删除的图层，单击"删除"按钮 ，即可删除所选择的图层，但所选图层必须是空层。

　　5.设置当前层

　　当前层就是当前绘图层，用户只能在当前层上绘制图形，而且所绘制图形的属性将继承当前层的属性，设置当前层有以下4种方法：

　　(1)在图4-3所示对话框中，选择所需要的图层名称后单击"当前"按钮。

　　(2)单击"图层"工具栏上的 按钮，然后选择某个图形实体，即将该实体所在图层设置为当前层。

　　(3)在"图层"工具栏的"图层控制"下拉列表框中，让所需的图层名高亮显示，单击鼠标左键。此时新选的当前层就出现在图层控制区内。

（4）在命令行中输入"CLAYER"并回车，出现下列提示：

输 CLAYER 的新值〈"0"〉：

在提示后输入新选的图层名称，然后回车即可将所选图层设置为当前层。

6. 使用图层颜色

图层的颜色是指该层上对象的颜色。每一图层都应赋予一种颜色，不同的图层可设置成不同的颜色，也可相同。为了绘图和图形输出的方便，应根据需要改变某些图层的颜色。在图 4-3 所示的对话框中，单击要改变颜色图层的图标，弹出"选择颜色"对话框，如图 4-4 所示，单击所需颜色，再单击"确定"按钮。

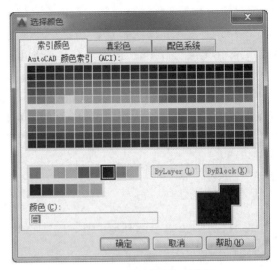

图 4-4　"选择颜色"对话框

7. 使用图层线型

图层的线型是指该层上绘图时对象的线型。每一图层都应赋予一种线型，不同的图层可设置成不同的线型。在图 4-3 所示的对话框中，单击要改变线型图层的线型名，弹出"选择线型"对话框，如图 4-5 所示。如果欲选线型尚未装入该对话框，单击"加载"按钮，弹出"加载或重载线型"对话框，如图 4-6 所示，选中绘图所需线型，单击"确定"按钮，将选中的线型装入"选择线型"对话框，并返回该对话框。单击所需线型，将所选线型赋予指定的图层。

图 4-5　"线型管理器"对话框

图 4-6　"加载或重载线型"对话框

8. 图层线宽设置

在 AutoCAD 2018 中，用户可以为每一个图层的线条设置实际的线宽，从而使图形中的线条保持固定的宽度。用户为不同的图层定义线宽之后，无论在图形预览还是打印输出时，这些线宽均是实际显示的。

设置线宽可在"图层特性管理器"对话框中进行。在该对话框中单击图层列表框中的"线宽"项即可弹出"线宽"对话框，如图 4-7 所示。在该对话框中，列出了一系列可供用户选择的线宽，选择某一线宽后，单击"确定"按钮，即可将线宽值赋给所选图层。

图 4-7　"线宽"对话框

9. 图层状态控制

利用 AutoCAD 2018 提供的状态开关，用户可以方便的控制图层状态：

（1）开/关　当前图层打开时，该层可见并且可在该层上画图。当前图层关闭时，位于该层上的内容不能在屏幕上显示或由绘图仪输出,但可在该层上画图,所画图形在屏幕上不可见。重新生成图形时,层上的实体仍将重新生成。

(2)冻结/解冻 冻结图层后,位于该层上的内容不能在屏幕上显示或由绘图仪输出,用户不能在该层上绘制图形。在重新生成图形时,冻结层上的实体将不被重新生成。冻结图层可以加快缩放视图、平移视图和其他操作命令的运行速度,增强图形对象的选择性能,并减少复杂图形的重生成时间。

(3)锁定/解锁 图层锁定后,用户只能观察该层上的图形,不能对其编辑和修改,图形仍可显示和输出。可在该层上画图,所画图形在屏幕上可见。

(4)打印样式和打印 在"图层特性管理器"对话框中,用户可以通过"打印样式"确定某个图层的打印样式,但如果使用的是彩色绘图仪,则不能改变这些打印样式。单击"打印"列中对应的打印图标,可以设置图层是否能够被打印,这样就可以在保持图形显示可见性不变的前提下控制图形的打印特性。打印功能只对可见的图层起作用,即只对没有冻结和没有关闭的图层起作用。

4.3.2 坐标系与坐标输入方法

1. 坐标系

AutoCAD 2018 绘图环境中有一固定的世界坐标系(WCS),用户也可以定义自己的坐标系,即用户坐标系(简称 UCS)。

(1)世界坐标系(WCS) WCS 是 AutoCAD 的基本坐标系,它由三个相互垂直并相交的坐标轴 X、Y、Z 组成,其设置是:X 轴正向水平向右,Y 轴正向垂直向上,Z 轴正向垂直屏幕指向用户,坐标原点在绘图区左下角。其坐标原点和坐标轴方向都不会改变。AutoCAD 默认地在图形窗口左下角处显示 WCS 图标,如图 4-8 所示。

图 4-8 世界坐标系图标

(2)用户坐标系 有时,为了方便,用户可根据需要定义用户的个人坐标系(UCS),在默认情况下,用户坐标系和世界坐标系是相重合的,用户也可以在绘图过程中根据需要来定义 UCS。

2. 坐标输入方法

用户一旦选定好坐标系作为当前使用的坐标系,则输入的坐标值是相对当前选定的坐标系的。AutoCAD 2018 中的坐标输入有多种:绝对直角坐标、绝对极坐标、相对直角坐标、相对极坐标、直接距离输入等方式。

(1)绝对直角坐标 绝对直角坐标是以原点(0,0,0)为基点定位所有的点,在绘图区内的任何一点均可用(X,Y,Z)表示,用户可以通过输入 X、Y、Z 坐标来定义点的位置。

(2)绝对极坐标 AutoCAD 2018 默认以逆时针来测量角度。水平向右为 0°(或 360°)方向,90°垂直向上,180°水平向左,270°垂直向下。绝对极坐标以原点作为极点,用户输入一个长度距离和一个角度,距离和角度之间用"<"号隔开。例如:100<60,表示该点距离极点的极长为 100 个图形单位,而该点的连线与 0°方向之间的夹角为 60°。

(3)相对直角坐标 相对坐标是指相对于前一个已知点的坐标,即输入点相对于当前点的增量,输入格式与绝对坐标相同,但要在相对坐标的前面加上符号"@"。例如前一点坐标为(20,18,0),如果输入@3,−4,2,则相当于输入绝对直角坐标(23,14,2)。

(4)相对极坐标 相对极坐标是以前一个操作点作为极点,这就是相对极坐标和绝对极坐标的区别。相对极坐标用(@20<α)的形式表示,其中@表示相对,20 表示极轴长,α 表示角度。

(5)直接距离输入 AutoCAD 2018 支持的距离输入为相对坐标输入的一种形式,用户可通过移动鼠标指定一个方向,然后输入距离,即可利用增量确定下一个点,该方法更为直接和方便。

4.3.3　绘图环境设置

1. 绘图单位

在命令行中输入 Units 命令，或用鼠标左键选中"格式"下拉菜单中"单位"选项，弹出"图形单位"对话框，如图 4-9 所示。按国标要求，将使用公制标注，在此应选中"长度"区"类型"下拉列表框的"小数"类型。从"角度"区"类型"下拉列表框内选中"十进制度数"选项。对于角度，还可以指定零度的方向和角度的正向。选中"顺时针"复选框选项，可切换到顺时针角度的正向，缺省设置为正东方向为 0°，逆时针为角度正向。

绘图时，用鼠标定位虽然方便、快捷，但精度不够精确。AutoCAD 提供了一些绘图辅助工具如删格、捕捉、正交等来帮助用户精确绘图。

2. 捕捉与追踪

以下两种操作均可打开如图 4-10 所示的"草图设置"对话框。

- 菜单：工具→绘图设置；
- 命令行：DSETTINGS 或 DS↙；

在状态行单击鼠标右键，在弹出的右键菜单中选"设置"。

在对话框中的三个选项卡"捕捉和栅格、极轴追踪、对象捕捉"分别用来进行对应功能的设置。

图 4-9　"图形单位"对话框

图 4-10　"草图设置"——捕捉和栅格

（1）捕捉和栅格

在"草图设置"对话框中设置"捕捉和栅格"："捕捉"用于设定鼠标指针移动的间距。"栅格"是一些标定位置的小点，所起的作用就像是坐标纸，使用它可以提供直观的距离和位置参照。在 AutoCAD 中，使用"捕捉"和"栅格"功能，可以提高绘图效率。要打开或关闭"捕捉"和"栅格"功能，可选择下列方法之一：

- 在 AutoCAD 程序窗口的状态栏中，单击"捕捉"和"栅格"按钮；
- 按[F7]键打开或关闭栅格，按[F9]键打开或关闭捕捉；
- 打开"草图设置"对话框，在"捕捉和栅格"选项卡中选择或取消选择"启动捕捉"和"启动栅格"复选框，如图 4-10 所示。

利用"草图设置"对话框中的"捕捉和栅格"选项卡，可以设置捕捉和栅格的相关参数。各选项的功能如下。

- 启用捕捉：该复选框用于打开或关闭捕捉方式；

- 捕捉:在该选项区域中可以设置 X、Y 轴捕捉间距、栅格旋转角度以及旋转时 X、Y 基点坐标;旋转角相对于当前用户坐标系进行度量,可以在 $-90°\sim90°$ 之间指定旋转角,但不会影响 UCS 的原点和方向。正角度使栅格绕其基点逆时针旋转,负角度使栅格顺时针旋转。
- 启用栅格:该复选框用于打开或关闭删格的显示;
- 栅格:在该选项区域中可以设置栅格的 X、Y 轴间距,如果栅格的 X、Y 轴间距值为 0,则栅格采用捕捉 X、Y 轴间距的值;
- 捕捉类型和样式:在选项区域中可以设置捕捉类型是"栅格捕捉"还是"极轴捕捉"。

选择"栅格捕捉"单选按钮,设置捕捉样式为栅格,如果选择"极轴捕捉"单选按钮,设置捕捉样式为极轴捕捉,此时,在启用了极轴追踪或对象捕捉追踪情况下指定点,光标将沿极轴角或对象捕捉追踪角度进行捕捉。

(2)对象捕捉

利用对象捕捉可准确地确定所需的拾取点,从而保证绘图的精确性。

(1)临时对象捕捉方式:AutoCAD 提供的临时对象捕捉方式功能,均是对绘图中控制点的捕捉而言的。这种方式的启用方法有三种:

①单击"速快访问工具栏"中的下拉按钮,展开下拉菜单,单击"显示菜单栏"。在菜单栏选择"工具栏→AutoCAD→对象捕捉",打开"对象捕捉"工具栏,如图 4-11 所示。

图 4-11 "对象捕捉"工具栏

②按[Shift]或[Ctrl]键的同时,单击鼠标右键,弹出"对象捕捉"菜单,如图 4-12 所示。

③在命令栏提示符下输入捕捉类别的前 3 个英文字母(如 MID、CEN、QUA 等)

注意 ①在 AutoCAD 中,当拾取框捕捉点时,便会在该点闪出一个带颜色的特定标记,以提示用户不需再移动拾取框便可以确定该捕捉点。

②临时捕捉方式只能对当前选择方式有效。

(2)运行对象捕捉方式:设置运行对象捕捉方式功能后,绘图中就会一直保持对象捕捉状态,直到取消为止。运行捕捉功能可以通过对话框进行设置。打开如图 4-13 所示"草图设置"对话框中的"对

图 4-12 "对象捕捉"菜单

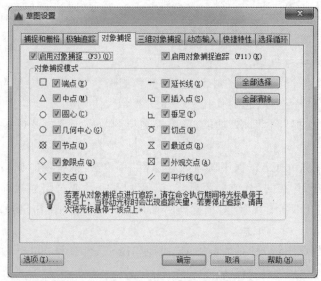

图 4-13 "草图设置"对话框

象捕捉"选项卡可以进行各种捕捉功能的设置,如图 4-13 所示。必须要选中"启用对象捕捉"(功能键
[F3])复选框,才能使捕捉功能处于开启状态,用鼠标单击对象捕捉模式选项组中的某一复选框设置完
毕后单击"确定"按钮。

(3)自动追踪　在 AutoCAD 中,自动追踪功能是一个非常有用的辅助绘图工具,使用它可按指定
角度绘制对象,或者绘制与其他对象有特定关系的对象。

自动追踪包括两种追踪方式:"极轴追踪"和"对象捕捉追踪"。两种追踪方式可以同时使用。

①极轴追踪:极轴追踪是按事先给定的角度增量来追踪特征点。AutoCAD 要求指定一个点时,按
预先设置的角度增量显示一条辅助线,用户可沿辅助线跟踪得到光标点。用户可以单击状态栏上的
"极轴"按钮打开或关闭极轴追踪模式。也可以在草图设置对话框中的"极轴追踪"卡中进行设置,在该
选项卡左上角有一个"启用极轴追踪"复选框,选择该复选框可执行极轴追踪功能。

注意　不能同时打开 正交模式和极轴追踪功能。

②对象捕捉追踪:对象捕捉追踪是按与对象的某种特定关系来追踪点,沿着基于对象捕捉点的辅
助线方向追踪。

在打开对象捕捉追踪功能之前,必须先打开对象捕捉。用户可以单击状态栏上的"对象追踪"按钮
打开或关闭对象捕捉追踪模式。也可以在草图设置对话框中的"对象捕捉"卡中进行设置。

(4)自动捕捉和自动跟踪的设置　AutoCAD 在"选项"对话框"绘图"选项中进行自动捕捉和自动
跟踪的设置,如图 4-14 所示。

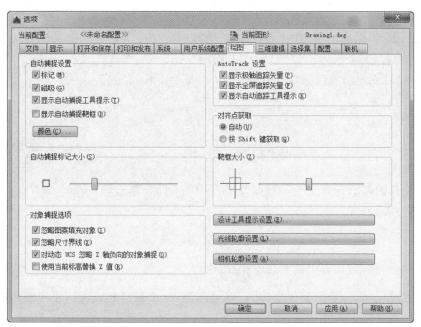

图 4-14　"自动捕捉和自动追踪"设置对话框

①自动捕捉设置:在该选项组中可控制使用对象时显示的形象化辅助工具。选择"标记"复选项,
表示捕捉到指定点时显示捕捉标志,它将显示为不同的几何符号;选择"磁吸"选项后,当光标接近捕捉
点时,将会自动吸附到相应的捕捉点位置;选择"显示自动捕捉工具栏提示"选项,当捕捉到指定点,将
会显示一个表示捕捉标记的小标签;选择"显示自动捕捉靶框"选项,将会显示自动捕捉的靶框;"自动
捕捉标记颜色",在下拉列表中可选择自动捕捉标记的颜色,默认为黄色,用户可选择其他的颜色。

②自动追踪设置:在该选项组中可设置与追踪功能相关的设置,包括下面几个选项。

• 显示极轴追踪矢量:选择该项后,将沿着指定角度显示一个矢量,使用极轴追踪,可以沿角度绘
制直线。极轴角是 90° 的约数,如 45°、30° 和 15°。

• 显示全屏追踪矢量:该项将控制追踪矢量的显示,追踪矢量是辅助用户按特定角度,或按与其他
对象的特定关系来绘制对象的构造线,AutoCAD 将以无限长直线显示对齐矢量。

• 显示自动追踪工具栏提示:该项可控制自动追踪工具栏提示的显示。

③对齐点获取:在该选项组中可控制在图形中显示对齐矢量的方法。选择"自动"选项时,当靶框移到对象捕捉上时,将会自动显示追踪矢量;而选择"用 Shift 键获取"选项时,只有按[Shift]键并将靶框移到对象捕捉上时,才能显示追踪矢量。

④自动捕捉标记大小:拖动滑块可调节自动捕捉标记的大小,向左拖动将缩小,向右拖动将扩大。

⑤靶框大小:该项可设置靶框的显示尺寸,这时如果选择显示自动捕捉靶框选项,捕捉到对象时靶框将显示在十字光标的中心。靶框的大小将确定磁吸将靶框锁定到捕捉点之前,光标应到达与捕捉点的最近距离或位置,其取值范围为 1~50 像素。

当设置完毕之后,单击"应用"按钮。

图 4-14 所示对话框中自动捕捉设置选项组用于设置辅助线的显示。对齐点获取选项组用于设置的使用对象捕捉跟踪时获取对象的方法。

4.3.4　正交方式

用户可以通过单击状态栏上的"正交"按钮或按键盘上[F8]键,来执行正交功能。打开正交方式后,可以只在垂直或水平方向画线或指定距离。

4.4　常用绘图命令

所有复杂的图形,都是由基本的图元(例如点、直线、圆、文字等)构成的。本节将以"绘图"工具栏为主,介绍一些常用的绘图命令,图 4-15 所示为 AutoCAD 2018 功能区的"绘图"面板,其中每个图标均对应一个绘图操作。

图 4-15　"绘图"面板

4.4.1　直线(Line)

1. 功能

直线是组成图形的基本元素之一。只要指定直线段的两个端点就可以使用该命令绘制出直线。

2. 操作方法

①鼠标左键单击"绘图"面板中的"直线"按钮;

②指定第一点(可输入该点的横纵坐标,以逗号隔开,然后按[Enter]键;也可将鼠标挪至第一点所在处左键单击);

③指定下一点,指定方式与指定第一点相同,也可确定直线方向后,输入直线长度,按[Enter]键;

④重复步骤③,可以画出连续的折线段,当绘制完毕,按键盘上的[Enter]键,则命令结束。

3. 其他操作方法

除用鼠标点击工具栏中对应的命令外,还可在"键入命令"的命令栏输入"L",按键盘上的[Enter]键,然后按照操作方法中的②③④步骤依次执行。

例 4-1　绘制如图 4-16 所示的平面图形。

指定第一点 1;

光标根据追踪向点 2 方向水平延长,键盘输入 20,按[Enter]键;

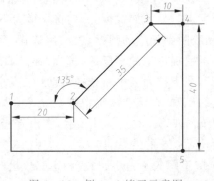

图 4-16　例 4-1 练习示意图

例 4-13　操作视频

光标根据 45°追踪向点 3 方向延长,键盘输入 35,按[Enter]键;

光标根据追踪向点 4 方向水平延长,键盘输入 10,按[Enter]键;

光标根据追踪向点 5 方向竖直延长,键盘输入 40,按[Enter]键;

光标挪至 1 点,根据追踪竖直向下,直到找到 1 点向下延长和 5 点向左延长的交点,单击该点;

将光标移至 1 点并单击,按[Enter]键。

4.4.2　多段线(Pline)

1. 功能

绘制多段线,通过绘制一个由若干直线和圆弧连接而成的曲线。

2. 操作方法

①鼠标左键单击"绘图"面板中的"多段线" 多段线 按钮;

②指定第一点(可输入该点的横纵坐标,以逗号隔开,然后按[Enter]键;也可将鼠标挪至第一点所在处左键点击);

③输入第一段线的长度,按[Tab]键,然后输入第一条线相对于"X"轴的夹角,然后按[Enter]键;

④输入第二段线的长度,按[Tab]键,然后输入第二条线相对于"X"轴的夹角,然后按[Enter]键;

⑤重复步骤④,可以画出连续的折线段,当绘制完毕,按键盘上的[Enter]键,则命令结束。

3. 其他操作方法

除用鼠标单击工具栏中对应的命令外,还可在"键入命令"的命令栏输入"PL",按键盘上的[Enter]键,然后按照操作方法中的②③④⑤步骤依次执行。

例 4-2　绘制如图 4-17 所示的平面图形。

指定第一点 1;

光标根据追踪向点 2 方向水平延长,键盘输入 20,按[Enter]键;

键盘输入"A";光标根据 45°追踪向点 3 方向延长,键盘输入 10,按[Enter]键。

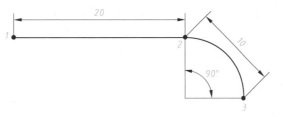

图 4-17　例 4-2 练习示意图

例 4-2 操作视频

4.4.3　矩形(REC)

1. 功能

绘制矩形,通过确定矩形的两个对角的坐标来创建矩形。

2. 操作方法

①鼠标左键单击"绘图"面板中的"矩形" ▣ 按钮;

②指定第一点(可输入该点的横纵坐标,以逗号隔开,然后按[Enter]键;也可将鼠标挪至第一点所在处左键点击);

③输入第二段线的长度,按[Tab]键,然后输入矩形的宽度,然后按[Enter]键;

3. 其他操作方法

除用鼠标单击工具栏中对应的命令外,还可在"键入命令"的命令栏输入"REC",按键盘上的[Enter]键,然后按照操作方法中的②③步骤依次执行。

例 4-3　绘制如图 4-18 所示的平面图形。

鼠标左键单击"矩形" ▣ 按钮;

指定第一个角点或[倒角(C)/标高(E)/圆角(F)/厚度(T)/宽度(W)]:C,按[Enter]键;

指定矩形的第一个倒角距离：2，按[Enter]键；

指定矩形的第二个倒角距离＜2.0000＞：按[Enter]键；

指定第一个角点或[倒角(C)/标高(E)/圆角(F)/厚度(T)/宽度(W)]：(任意拾取一点)，按[Enter]键；

指定另一个角点或[面积(A)尺寸(D)旋转(R)]：D，按[Enter]键；

指定矩形长度：20，按[Enter]键；

指定矩形宽度：10，按[Enter]键。

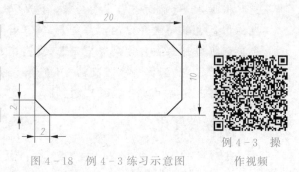

图 4-18 例 4-3 练习示意图　　例 4-3 操作视频

4.4.4　圆(C)

1. 功能

通过确定圆心与圆的半径来绘制圆。

2. 操作方法

①鼠标左键单击"绘图"面板中的"圆"按钮；

②指定圆心(可输入该点的横纵坐标，以逗号隔开，然后按[Enter]键；也可将鼠标挪至圆心所在处左键点击)；

③输入圆的半径，然后按[Enter]键。

3. 其他操作方法

除用鼠标点击"绘图"面板中对应的命令外，还可在[键入命令]的命令栏输入"C"，按键盘上的[Enter]键，然后按照操作方法中的②③步骤依次执行。

在功能区"绘图"面板中可进行圆画法的调用选择，如图 4-19 所示。

图 4-19　圆画法

例 4-4　绘制如图 4-20 所示的平面图形。
鼠标左键单击图 4-19 中"圆"

指定圆的圆心或[三点(3P)/两点(2P)/切点、切点、半径(T)]：3P，按[Enter]键；

指定圆上的第一个点：30,20，按[Enter]键；

指定圆上的第一个点：10,30，按[Enter]键；

指定圆上的第一个点：30,10，按[Enter]键。

4.4.5　圆弧(Arc)

1. 功能

绘制圆弧，通过三个点来绘制圆弧。

2. 操作方法

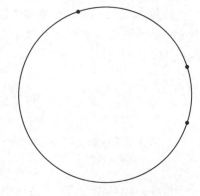

图 4-20　例 4-4 练习示意图

①鼠标左键单击"绘图"面板中"圆弧"按钮；

②指定第一点(可输入该点的横纵坐标，以逗号隔开，然后按[Enter]键；也可将鼠标挪至第一点所在处左键点击)；

③输入圆弧的第二点与第一点所在圆的半径，按[Tab]键，然后输入第一点与第二点相对于圆心的夹角，然后按[Enter]键；

④输入圆弧的第三点与第二点所在圆的半径，按[Tab]键，然后输入第三点与第二点相对于圆心的夹角，然后按[Enter]键。

3. 其他操作方法

图 4 - 21

除用鼠标单击"绘图"面板中对应的命令外,还可在"键入命令"的命令栏输入"Arc",按键盘上的[Enter]键,然后按照操作方法中的②③④步骤依次执行。

在功能区"绘图"面板中可进行圆弧画法的调用选择。如图 4 - 21 所示。

例 4 - 5　已知圆弧的弦长为 100,其中端点的坐标为(200,200),圆心 2 的坐标为(260,230)。绘制如图 4 - 22 所示的平面图形。

鼠标左键单击图 4 - 21 中的"圆弧",单击"起点、圆心、长度",按[Enter]键;

指定圆弧的起点:(200,200),按[Enter]键;

指定圆弧的圆心:(260,230),按[Enter]键;

指定弦长:100,按[Enter]键;

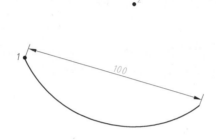

图 4 - 22　例 4 - 5 练习示意图

4.4.6　椭圆(Ellipse/EL)

1. 功能

绘制椭圆,通过控制椭圆的中心,长轴和短轴三个参数来确定椭圆的形状。

2. 操作方法

①鼠标左键单击"绘图"面板的"椭圆" ⊙· 按钮;

②指定圆心(可输入该点的横纵坐标,以逗号隔开,然后按[Enter]键;也可将鼠标挪至圆心所在处左键单击);

③输入椭圆的第一个半径长度,按[Tab]键,然后输入第一个端点与圆心连线相对于"X"轴的夹角,然后按[Enter]键;

④输入椭圆的第二个半径长度,按[Tab]键,然后输入第二个端点与圆心连线相对于"X"轴的夹角,然后按[Enter]键。

3. 其他操作方法

除用鼠标单击"绘图"面板中对应的命令外,还可在命令栏输入"EL",按[Enter]键,然后按照操作方法中的②③④步骤依次执行。

在功能区"绘图"面板中可进行椭圆画法的调用选择,如图 4 - 23 所示。

例 4 - 6　已知椭圆中心点 1 的坐标为(300,300),一个端点 2 的坐标为(400,300),短半轴长度为 30,绘制如图 4 - 24 所示的平面图形。

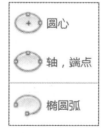

图 4 - 23　例 4 - 6 示意图

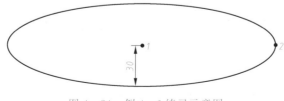

图 4 - 24　例 4 - 6 练习示意图

鼠标左键单击图 4 - 23 中的"椭圆";

指定椭圆的中心点：300,300,按[Enter]键；

指定轴的端点：400,300,按[Enter]键；

指定另一条半轴长度或[旋转(R)]：30,按[Enter]键；

4.4.7 填充(Hatch)

1. 功能

绘制填充,用特定填充图案及比例填充闭合的面积。

2. 操作方法

①鼠标左键单击"绘图"面板中的"填充" ▦ 按钮；

②单击"边界"栏中的"添加:拾取点",然后按[Enter]键

③界面自动弹回至"图案填充与渐变色"框,然后后按[Enter]键。

3. 其他操作方法

除用鼠标在功能区单击"绘图"面板中对应的命令外,还可在"键入命令"的命令栏输入"Hatch",按键盘上的"Enter"键,然后按照操作方法中的②③步骤依次执行。

4.4.8 样条曲线拟合(Spline)

1. 功能

绘制样条曲线拟合,用来绘制光滑相连的样条曲线。

2. 操作方法

①鼠标左键单击"绘图"面板中的"样条曲线拟合" ∼ 按钮；

②指定第一点(可输入该点的横纵坐标,以逗号隔开,然后按[Enter]键；也可将鼠标挪至第一点所在处左键单击)；

③输入第一点与第二点之间的长度,按[Tab]键,然后输入第一点与第二点之间相对于"X"轴的夹角,按[Enter]键；

④重复步骤③,可以画出连续曲线段,当绘制完毕,按[Enter]键,结束命令。

3. 其他操作方法

除用鼠标在功能区单击"绘图"面板中对应的命令外,还可在"键入命令"的命令栏输入"Spline",按[Enter]键,然后按照操作方法中的②③④步骤依次执行。

4.4.9 构造线(Xline)

1. 功能

绘制构造线,绘制图形中的构造线。

2. 操作方法

①鼠标左键单击"绘图"面板中的"构造线" ∕ 按钮；

②指定第一点(可输入该点的横纵坐标,以逗号隔开,然后按[Enter]键；也可将鼠标挪至第一点所在处左键点击)；

③输入通过点相对于第一点的"X"坐标,按[Tab]键,然后输入通过点相对于第一点的"Y"坐标,按[Enter]键。

3. 其他操作方法

除用鼠标在功能区单击"绘图"面板中对应的命令外,还可在"键入命令"的命令栏输入"Xline",按

[Enter]键,然后按照操作方法中的②③步骤依次执行。

例4-7　已知构造线通过坐标点(10,10)和坐标点(20,20),绘制如图4-25所示的平面图形。

鼠标左键单击"绘图"面板中的"构造线";

指定点或[水平(H)/垂直(V)/角度(A)/二等分(B)/偏移(O)]:10,10,按[Enter]键;

指定通过点:20,20,按[Enter]键。

图4-25　例4-7练习示意图

4.4.10　圆环(Donut)

1. 功能

绘制圆环,绘制确定外径与内径的圆环。

2. 操作方法

①鼠标左键单击"绘图"面板中的"圆环" ⭘ 按钮;

②输入圆的内径,然后按[Enter]键;

③输入圆的外径,然后按[Enter]键;

④指定圆心(可输入该点的横纵坐标,以逗号隔开,然后按[Enter]键;也可将鼠标挪至圆心所在处左键单击)。

3. 其他操作方法

除用鼠标在功能区单击"绘图"面板中对应的命令外,还可在"键入命令"的命令栏中输入"C",按[Enter]键,然后按照操作方法中的②③④步骤依次执行。

例4-8　已知圆环中心点为(20,20),外圆直径为10,内圆直径为5,绘制此平面图形。

鼠标左键单击"绘图"面板下部"▽"箭头,在展开面板中单击"圆环"按钮;

指定圆环的内径:5,按[Enter]键;

指定圆环的外径:10,按[Enter]键;

指定圆环的中心点或 <退出>:20,20,按[Enter]键。

4.4.11　定距等分(Measure)

1. 功能

绘制定距等分,将一条线段按照固定的长度等分。

2. 操作方法

①鼠标左键单击"绘图"面板下部"▽"箭头,在展开面板中单击"定距等分" 按钮;

②单击选择需要定距等分的对象;

③键入需要定距的距离,然后按[Enter]键。

3. 其他操作方法

除用鼠标单击工具栏中对应的命令外,还可在"键入命令"的命令栏输入"Measure",按键盘上的"Enter"键,然后按照操作方法中的①②③步骤依次执行。

4.4.12　射线(Ray)

1. 功能

绘制射线,以某一点为原点,并经过另外一点形成射线。

2. 操作方法

①鼠标左键单击"绘图"面板下部"▽"箭头,在展开面板中单击"射线" 按钮;

②指定第一点(可输入该点的横纵坐标,以逗号隔开,然后按[Enter]键;也可将鼠标挪至第一点所在处左键点击);

③输入通过点相对于第一点的长度,按[Tab]键,然后输入通过点和第一点与"X轴的正向"夹角,按[Enter]键。

3. 其他操作方法

除用鼠标单击"绘图"面板中对应的命令外,还可在"键入命令"的命令栏输入"Ray",按键盘上的[Enter]键,然后按照操作方法中的②③步骤依次执行。

4.4.13 多点(Point)

1. 功能

绘制多点,实现多点的绘制。

2. 操作方法

①鼠标左键单击"绘图"面板的"▽"箭头,在展开的面板中单击"多点" 按钮;

②指定第一点:输入点的 x 值,按[Tab]键,输入点的 y 值,然后按[Enter]键;(也可将鼠标挪至第一点所在处左键点击);

③指定第二点或多点:重复步骤②;

④按[Esc]键退出。

3. 其他操作方法

除用鼠标单击"绘图"面板中对应的命令外,还可在"键入命令"的命令栏输入"Point",按[Enter]键,然后按照操作方法中的②③④步骤依次执行。

4.5 图形修改命令

在实际绘图过程中会遇到一些问题,需要对图形进行调整和重新绘制,本节所介绍的修改命令可以方便、快捷的满足用户的要求。图4-26所示为 AutoCAD 2018"功能区"的"修改"面板,其中每个图标均对应一个修改操作。

图 4-26 "修改"面板

4.5.1 移动(Move)

1. 功能

用于把所选的一个或多个对象移动到新的位置,移动后原位置的对象被删除。

2. 操作方法

①鼠标左键单击"修改"面板中的"移动" 按钮;

②选择移动对象(可框选要移动的对象,或者左键单击移动对象,然后按[Enter]键);

③指定移动的基点或者位移;

④指定位移的第二点(单击左键确定)或用第一个点作位移(选好移动方向后输入距离,按[Enter]键)。

3. 其他操作方法

除用鼠标点击"修改"面板中对应的命令外,还可在"键入命令"的命令栏输入"M",按[Enter]键,然后按照操作方法中的②③④步骤依次执行。

例4-9 绘制如图4-27所示的平面图形。

图 4 - 27　例 4 - 9 练习示意图

鼠标左键单击"修改"面板中的"移动"按钮；

选择对象（依次点击六边形的边界和圆，按[Enter]键结束选择）；

指定移动的基点（选好移动对象后点击图 2 中的 1 点）；

指定位移的第二点（点击图 4 - 27 中的 2 点完成移动操作）。

4.5.2　旋转（Rotate）

1. 功能

旋转命令是通过指定基点和旋转角度实现旋转对象。

2. 操作方法

①鼠标左键单击"修改"面板中的"旋转" 旋转 按钮；

②选择旋转对象（可框选要旋转的对象，或者左键单击单个对象，然后按[Enter]键）；

③指定旋转的基点（所选对象会绕该点旋转）；

④指定旋转的角度（输入旋转角度，按[Enter]键确定，角度为正时逆时针旋转，反之，顺时针旋转）或手动选好旋转位置后单击左键确定。

3. 其他操作方法

除用鼠标单击"修改"面板中对应的命令外，还可在"键入命令"的命令栏输入"R"，按[Enter]键，然后按照操作方法中的②③④步骤依次执行。

例 4 - 10　绘制如图 4 - 28 所示的平面图形。

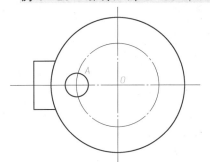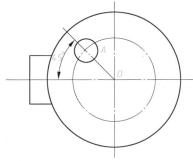

图 4 - 28　例 4 - 10 练习示意图

鼠标左键单击"修改"面板中的旋转按钮；

选择对象（单击旋转对象圆 A，按[Enter]键结束选择）；

指定旋转的基点（点击图 4 - 28 中的 O 点，使其作为位移的基点）；

指定旋转角度（键盘输入 -45°）或鼠标指针捕捉到目标位置时单击左键确定。

4.5.3　修剪（Trim）

1. 功能

对所选对象进行修剪，删除选择对象与其他对象相接的部分。

2. 操作方法

①鼠标左键单击"修改"面板中的"修剪" 修剪 按钮；

②选择修剪对象(选择要修剪的对象以及与其相接的其他对象,然后按[Enter]键);

③选择要修剪的部分,单击左键确定或按[Enter]键结束。

例4-11 绘制如图4-29所示的平面图形。

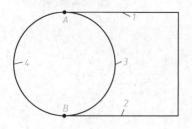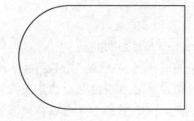

图4-29 例4-11练习示意图   例4-11 操作视频

鼠标左键单击"修改"面板中的"修剪"按钮;

选择对象(依次点击修剪对象圆及其相接的两条边1、2,按[Enter]键结束选择);

选择要修剪的部分圆弧3(单击左键确定),然后按[Enter]键结束。

4.5.4 复制(Copy)

1. 功能

将选择的一个或多个对象复制到一个新的位置,复制后原位置的对象仍然保留。

2. 操作方法

①鼠标左键单击"修改"面板中的"复制" 按钮;

②选择复制对象(可框选要复制的对象,或者左键单击单个对象,然后按[Enter]键);

③指定基点,移动时以此点为基准;

④指定复制的第二点(选好移动方向后输入距离,按[Enter]键或者点击左键确定要复制的位置,再按[Esc]键前可进行多次复制。

3. 其他操作方法

除用鼠标点击"修改"面板中对应的命令外,还可在选择好要复制的对象后按[Ctrl+C]组合键,然后按[Ctrl+V]组合键进行粘贴。

例4-12 绘制图4-30所示的平面图形。

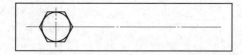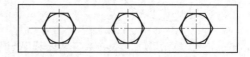

图4-30 例4-12练习示意图

鼠标左键单击"修改"面板中的"复制"按钮;

选择对象(依次点击移动对象六边形的边界和圆,按[Enter]键结束选择);

指定移动的基点(点击图5中的圆心);

指定位移的第二点(输入要移动的距离100,按[Enter]键,继续输入要移动的距离100,按[Enter]键),然后按[Esc]键结束。

4.5.5 镜向(Mirror)

1. 功能

以给定镜向线为对称轴画出所选对象的对称图形。

2. 操作方法

①鼠标左键单击"修改"面板中的"镜像" 按钮；

②选择镜像对象(可框选要镜像的对象,或者左键点击单个对象,然后按[Enter]键)；

③指定镜向线的第一点与第二点；

④选择是否删除源对象。

例 4 - 13 绘制如图 4 - 31 所示的平面图形。

鼠标左键单击"修改"面板中的"镜向"按钮；

选择对象(依次点击三角形的三条边,按[Enter]键结束选择)；

单击 A 点确定镜向线的第一点,单击 B 点确定镜向线的第二点；

指定完镜向线后单击"否",不删除源对象。

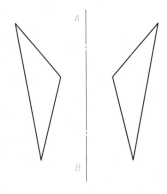

4.5.6 圆角(Fillet)

1. 功能

将所选的两个对象用指定半径的圆弧连接。

2. 操作方法

图 4 - 31 例 4 - 13 练习示意图

①鼠标左键单击"修改"面板中的"圆角" 圆角 按钮；

②输入"R",系统进入圆角半径设置状态,按提示输入半径值,按[Enter]键结束命令；

③输入"T",系统进入修剪方式设置状态,按提示选择修剪方式,按[Enter]键结束命令；

④选择第一个对象；

⑤选择第二个对象。

进行倒圆角命令时,通常先设置圆弧半径,下次操作默认为上次操作的参数。

例 4 - 14 设置"修剪"参数。

将图 4 - 32(a)中的直角倒圆角,设置修剪后的圆形如图 4 - 32(b)所示,设置不修剪后的图形如图4 - 32(c)所示。

(a)倒圆角前　　　　　　　(b)修剪　　　　　　　(c)不修剪

图 4 - 32 例 4 - 14"修剪"参数的设置

4.5.7 拉伸(Stretch)

1. 功能

用于拉伸与选择窗口边界相交的对象。

2. 操作方法

①鼠标左键单击"修改"面板中的"拉伸" 拉伸 按钮；

②选择拉伸对象(使用右向左框选择的交叉对象选择方法或长按左键的圈交方法,然后按[Enter]键)；

③指定拉伸的基点；

④指定位移的第二点(单击左键确定)或用第一个点作位移(选好拉伸方向后输入距离,按[Enter]键)。

例 4-15 绘制如图 4-33 所示的平面图形。

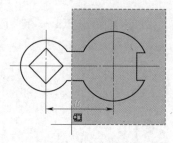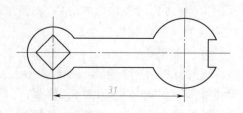

图 4-33 例 4-15 练习示意图

左键单击"修改"面板中的"拉伸"按钮;

在拉伸对象右上方单击左键开始框选;

选好拉伸对象后,单击拉伸对象中某一点使其作为拉伸基点;

定好水平向右的方向后输入"15",按[Enter]键确定。

4.5.8 缩放(Scale)

1. 功能

用于将所选对象按指定比例缩放。

2. 操作方法

①鼠标左键单击"修改"面板中的"缩放" 缩放 按钮;

②选择缩放对象;

③指定基点;

④指定比例因子或[复制(C)/参照(R)]。

指定比例因子为默认选项,用户需给定一定数值作为比例因子。

输入"C",选择复制对象进行缩放,源对象保留。

输入"R",根据指定参照长度进行缩放。

例 4-16 绘制如图 4-34 所示的平面图形。

鼠标左键单击"修改"面板中的缩放按钮;

选择要缩放的对象,可框选或依次单击要选择的对象,按[Enter]键结束选择;

指定缩放的基点;

输入"R",指定参照长度(指定 A 点),指定第二点(指定 B 点,则 AB 为参考长度);

输入"35"作为指定的新长度。

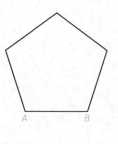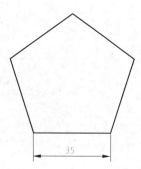

4.5.9 阵列(Array)

1. 功能

用于将所选对象进行阵列。

图 4-34 例 4-16 练习示意图

2. 操作方法

①鼠标左键单击"修改"面板中的"阵列" 阵列 按钮;

②在"阵列"对话框中选择"矩形阵列"选项。

③选择阵列对象,按[Enter]键;

④在"行"和"列"框中,输入阵列中的行数和列数,如 4 行,4 列。在右边的预览框中会出现相应的

矩形阵列的预览。

⑤指定对象间水平和垂直间距(偏移)——实际就是行/列偏移。

⑥输入或指定阵列的旋转角度,一般情况下为 0°。

⑦单击"预览"命令,对即将生成的阵列进行查看,如果结果正确,单击"接受"按钮,如果不正确,单击"修改"按钮,都会返回到"阵列"对话框。

4.5.10　分解(Explode)

1. 功能

将多段线、多边形、标注、图案填充、图块、三维网格、面域等合成对象分解为部分对象。

2. 操作方法

①鼠标左键单击"修改"面板中的"分解" ![icon]按钮;

②选择需要分解的对象,按[Enter]键;

4.5.11　删除(Erase)

1. 功能

用于把所选对象删除。

2. 操作方法

①鼠标左键单击"删除" ![icon]按钮;

②选择需要删除的对象,按[Enter]键。

4.5.12　偏移(Offset)

1. 功能

用于将指定的直线、多段线、圆弧、或圆等对象进行偏移复制,绘出与原对象相距一定距离的新对象。

2. 操作方法

①鼠标左键单击"修改"面板中的"偏移" ![icon]按钮;

②输入要偏移的距离,按[Enter]键;

③选择需要偏移的对象,按[Enter]键;

④鼠标点击需要偏移的某一侧,或者输入要偏移的那一侧上的点;

⑤重复②③④偏移下一个对象或按[Enter]键结束。

例 4 - 17　已知半径为 15 mm 的圆,试作其半径为 10 mm 的同心圆,如图 4 - 35 所示。

鼠标左键单击"修改"面板中的"偏移"按钮;

输入要偏移的距离 5,按[Enter]键;

选择半径为 15 mm 的圆,按[Enter]键;

鼠标单击圆的内侧,按[Enter]键结束;

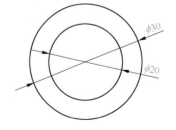

图 4 - 35　例 4 - 17 练习示意图

4.5.13　对齐(Align)

1. 功能

用于将对象和其他对象对齐。

2. 操作方法

①鼠标左键单击"修改"面板中的"对齐" 🔳 按钮；

②选择对象(可左键单击单个对象,然后按[Enter]键)；

③指定第一个原点,指定第一个目标点；

④指定第二个原点,指定第二个目标点；

⑤指定第三个原点,指定第三个目标。

3. 其他操作方法

除用鼠标单击"修改"面板中对应的命令外,还可在"键入命令"的命令栏输入"Al",按[Enter]键,然后按照操作方法中②③④⑤步骤依次执行。操作方法中是指定三对点进行的对齐,也可指定一对点、指定两对点进行对齐。

4.5.14　打断(Break)

1. 功能

在两点之间打断选定对象。

2. 操作方法

①鼠标左键单击"修改"面板中的"打断" 🔳 按钮；

②选择要打断的对象。(默认情况下,在其上选择对象的点为第一个打断点。要选择其他断点对,请输入 f(第一个),然后指定第一个断点。

③指定第二个打断点或 [第一点(F)]。

3. 其他操作方法

除用鼠标单击"修改"面板中对应的命令外,还可在"键入命令"的命令栏输入"K",按[Enter]键,然后按照操作方法中②③步骤依次执行。

4.5.15　反转(Reverse)

1. 功能

反转选定直线、多段线、样条曲线和螺旋线的顶点顺序。

2. 操作方法

①鼠标左键单击"修改"面板中的"反转" 🔳 按钮；

②选择要反转的直线、多段线、样条曲线或螺旋；

③按[Enter]键结束命令。

4.5.16　合并(Join)

1. 功能

合并相似的对象以形成一个完整的对象。

2. 操作方法

①鼠标左键单击"修改"面板中的"合并" 🔳 按钮；

②选择源对象：选择一条直线、多段线、圆弧、椭圆弧、样条曲线或螺旋；

③选择要合并到源的直线：选择一条或多条直线并按[Enter]键。

3. 其他操作方法

除用鼠标单击"修改"面板中对应的命令外,还可在"键入命令"的命令栏输入"J",按[Enter]键,然后按照操作方法中②③步骤依次执行。

4.6 尺 寸 标 注

本节主要介绍利用 AutoCAD 2018 标注各种类型的尺寸。可以通过功能区"注释"面板(见图 4-36)或直接输入命令实现尺寸的标注。

鼠标键单击图 4-36 中的"线性"下拉菜单,弹出图 4-37 所示的菜单。

4.6.1 线性标注

1. 功能

线性标注用来标注水平尺寸、垂直尺寸和旋转尺寸,这三种尺寸的标注方法类似。

2. 操作方法

①鼠标左键单击"注释"面板中的"线性" ┤线性·按钮;

②指定第一条尺寸界线原点或<选择对象>:

③指定第二条尺寸界线原点:

④指定尺寸线位置或[多行文字(M)/文字(T)/角度(A)/水平(H)/垂直(V)/旋转(R)]:

输入"M",按[Enter]键,弹出"文字格式"对话框,要求用户输入尺寸文本。用"<>"符号表示默认标注值;

输入"T",按[Enter]键,要求用户输入尺寸文本;

输入"A",按[Enter]键,确定尺寸文本的旋转角度;

输入"H",按[Enter]键,标注水平尺寸;

输入"V",按[Enter]键,标注垂直尺寸;

输入"R",按[Enter]键,确定尺寸线的旋转角度。选定后指定尺寸线的位置。

例 4-18 标注如图 4-38 所示矩形的尺寸。

①鼠标左键单击"注释"面板中的"线性" ┤线性·按钮;

②指定第一条尺寸界线原点或<选择对象>:选择点 1

③指定第二条尺寸界线原点:选择点 2

④指定尺寸线位置或[多行文字(M)/文字(T)/角度(A)/水平(H)/垂直(V)/旋转(R)]:合适位置单击鼠标,指定尺寸线的位置

⑤鼠标左键单击"注释"面板中的"线性"┤线性·按钮;

⑥指定第一条尺寸界线原点或<选择对象>:(选择点 2)

⑦指定第二条尺寸界线原点:(选择点 3)

⑧指定尺寸线位置或[多行文字(M)/文字(T)/角度(A)/水平(H)/垂直(V)/旋转(R)]:(合适位

图 4-36 "注释"面板

图 4-37 "线性"下拉菜单

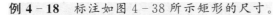

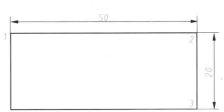

图 4-38 例 4-18 练习示意图

例 4-18 操作视频

置单击鼠标,指定尺寸线的位置)

4.6.2 对齐标注

1. 功能

对齐标注可以创建与指定位置或对象平行的标注。

2. 操作方法

①鼠标左键单击"注释"栏下拉菜单中的"对齐" 按钮。

②指定第一条尺寸延伸线的原点。

③指定第二条尺寸延伸线的原点。

④指定尺寸线位置之前,可以编辑文字或修改文字角度。

输入"M:,按[Enter]键,弹出文字格式对话框,可在文字编辑器中修改文字。

输入"T",按[Enter]键,要求用户输入尺寸文本。

输入"A",按[Enter]键,确定尺寸文本的旋转角度。

⑤指定尺寸线的位置。

4.6.3 角度标注

1. 功能

角度标注用来标注角度尺寸。

2. 操作方法

①鼠标左键单击"注释"面板"角度" 按钮;

②选择圆弧、圆、直线或 <指定顶点>:

选择一段圆弧,自动把该圆弧的两端点设置为角度尺寸的两条尺寸界线的起始点,然后提示用户确定尺寸线的位置。

选择一个圆,自动把选择点作为角度尺寸的第一条尺寸界线的起始点,然后提示用户从圆上指定第二个点,并确定尺寸线的位置。

选择一条直线,自动把该直线作为角度尺寸的第一条尺寸界线,然后提示用户选择第二条直线作为第二条尺寸界线,并确定尺寸线的位置。

直接按[Enter]键,要求指定三点标注角度尺寸,即一个顶点和两个端点。完成上述操作后,AutoCAD 提示:

③指定标注弧线位置或 [多行文字(M)/文字(T)/角度(A)/象限点(Q)]:(选择 M、T 或 A 来设置尺寸文本或尺寸文本的倾斜角度;选择 Q,单击鼠标确定被标注角度所在的象限)

例如,图 4-39 所示的角度,单击"注释"面板中的"线性"下拉菜单中的 按钮,系统提示:

选择圆弧、圆、直线或 <指定顶点>:(鼠标左键选中直线 1)

选择第二条直线:(用鼠标左键选中直线 2)

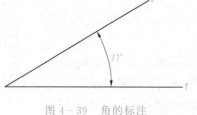

图 4-39 角的标注　　标注角的操作视频

指定标注弧线位置或 [多行文字(M)/文字(T)/角度(A)/象限点(Q)]:(用鼠标左键在适当的位置单击即可)

4.6.4　弧长标注

1. 功能

弧长标注用来测量圆弧或多段线弧线段上的距离。

2. 操作方法

①鼠标左键单击"注释"面板中的"线性" 弧长 按钮；

②选择弧线段或多段线弧线段；

③指定第二条尺寸界线原点；

④指定弧长标注位置或[多行文字(M)/文字(T)/角度(A)/部分(P)/引线(L)]：

输入"M"，按[Enter]键，打开"文字格式"对话框，要求用户输入尺寸文本。用"<>"符号表示默认标注值；

输入"T"，按[Enter]键，要求用户输入尺寸文本；

输入"A"，按[Enter]键，确定尺寸文本的旋转角度；

输入"P"，按[Enter]键，标注圆弧上的部分弧长尺寸；

输入"L"，按[Enter]键，标注时添加引线对象。

4.6.5　半径标注

1. 功能

半径标注用来标注圆或圆弧的半径。

2. 操作方法

①鼠标左键单击"注释"面板中的"半径" 半径 按钮；

②选择要标注半径的圆弧或圆：

③指定尺寸线位置或[多行文字(M)/文字(T)/角度(A)]：

输入"M"，按[Enter]键，弹出"文字格式"对话框，要求用户输入尺寸文本。用"<>"符号表示默认标注值；

输入"T"，按[Enter]键，要求用户输入尺寸文本；

输入"A"，按[Enter]键，确定尺寸文本的旋转角度。

4.6.6　直径标注

1. 功能

直径标注用来标注圆或圆弧的半径。

2. 操作方法

①鼠标左键单击"注释"面板中的"直径" 直径 按钮；

②选择要标注直径的圆弧或圆：

③指定尺寸线位置或[多行文字(M)/文字(T)/角度(A)]：

输入"M"，按[Enter]键，打开"文字格式"对话框，要求用户输入尺寸文本。用"<>"符号表示默认标注值。

输入"T"，按[Enter]键，要求用户输入尺寸文本。

输入"A"，按[Enter]键，确定尺寸文本的旋转角度。

4.6.7 引线

1. 功能

引线用来创建多重引线对象。

2. 操作方法

①鼠标左键单击"注释"面板中的"引线"  按钮；

②选择要添加引线的对象，指定引线大小及位置；

③输入注释文本。

添加引线效果如图 4-40 所示：

图 4-40 添加引线

鼠标左键单击"注释"面板中的 注释▼ 按钮，出现如图 4-41 所示的下拉菜单。

再单击"管理多重引线样式"按钮，如图 4-42 所示，弹出"多重引线样式管理器"对话框。然后单击"修改"命令，可对引线的格式，注释内容等进行修改，如图 4-43 所示。

图 4-41 "注释"下拉菜单

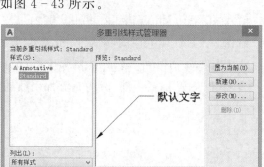

图 4-42 "多重引线样式管理器"对话框

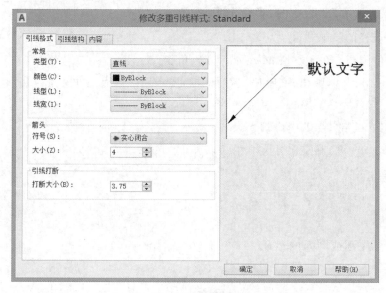

图 4-43 "修改多重引线样式"对话框

3. 添加引线

①鼠标左键单击"注释"面板中的"引线"右侧"▼"箭头，在展开的菜单中单击"添加引线"命令，如图 4-44 所示；

②选择要添加引线的多重引线对象，单击鼠标左键确定添加引线的箭头方向，按[Esc]键退出，如图 4-45 所示。

图 4 - 44　添加引线

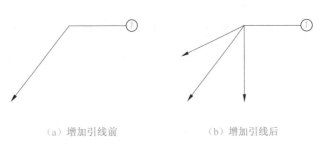

（a）增加引线前　　　　　　（b）增加引线后

图 4 - 45　向多重引线增加引线

4. 删除引线

①鼠标左键单击"注释"面板中的"引线"右侧"▼"箭头,在展开的菜单中单击"删除引线"命令,如图 4 - 46 所示;

②选择要删除的引线对象,按[Enter]键确定,如图 4 - 47 所示。

图 4 - 46　删除引线

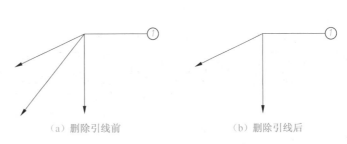

（a）删除引线前　　　　　　（b）删除引线后

图 4 - 47　向多重引线删除引线

5. 多重引线对齐

①鼠标左键单击"注释"面板中的"引线"右侧"▼"箭头,在展开的菜单中单击"对齐"命令,如图 4 - 48 所示;

②选择要对齐的多重引线对象,按[Enter]键确定;

③选择要对齐到的多重引线,按[Enter]键确定。

图 4 - 48　多重引线对齐

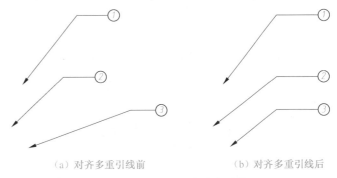

（a）对齐多重引线前　　　　　　（b）对齐多重引线后

图 4 - 49　多重引线对齐引线

习　　题

1. 用有关命令绘制如图 4 - 50 所示的吊钩,不标注尺寸。

2. 绘制图 4-51 所示的矩形 $ABCD$ 和三个直径不等的圆，然后进行如下操作：

① 使用 Trim 命令删除大圆在矩形之外的圆弧 EH 和 GF。

② 使用 Array 命令把小圆作环形排列。

③ 使用 Copy 命令把小圆阵列复制到一个新的位置，生成一个新图形。

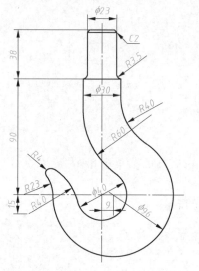

图 4-50

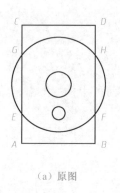

（a）原图

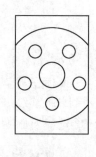

（b）操作结果

图 4-51

3. 按下表要求建立图层，并将"粗实线"层设置为当前层。

序　号	图层名	颜色	线型	线宽	打开/关闭	冻结/解冻	锁定/解锁
1	粗实线	白色	Continuous	0.5	开	解冻	解锁
2	细实线	绿色	Continuous	0.25	开	解冻	解锁
3	虚线	黄色	HIDDEN	0.25	开	解冻	解锁
4	点画线	红色	CENTTER	0.25	开	解冻	解锁
5	双点画线	青色	PHANTOM	0.25	开	解冻	解定
6	尺寸标注	白色	Continuous	0.25	关	解冻	解锁
7	剖面线	品红	Continuous	0.25	开	冻结	解锁
8	其他	蓝色	Continuous	0.25	开	解冻	解锁

4. 按题 3 设置的图层环境，绘制图 4-52 所示的图形。

5. 将图 4-53 所示的符号定义为带属性的图块(b)所示的符号定义为不带属性的图块。图中点 A 为图块的插入点，点 B 为属性值的定位参考点。

6. 完成图 4-54。要求设置图层，定义尺寸标注样式，并标注尺寸，熟悉水平、垂直、半径、直径尺寸的标注。

7. 完成图 4-55。要求设置图层，定义尺寸标注样式，并标注尺寸，熟悉角度、平齐、半径、水平尺寸的标注。

8. 完成图 4-56。要求设置图层，定义尺寸标注样式，并标注尺寸，熟悉角度、平齐、半径、水平尺寸的标注。

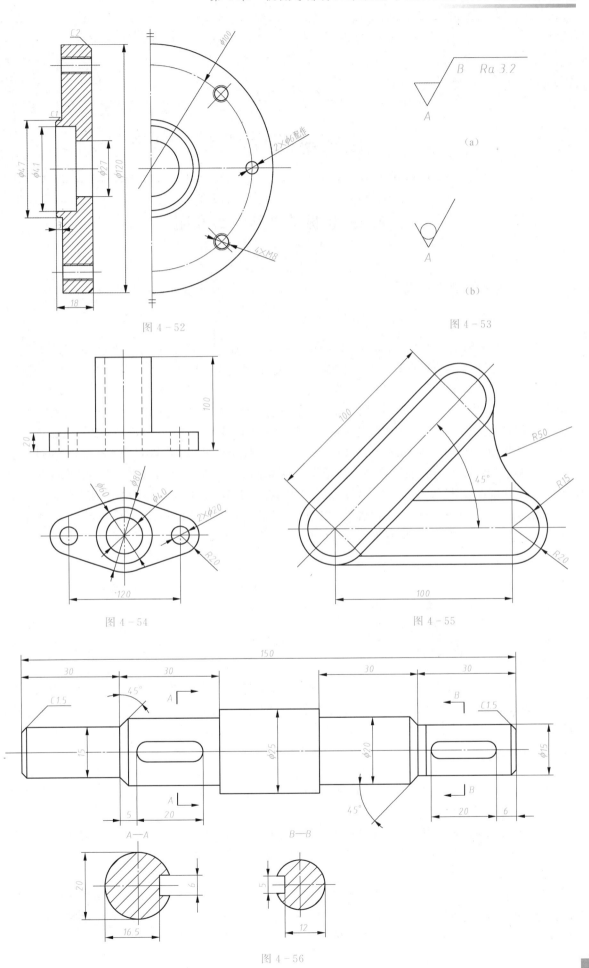

图 4 - 52

图 4 - 53

图 4 - 54

图 4 - 55

图 4 - 56

机械零部件测绘与案例

5.1 机械零部件测绘概述

5.1.1 测绘的目的和任务

1. 测绘的目的

测绘就是对现有的机器或部件进行实物拆卸与分析,并选择合适的表达方案,绘制出全部零件的草图和装配示意图,然后根据装配示意图和零部件实际装配关系,对测得的尺寸和数据进行圆整和标准化,确定零件的材料和技术要求,最后根据零件草图绘制出装配工作图和零件工作图的整个过程。零部件测绘对现有机器设备的改造、维修、仿制和技术的引进、革新等方面有着重要的意义,是工程技术人员应掌握的基本技能。

测绘实训是一门在学完工程图学的全部课程后集中一段时间专门进行零部件测绘的实践课程。主要目的是让学生把已经学习到的工程制图知识全面地、综合性地运用到零部件测绘实践中,从而进一步掌握所学工程制图知识,培养学生的零部件测绘工作能力和设计制图能力,并为后续的专业技术课程,如"课程设计"和"专业毕业设计"等科目的学习做好准备工作,有助于学生对后续课程的学习和理解。

测绘实训是工科院校机械类、近机类各专业学习工程制图重要的实践训练环节,由于是理论与实践相结合,因此它是在实践中培养解决工程实际问题能力的好办法。

2. 测绘的任务

(1)培养学生综合运用工程制图理论知识去分析和解决工程实际问题的能力,并进一步巩固、深化、扩展所学到的工程制图理论知识。

(2)通过对零部件测绘实践训练,使学生初步了解部件测绘的内容、方法和步骤,正确使用工具拆卸机器部件,正确使用测绘工具测量零件尺寸,训练学生徒手绘制零件草图和使用尺规、计算机绘制装配图以及零件图的技能。

(3)使学生在设计制图、查阅标准手册、识读机械图样、使用经验数据等方面的能力得到全面的提高。

(4)完成测绘实训所规定的零件草图、装配图、零件工作图的绘制工作任务,提高识图、绘图的技能与技巧。

5.1.2 测绘的内容与步骤

测绘的内容与步骤一般按以下几个方面进行:

(1)做好测绘前的准备工作

全面细致地了解测绘零部件的用途、工作性能、工作原理、结构特点以及装配关系等,了解测绘内容和任务,做好人员组织分工,准备好有关参考资料、拆卸工具、测量工具和绘图工具等。

(2)拆卸部件

分析了解零部件后,要进行零部件拆卸。拆卸过程一般按零件组装的反顺序逐个拆卸,所以在拆卸之前要弄清零件组装次序、部件的工作原理、结构形状和装配关系,对拆下的零件要进行登记、分类、编号,弄清各零件的名称、作用、结构特点等。

（3）绘制装配示意图

采用简单的线条和图例符号绘制出部件大致轮廓的装配图样称装配示意图。它主要表达各零件之间的相对位置、装配与连接关系、传动路线及工作原理等内容，是绘制装配工作图的重要依据。

（4）绘制零件草图

根据拆卸的零件，按照大致比例，用目测的方法徒手画出具有完整零件图内容的图样称为零件草图。零件草图应采用坐标纸（方格纸）绘制，也可采用一般图纸绘制。标准件可不需画草图。

（5）测量零件尺寸

对拆卸后的零件进行测量，将测得的尺寸和相关数据标注在零件草图上。要注意零件之间的配合尺寸、关联尺寸应一致。工艺结构尺寸、标准结构尺寸以及极限配合尺寸要根据所测的尺寸进行圆整，或查表和参考有关零件图样资料，使所测尺寸标准化、规格化。

（6）绘制装配图

根据装配示意图和零件草图绘制装配图，这是部件测绘主要任务。装配图不仅要表达出部件的工作原理、装配关系、配合尺寸、主要零件的结构形状及相互位置关系和技术要求等，还要检查零件草图中的零件结构是否合理，尺寸是否准确。

（7）绘制零件工作图

根据零件草图并结合有关零部件的图纸资料，用尺规或计算机绘制出零件工作图。

（8）测绘总结与答辩

对在零部件测绘过程中所学到的测绘知识与技能以及学习体会与收获用书面的形式写出总结报告材料，并参加答辩。

5.1.3　测绘实训学时安排

1. 总学时

按照工程制图课程教学实践环节的基本要求，部件测绘学时应根据所学专业的要求和测绘部件的零件的数量及复杂程度，集中安排 1～2 周时间。

2. 测绘内容及学时分配表（见表 5-1）。

表 5-1　测绘内容及学时分配表

序　号	测　绘　内　容	学时分配	
		两周测绘	一周测绘
1	组织分工、讲课	1.5 天	0.5 天
2	拆卸部件，绘制装配示意图	0.5 天	0.5 天
3	绘制零件草图，测量尺寸	2 天	1.5 天
4	绘制装配图	1.5 天	1 天
5	绘制零件工作图	1.5 天	1 天
6	审查校核	0.5 天	0.5 天
7	写测绘报告书	0.5 天	
8	答辩	1 天	另安排时间
9	机动	1 天	

注意事项：如要求用计算机绘制零件工作图和装配图，学时可适当增加或另外安排。

5.1.4　测绘前的准备工作

1. 测绘的组织分工

测绘一般以班级为单位进行，针对测绘的零部件数量和复杂程度，需集中安排 1～2 周或更长的时间，并要有组织、有秩序地进行。每个班级可分成几个测绘小组，各选出一名负责人组织本小组工作，讨论制定零部件视图表达方案，掌握测绘工作进程，保管好零部件和测绘工具，解决测绘中遇到的问题，并及时向指导教师汇报情况。

2. 测绘教室

测绘教室应是一个安静宽敞、光线较好的场所，便于对学生集中管理。部件测绘教室应设有测绘桌或工作台、坐凳、储物柜等，储物柜里可放置测绘模型、拆卸工具、绘图工具、测量工具以及其他用品，做到取用和保管方便。

3. 测绘工具

测绘常用的工具有以下几种：

（1）拆卸工具　如扳手、螺丝刀、老虎钳和锤子等。

（2）测量工具　如钢直尺、内卡外卡钳、游标卡尺、千分尺、量具、量规等。

（3）绘图工具及用品　如图板、丁字尺、绘图仪器、三角尺等其他绘图工具以及画草图的方格纸、铅笔、橡皮等其他用品。

（4）其他工具　若部件较重，需配备小型起吊设备；为便于部件拆装，还需要加热设备、清洗和润滑剂等。

4. 测绘的资料

根据测绘零部件的类型，准备好相应的资料、如国家标准件图册和手册、产品说明书、零部件的原始图纸及有关参考资料，或者通过计算机网络查询和收集测绘对象的资料与信息等。

5.2　零件的尺寸测量

5.2.1　尺寸测量注意事项

零件尺寸的测量是机器部件测绘中的一项重要内容。采用正确的测量方法可以减少测量误差，提高测绘效率，保证测得尺寸的精确度。测量方法与测绘工具有关，因此需要了解常用的测绘工具，掌握其正确的使用方法和测量技术。

常用的测量工具有钢直尺、外卡钳、内卡钳、游标卡尺、千分尺、螺纹规等。

测量尺寸时必须注意以下几点：

（1）根据零件尺寸所需的精确程度，要选用相应的测量工具测量。如一般精度尺寸可直接采用钢直尺或外卡钳、内卡钳测量读出数值，而精度较高的尺寸则需要游标卡尺或千分尺测量。

（2）有配合关系的尺寸，如孔与轴的配合尺寸，一般要用游标卡尺先测出直径尺寸（通常测量轴比较容易），再根据测得的直径尺寸查阅有关手册确定标准的基本尺寸或公称直径。

（3）没有配合关系的尺寸或不重要的尺寸，可将测得的尺寸作圆整（调整到整数）。

（4）对于螺纹、键与销、齿轮等零件的标准尺寸，应根据测得的尺寸再查表与标准值核对，取相近似的标准尺寸。

5.2.2　测量工具与测量方法

1. 线性尺寸的测量

（1）钢直尺测量　钢直尺是用不锈钢薄板制成的一种刻度尺，尺面上刻有公制的刻度，最小单位为 1 mm，部分直尺最小单位为 0.5 mm。钢直尺可以直接测量线性尺寸，但误差比较大，因此常用来测量一般精度的尺寸。钢直尺的测量方法如图 5-1 所示。

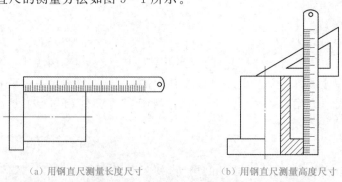

（a）用钢直尺测量长度尺寸　　　（b）用钢直尺测量高度尺寸

图 5-1　用钢直尺测量尺寸

（2）游标卡尺测量　游标卡尺是一种测量精度较高的量具，可以测得毫米的小数值，除测量长度尺寸外，还常用来测量内径、外径，带有深度尺的游标卡尺还可以测量孔和槽的深度及台阶高度尺寸。游标卡尺测量方法如图 5-2 所示。

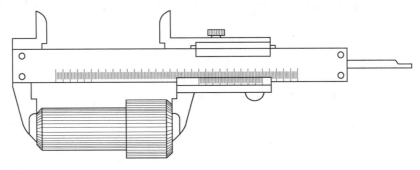

图 5-2　用游标卡尺测量长度尺寸

游标卡尺的读数精度有 0.02 mm、0.05 mm、0.10 mm 三个等级，以精度为 0.02 mm 等级为例，刻度和读数方法如图 5-3（a）所示，主尺上每小格 1 mm、每大格 10 mm，副尺上每小格 0.98 mm，共 50 格，主、副尺每格之差＝1-0.98＝0.02 mm。

读数值时，先在主尺上读出副尺零线左面所对应的尺寸整数值部分，再找出副尺上与主尺刻度对准的那一根刻线，读出副尺的刻线数值，乘以精度值，所得的乘积即为小数值部分，整数与小数之和就是被测零件的尺寸。如图 5-3（b）所示，起读数为：74＋18×0.02＝74.36 mm。

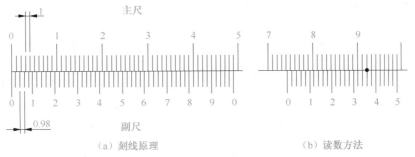

（a）刻线原理　　　　　　　　　　　（b）读数方法

图 5-3　游标卡尺的刻度原理和读数方法

2. 直径尺寸的测量

（1）卡钳测量直径　卡钳是间接测量工具，必须与钢直尺或其他带有刻数的量具配合使用读出尺寸。卡钳有内卡钳和外卡钳两种。内卡钳用来测量内径，外卡钳用来测量外径，由于测量误差较大，常用它们来测量一般精度的直径尺寸。测量方法如图 5-4 所示。

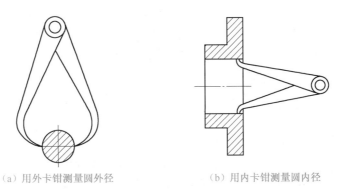

（a）用外卡钳测量圆外径　　　　　　（b）用内卡钳测量圆内径

图 5-4　用卡钳测量直径尺寸

（2）游标卡尺测量直径　游标卡尺有上下两对卡脚，上卡脚称内测量爪，用来测量内径，下卡脚称外测量爪，用来测量外径，测得的直径尺寸可以在游标卡尺上直接读出，读数方法如图 5-3 所示，测量方法见图5-5所示。

带有深度尺的游标卡尺还可以测量孔和槽的深度及孔内台阶高度尺寸,其尺身固定在游标卡尺的背面,可随主尺背面的导槽移动。测量深度时,把主尺端面紧靠在被测工件的表面,再向工件的孔或槽内移动游标尺身,使深度尺同孔或槽的底部接触,然后拧紧螺钉,锁定游标,取出卡尺读取数值,测量方法见图5-6所示。

3. 两孔中心距、孔中心高度的测量

(1)两孔中心距的测量 精度较低的中心距可用卡钳和钢直尺配合测量,测量方法如图5-7所示。精度较高的中心距可用游标卡尺测量,测量方法如图5-8所示。

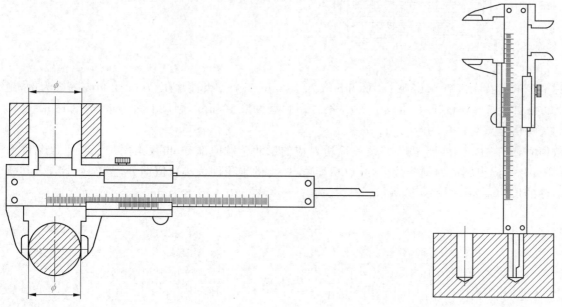

图5-5 用游标卡尺测量直径尺寸　　　　　图5-6 用游标卡尺深度尺测量孔深

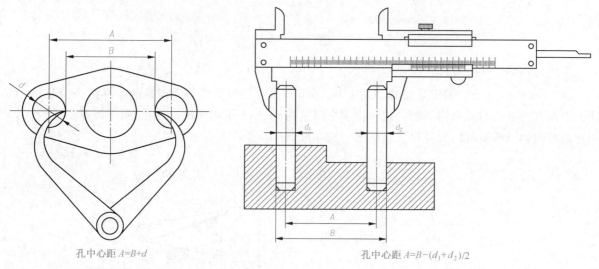

孔中心距 $A=B+d$ 　　　　　　　　　　孔中心距 $A=B-(d_1+d_2)/2$

图5-7 用卡钳和钢直尺测量中心距　　　　图5-8 用游标卡尺测量中心距

(2)孔中心高度的测量 孔的中心高度可用卡钳和钢直尺或者用游标卡尺测量,图5-9所示为用卡钳和钢直尺测量孔的中心高度的方法,游标卡尺也可采用这种办法测量。

4. 壁厚的测量

零件的壁厚可用钢直尺或者卡钳和钢直尺配合测量,也可用游标卡尺和量块配合测量,测量方法如图5-10所示。

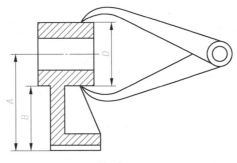

孔中心高A=B+D/2

图 5 - 9　用卡钳和钢直尺测量孔的中心高

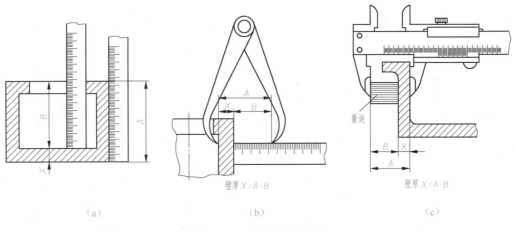

壁厚X=A-B　　　壁厚X=A-B

（a）　　　　　　　　（b）　　　　　　　　（c）

图 5 - 10　测量零件壁厚

5. 标准件、常用件的测量

（1）螺纹的测量　螺纹可使用螺纹量规测量,测量方法如图 5 - 11 所示。也可用游标卡尺先测量出螺纹大径,再用薄纸压痕法测出螺距,判断出螺纹的线数和旋向后,根据牙型、大径、螺距查标准螺纹表,取最接近的标准值。测量方法如图 5 - 12 所示。

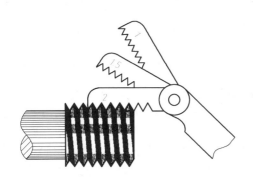

图 5 - 11　用螺纹量规测量螺纹

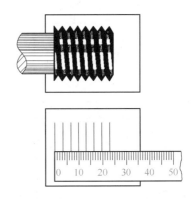

图 5 - 12　用压痕法测量螺纹

（2）齿轮的测量　齿轮的测量方法:①先测量齿顶圆直径(d_a),如 $d_a=59.5$;②数出齿轮齿数,如 $z=16$;③根据齿轮计算公式计算出模数,如 $m=d_a/z+2=59.5/16+2=3.3$;④修正模数,因为模数是标准值,需要查标准模数表取最接近的标准值,根据计算出的模数值 3.3,查表取得最接近的标准值 3.5;⑤根据齿轮计算公式计算出齿轮各部分尺寸。齿顶圆 d_a、齿根圆 d_f、分度圆 d 的计算公式如下:$d_a=m(z+2)$;$d_f=m(z-2.5)$;$d=mz$。尺寸测量方法如图 5 - 13 所示。

6. 曲面、曲线和圆角的测量

(1)用**拓印法**测量曲面　具有圆弧连接性质的曲面曲线可采用拓印法,先将零件被测部位的端面涂上红泥,再放在白纸上拓印出其轮廓,然后分析圆弧连接情况,测量半径,找出圆心后按几何作图的方法画出轮廓曲线,如图5-14所示。

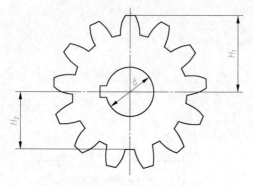

图5-13　齿轮齿顶圆、齿根圆测量方法

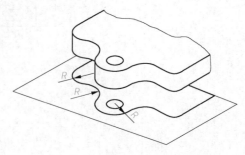

图5-14　用拓印法测量曲面

(2)用**坐标法**测量曲线　将被测表面上的曲线部分平行放在纸上,先用铅笔描画出曲线轮廓,在曲线轮廓上确定一系列均等的点,然后逐个求出曲线上各点的坐标值,再根据点的坐标值确定各点的位置,最后按点的顺序用曲线板画出被测表面轮廓曲线,如图5-15所示。

(3)用**圆角规**测量圆弧半径　零件上的圆角可采用圆角规测量圆弧半径,如图5-16所示。

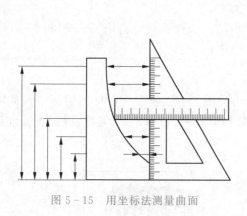

图5-15　用坐标法测量曲面

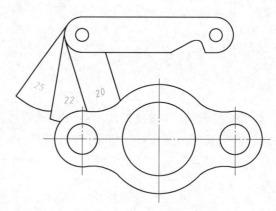

图5-16　用圆角规测量圆弧半径

5.3　典型零件的测绘方法

　　虽然零件的形状结构多种多样,加工方法各不相同,但零件之间有许多共同之处。根据零件的作用、主要结构形状以及在视图表达方法上有着共同的特点和具有一定的规律性,我们以此将零件分为轴套类零件、盘盖类零件、叉架类零件和箱体类零件共四大类,这些零件我们常称为典型零件。本章将重点介绍这些典型零件的作用和结构分析、视图表达方法的选择、零件测绘方法和步骤、零件的材料和技术要求选择等内容。

5.3.1　轴套类零件测绘

1. 轴套类零件的作用

　　轴类零件是组成机器部件的重要零件之一,它的主要作用是安装、支承回转零件,如齿轮、皮带轮等,并传递动力,同时又通过轴承与机器的机架连接起到定位作用。套类零件的主要作用是定位、支承、导向和传递动力。

2. 轴套类零件的结构

轴类零件的基本形状是同轴回转体,通常由圆柱体、圆锥体、内孔等组成,在轴上常加工有键槽、销孔、油孔、螺纹等标准结构。为方便安装,有退刀槽、倒角与倒圆、中心孔等工艺结构,如图 5-17 所示。套类零件通常是长圆筒状,内孔和外表面常加工有越程槽、油孔、键槽等结构,端面有倒角。

3. 轴套类零件的视图选择

轴套类零件主要是在车床和磨床上加工,装夹时将轴的轴线水平放置,因此轴套类零件常按加工位置安放,即把轴线放成水平位置来选择主视图的投射方向。常采用断面图、局部剖视图、局部放大图来表达轴套类零件上的键槽、内孔、退刀槽等局部结构。图 5-18 所示为轴的零件图。

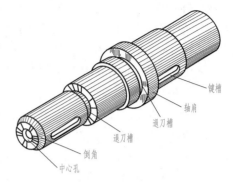

图 5-17 轴及其结构

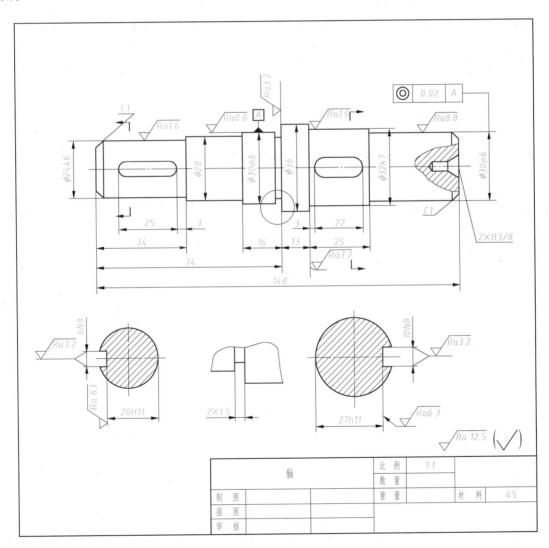

图 5-18 轴类零件

4. 轴套类零件的尺寸与测量

(1)轴向尺寸与径向尺寸的测量 轴套类零件的尺寸主要有轴向尺寸和径向尺寸两类(即轴的长度尺寸和直径尺寸)。重要的轴向尺寸要以轴的安装端面(轴肩端面)为主要尺寸基准,其他尺寸可以以轴的两头端面作为辅助尺寸基准。径向尺寸(即轴的直径尺寸)是以轴的中轴线为主要尺寸基准。

轴的轴向尺寸一般为非功能尺寸,可用钢直尺、游标卡尺直接测量各段的长度和总长度,然后圆整成整数。轴套类零件的总长度尺寸应直接度量出数值,不可用各段的长度累加计算。

轴的径向尺寸多为配合尺寸,先用游标卡尺或千分尺测量出各段轴径后,根据配合类型、表面粗糙度等级查阅轴或孔的极限偏差表对照选择相对应的轴的公称尺寸和极限偏差值。

(2)标准结构尺寸测量 轴套上的螺纹主要起定位和锁紧作用,一般以普通三角形螺纹较多。普通螺纹的大径和螺距可用螺纹量规直接测量,测量方法如图 5-18 所示。也可以采用综合测量法测量出大径和螺距,然后查阅标准螺纹表选用接近的标准螺纹公称直径、螺距和其他尺寸。

键槽尺寸主要有槽宽 b、槽深 t 和长度 L 三种,从键槽的外形就可以判断键的类型。根据测量所得出的 b、t、L 值,结合键槽所在轴段的基本直径尺寸就可查表找到键的类型和键槽的标准尺寸。

例如,测得圆头普通平键槽宽度为 9.96,槽深 5.5,长度为 36.5,查阅键与键槽国家标准,与其最接近的标准尺寸是 $b=10,t=5,L=36$,与其配合的圆头普通平键标准尺寸为 $10\times8\times36$。

销的作用是定位,常用的销有圆柱销和圆锥销。先用游标卡尺或千分尺测出销的直径和长度(圆锥销测量小头直径),然后根据销的类型查表确定销的公称直径和销的长度。

(3)工艺结构尺寸的测量 轴套零件上常见的工艺结构有退刀槽、倒角和倒圆、中心孔等,先测得这些结构的尺寸,然后查阅有关工艺结构的画法与尺寸标注方法,按照工艺结构标注方法统一标注。如常见倒角标注为 C1(C 代表 45°倒角),退刀槽尺寸标注为 2×1(2 表示槽宽尺寸,1 表示较低的轴肩高度尺寸)。

5. 轴套类零件的技术要求

(1)尺寸公差的选择 轴与其他零件有配合要求的尺寸,应标注尺寸公差,根据轴的使用要求参考同类型的零件图,用类比法确定极限尺寸。主要配合轴的直径尺寸公差等级一般为 IT5~IT9 级,相对运动的或经常拆卸的配合尺寸其公差等级要高一些,相对静止的配合其公差等级相应要低一些。如轴与轴承的配合尺寸公差带可选为 f6,与皮带轮的配合尺寸公差带选为 k7,与齿轮的配合尺寸公差带也可选为 k7。

对于阶梯轴的各段长度尺寸可按使用要求给定尺寸公差,或者按装配尺寸链要求分配公差。

套类零件的外圆表面通常是支承表面,常用过盈配合或过渡配合与机架上的孔配合。外径公差一般为 IT6~IT7 级。如果外径尺寸不作配合要求,可直接标注直径尺寸。套类零件的孔径尺寸公差一般为 IT7~IT9 级(为便于加工,通常孔的尺寸公差要比轴的尺寸公差低一等级),精密轴套孔尺寸公差为 IT6 级。

轴套类零件的公差等级和基本偏差的应用可参考相关国家标准。

(2)形状公差的选择 轴类零件通常是用轴承支承在两段轴径上,这两个轴颈是装配基准,其几何精度(圆度、圆柱度)应有形状公差要求。对精度要求一般的轴颈,其几何形状公差应限制在直径公差范围内,即按包容要求在直径公差后标注。如轴径要求较高,则可直接标注其允许的公差值,并根据轴承的精度选择公差等级,一般为 IT6~IT7 级。轴颈处的端面圆跳动一般选择 IT7 级、对轴上键槽两工作面应标注对称度,轴的形状公差可参考表 5-2 选择。

套类零件有配合要求的外表面其圆度公差应控制在外径尺寸公差范围内,精密轴套孔的圆度公差一般为尺寸公差的 1/2~1/3。对较长的套筒零件,除圆度要求之外,还应标注圆孔轴线的直线度公差。

表 5-2 轴的形状公差项目参考

内 容	项 目	符 号	对工作性能的影响
形状 公差	与传动零件、轴承配合直径的圆度	○	影响传动零件、轴承与轴配合的松紧及对中性
	与传动零件、轴承配合直径的圆柱度	/○/	

（3）位置公差的选择　轴类零件的配合轴径相对于支承轴径的同轴度是相互位置精度的普遍要求，常用径向圆跳动来表示以便测量。一般配合精度的轴径，其支承轴径的径向圆跳动一般为 0.01～0.03 mm，高精度的轴为 0.001～0.005 mm，此外，还应标注轴向定位端面与轴线的垂直度。轴的位置公差可参考表 5-3 选择。

表 5-3　轴的位置公差项目参考

内　容	项　　目	符　　号	对工作性能的影响
位置公差	与传动零件、轴承配合直径相对于轴心线的径向圆跳动或全跳动		导致传动件、轴承的运动偏心
	齿轮、轴承的定位端面相对于轴心线端面圆跳动或全跳动		影响齿轮、轴承的定位及受载的均匀性
	键槽对轴心线的对称度		影响键受载的均匀性及键的拆卸

套类零件内、外圆的同轴度要根据加工方法不同选择精度高低，如果套类零件的孔是将轴套装入机座后进行加工的，套的内、外圆的同轴度要求较低，若是在装配前加工完成的，则套的内孔对套的外圆的同轴度要求较低，一般为 $\phi 0.01 \sim \phi 0.05$ mm。

（4）表面粗糙度的选择　轴类零件都是机械加工表面，在一般情况下，轴的支承轴颈表面粗糙度等级较高，常选择 $Ra0.8 \sim Ra3.2$，其他配合轴径的表面粗糙度为 $Ra3.2 \sim Ra6.3$，非配合表面粗糙度则选择 $Ra12.5$。

套类零件有配合要求的外表面粗糙度可选择 $Ra0.8 \sim Ra1.6$。孔的表面粗糙度一般为 $Ra0.8 \sim Ra3.2$，要求较高的精密套可达 $Ra0.1$。轴套类零件表面粗糙度的特征和加工方法可参考相关经验和标准，以及相关技术手册，Ra 参数值参考表 5-4 选择。

表 5-4　轴的机加工表面粗糙度参数值参考表

加　工　表　面	粗糙度 Ra 值
与传动件、联轴器等零件的配合表面	0.4～1.6
与普通精度等级的滚动轴承配合表面	0.8,1.6
与传动件、联轴器等零件接触的轴肩端面	1.6,3.2
与滚动轴承配合的轴肩端面	0.8,1.6
普通平键键槽	3.2,1.6(工作面),6.3(非工作面)
其他表面	6.3,3.2(工作面),12.5,25(非工作面)

（5）材料与热处理的选择　轴类零件材料的选择与工作条件和使用要求有关，相应的热处理方法也不同。轴的材料常采用合金钢制造，如 35 号、45 号合金钢，常采用调质、正火、淬火等热处理方法，以获得一定的强度、韧性和耐磨性。

套类零件常采用退火、正火、调质和表面淬火等热处理方法。轴套类零件的材料和热处理方法可参考相关技术手册。

5.3.2　盘盖类零件测绘

1. 盘盖类零件的作用

盘盖类零件是机器、部件上的常见零件。盘类零件的主要作用是连接、支承、轴向定位和传递动力等，如齿轮、皮带轮、阀门手轮等；盖类零件的主要作用是定位、支承和密封等，如电机、水泵、减速器的端盖等。

2. 盘盖类零件的结构

盘盖类零件的主体结构一般由同一轴线多个扁平的圆柱体组成，直径明显大于轴或轴孔，形似圆盘状。为加强结构连接的强度，常有肋板、轮辐等连接结构，为便于安装紧固，沿圆周均匀分布有螺栓孔或螺纹孔，此外还有销孔、键槽等标准结构，图 5-19 所示为端盖的结构图。

3. 盘盖类零件的视图选择

盘盖类零件加工以车削为主，一般按工作位置或加工位置放置，将轴线以水平方向放置投射来选择主视图，根据结构形状及位置再选用一个左视图（或右视图）来表达盘盖零件的外形和安装孔的分布情况。主视图常采用全剖视来表达内部结构，有肋板、轮辐结构的可采用断面图来表达其断面形状，细小结构可采用局部放大图表达，图 5-20 所示为端盖零件图。

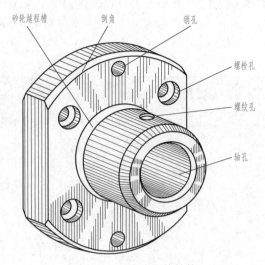

图 5-19　端盖及其结构

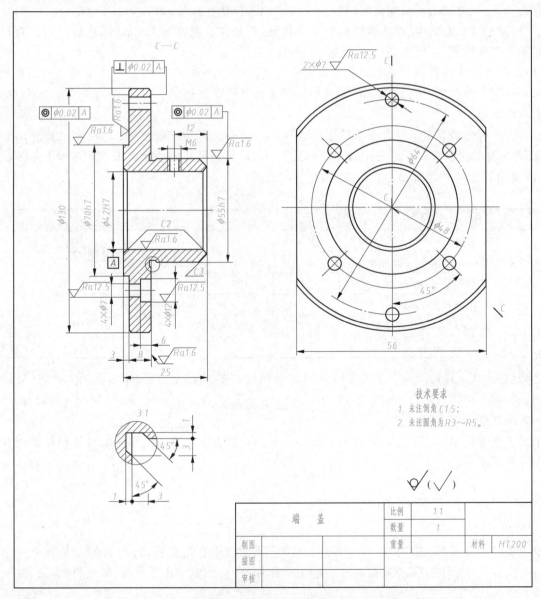

图 5-20　端盖零件图

4. 盘盖类零件的尺寸与测量

盘盖类零件在标注尺寸时,通常以重要的安装端面或定位端面(配合或接触表面)作为轴向尺寸主要基准。以中轴线作为径向尺寸主要基准,如图 5 - 20 所示,由此标注出 $\phi60H11$、$\phi30H7$ 等尺寸。

盘盖零件尺寸测量方法如下:

①盘盖零件的配合孔或轴的尺寸要用游标卡尺或千分尺测量出圆的直径,再查表选用符合国家标准推荐的基本尺寸系列,如轴与轴孔尺寸、销孔尺寸、键槽尺寸等。

②测量各安装孔直径,并且确定各安装孔的中心定位尺寸。

③一般性的尺寸如盘盖类零件的厚度、铸造结构尺寸可直接度量。

④标准件尺寸,如螺纹、键槽、销孔等测出尺寸后还要查表确定标准尺寸。工艺结构尺寸如退刀槽和越程槽、油封槽、倒角和倒圆等,要按照通用标注方法标注。

5. 盘盖类零件的技术要求

(1)尺寸公差的选择　盘盖类零件有配合要求的轮与孔要标注尺寸公差,按照配合要求选择基本偏差,公差等级一般为IT6～IT9 级,如图 5 - 20 泵盖零件右端轴孔 $\phi30H7$、轴径 $\phi70k6$。

(2)形位公差的选择　盘盖零件与其他零件接触到的表面应有平面度、平行度、垂直度要求。外圆柱面与内孔表面应有同轴度要求,一般为 IT7～IT9 级精度。

(3)表面粗糙度的选择　在一般情况下,盘盖零件有相对运动配合的表面粗糙度为 $Ra0.8～Ra1.6$,相对静止配合的表面粗糙度为 $Ra3.2～Ra6.3$,非配合表面粗糙度为 $Ra6.3～Ra12.5$。也有许多盘盖零件的非配合表面是铸造面,如电机、水泵、减速器的端盖外表面,则不需要标注粗糙度。

(4)材料与热处理的选择　盘盖类零件可用类比法或检测法确定零件材料和热处理方法。盘盖类零件坯料多为铸、锻件,材料为 HT150～HT200,一般不需要进行热处理,但重要的、受力较大的锻造件常用正火、调质、渗碳和表面淬火等热处理方法。

5.3.3　叉架类零件测绘

1. 叉架类零件的作用

叉架类零件如拨叉、连杆、杠杆、摇臂、支架和轴承座等,常用在变速机构、操纵机构、支承机构和传动机构中,起到拨动、连接和支承传动作用。

2. 叉架类零件的结构

叉架类零件一般是由连接部分、工作部分和安装部分三部分组成,多为铸造件和锻造件,表面多为铸、锻表面,而内孔、接触面则是机加工面。连接部分是由工字型、⊥型或 U 型肋板结构组成;工作部分常是圆筒状,上面有较多的细小结构、如油孔、油槽、螺纹等;安装部分一般为板状,上面布有安装孔,常有凸台和凹坑等工艺结构,如图5 - 21 所示。

3. 叉架类零件的视图选择

叉架类零件结构比较复杂,加工位置多有变化,有的叉架零件在工作中是运动的,其工作位置也不固定,所以这类零件主视图一般按照工作位置、安装位置或形状特征

图 5 - 21　叉架及其结构

位置综合考虑来确定主视图投射方向。视图数量按零件复杂程度确定,一般为主视图加上 1～2 个其他基本视图组成。由于叉架零件的连接结构常是倾斜或不对称的,还需要采用斜视图、局部视图、局部剖视图、断面图等视图来表达,如图 5 - 22 所示。

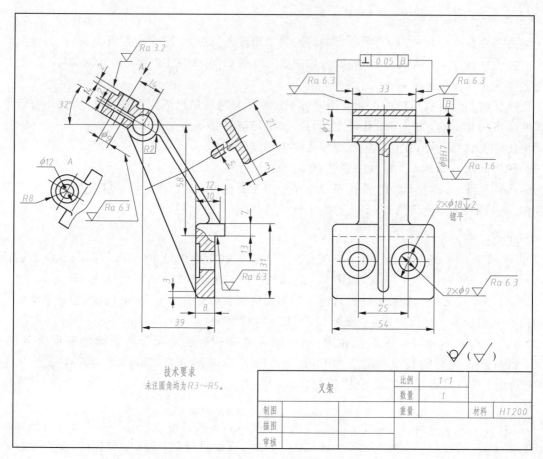

图 5-22 叉架零件图

4. 叉架类零件的尺寸与测量

叉架零件的尺寸较复杂,在标注尺寸时,一般是选择零件的安装基面或零件的对称面作为主要尺寸基准。如图 5-22 所示,该零件选用表面粗糙度等级较高的安装底板的右端面作为长度方向尺寸主要基准,来定位圆筒圆心的位置和其他主要结构尺寸。选用安装底板中间的水平面作为高度方向尺寸主要基准,来确定圆筒圆心的高度定位和其他结构尺寸。由于支架的宽度方向是对称结构,故选用了对称面作为宽度方向尺寸基准。另外,工作部分上的各个细部结构是以圆筒(支承体)轴线作为辅助尺寸基准来标注直径尺寸和细部结构的定位尺寸。

由于支架的支承孔和安装底板是重要的配合结构,支承孔的圆心位置和直径尺寸、底板及底板上的安装孔尺寸应采用游标卡尺或千分尺精确测量,测出尺寸后加以圆整或查表选择标准尺寸,其余一般尺寸可直接度量取值。

工艺结构、标准件,如螺纹、退刀槽和越程槽、倒角和倒圆等,测出尺寸后还要按照规定标注方法标注,螺纹等标准件还要查表确定标准尺寸。

5. 叉架类零件的技术要求

(1)尺寸公差的选择 叉架类零件工作部分有配合要求的孔要标注尺寸公差,按照配合要求选择基本偏差,公差等级一般为 IT7~IT9 级。配合孔的中心定位尺寸常标注有尺寸公差。

(2)形位公差的选择 叉架类零件安装底板与其他零件接触到的表面应有平面度、垂直度要求,支承内孔轴线应有平行度要求,一般为 IT7~IT9 级精度。可参考同类型的零件图选择。

(3)表面粗糙度的选择 在一般情况下,叉架零件支承孔表面粗糙度为 $Ra1.6~Ra3.2$,安装底板的接触表面粗糙度为 $Ra3.2~Ra6.3$,非配合表面粗糙度为 $Ra6.3~Ra12.5$,其余表面都是铸造曲面,不作要求。

(4)材料与热处理的选择 叉架类零件可用类比法或检测法确定零件材料和热处理方法。叉架类零件的坯料多为铸锻件,材料为 HTl50～HT200,一般不需要进行热处理,但重要的、作周期运动且受力较大的锻造件常用正火、调质、渗碳和表面淬火等热处理方法。

5.3.4　箱体类零件测绘

1. 箱体类零件的作用

箱体类零件的主要作用是连接、支承和封闭包容其他零件,一般为整个部件的外壳,如减速器箱体、齿轮油泵泵体、阀门阀体等。

2. 箱体类零件的结构

箱体类零件的内腔和外形结构都比较复杂,箱壁上带有轴承孔、凸台、肋板等结构,安装部分还有安装底板、螺栓孔和螺孔。为符合铸造工艺特点,安装底板和箱壁、凸台外形常有拔模斜度、铸造圆角、壁厚等铸造件工艺结构,如图 5 - 23 所示。

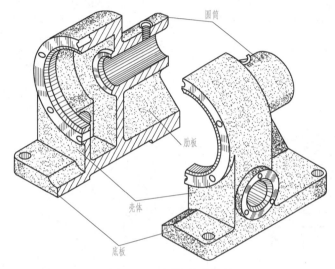

图 5 - 23　泵体及其结构

3. 箱体类零件的视图选择

由于箱体零件结构复杂,加工工序、方法较多,加工位置多有变化,在选择主视图时,需要根据箱体零件的工作位置和形状特征原则综合考虑,通常要三～四个基本视图,并采用全剖视、局部剖视来表达箱体的内部结构。局部外形还常用局部视图、斜视图和规定画法来表达。如图 5 - 24 泵体零件图,按泵体工作位置放置,沿轴线水平方向作主视图投射方向,共采用了三个基本视图。根据结构形状及表达范围的大小,主视图采用全剖视,俯视图采用半剖视,左视图采用局部剖视来表达内部结构。局部外形还采用 A、B、E、F 四个局部视图表达。

4. 箱体类零件的尺寸与测量

由于箱体类零件结构复杂、在标注尺寸时,确定各部分结构的定位尺寸很重要,因此要选择好各个方向尺寸基准,一般是以安装表面、主要支承孔轴线和主要端面作为长度和高度尺寸方向尺寸基准,当各结构的定位尺寸确定后,其定形尺寸才能确定。具有对称结构的以对称面作为尺寸基准。如图 5 - 24 泵体零件图中以泵体左端面作为长度方向的尺寸基准、标注了 136、35 等主要结构尺寸;以安装底板底面为高度方向的尺寸基准,标注了高度定位尺寸 36 和 108;宽度则以对称面为基难,标注了150、144、90、80 等尺寸;以主轴孔轴线为辅助基准标注其他细部结构尺寸。

箱体类零件的测量方法应根据各部位的形状和精度要求来选择,对于一般要求的线性尺寸可直接用钢直尺或钢卷尺度量,如泵体的总长、总高和总宽等外形尺寸。对于泵体上的光孔和螺孔的深度可用游标卡尺上的深度尺来测量。

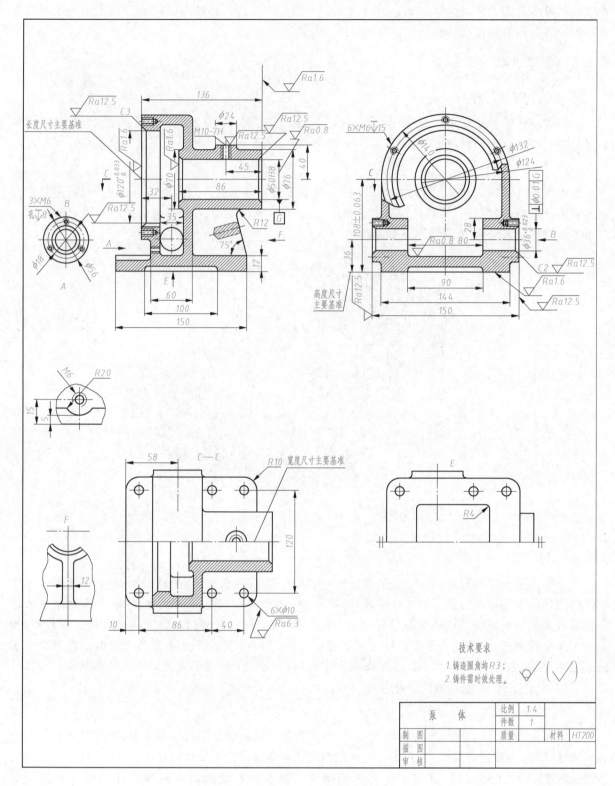

图 5-24 泵体零件图

对于有配合要求的孔径,如支承孔及其定位尺寸,要用游标卡尺或千分尺精确度量,以保证尺寸的准确、可靠。

工艺结构、标准件,如螺纹、退刀槽和越程槽、倒角和倒圆等,测出尺寸后需按照规定标注方法标注,螺纹等标准件需查表确定其标准尺寸。

不能直接测量的尺寸,可利用其他工具间接测量。测量不到的尺寸可采用类比法参照同类型的零件尺寸选用。

5. 箱体类零件的技术要求

（1）尺寸公差的选择　箱体零件是为了支承、包容、安装其他零件的，为了保证机器或部件的性能和精度，箱体零件需要标注一系列的技术要求。主要包括：箱体零件上各支承孔和安装平面的尺寸精度、形位精度、表面粗糙度要求以及热处理、表面处理和有关装配、试验等方面要求。

箱体零件上有配合要求的主轴承孔要标注较高等级的尺寸公差，按照配合要求选择基本偏差，公差等级一般为 IT6、IT7 级，如图 5-24 箱体零件上的轴孔为 $\phi120H7$，其他轴承孔一般为 IT8 级，如 $\phi50H8$。轴承孔的中心距精度为 ±0.063。在实际测绘中，尺寸公差也可采用类比法参照同类型零件的尺寸公差选用。

（2）形位公差的选择　箱体零件结构形状比较复杂，要标注几何公差来控制零件形体的误差，在测绘中可先测出箱体零件上的形位公差值，再参照同类型零件的几何公差来确定，测量方法如下：

① 箱体上支承孔的圆度或圆柱度误差，可采用千分尺测量，位置度误差可采用坐标测量装置测量。

② 箱体上孔与孔的同轴度误差，可采用千分表配合检验心轴测量。孔与孔的平行度误差，先采用游标卡尺（或量块、百分表）测出两检验心轴的两端尺寸后，再通过计算求得。

③ 箱体上孔中心线与孔端面的垂直度误差，可采用塞尺和心轴配合测量，也可采用千分尺配合检验心轴测量。

表 5-5 所示为减速器底座的形位公差参考表。

表 5-5　减速器底座的形位公差参考表

形 位 公 差		公差等级
形状公差	轴承孔的圆度和圆柱度	IT6～IT7
	对称面的平行度	IT7～IT8
位置公差	轴承孔中心线间的平行度	IT6～IT7
	两轴承孔中心线的同轴度	IT6～IT8
	轴承孔端面对中心线的垂直度	IT7～IT8
	两轴承孔中心线间的垂直度	IT7～IT8

（3）表面粗糙度的选择　箱体零件加工面较多，在一般情况下，箱体零件主要支承孔表面粗糙度等级为 $Ra0.8\sim Ra1.6$，一般配合表面粗糙度为 $Ra1.6\sim Ra3.2$，非配合表面粗糙度为 $Ra6.3\sim Ra12.5$，其余表面都是铸造面，可不作要求。表 5-6 为减速器底座的表面粗糙度参数值，可供参考。

表 5-6　减速器底座的表面粗糙度参数值

加工表面	参数值 Ra	加工表面	参数值 Ra
减速器上下盖接合面	1.6～3.2	减速器底面	6.3～12.5
轴承座孔表面	1.6～3.2	轴承座孔外端面	3.2～6.3
圆柱销孔表面	1.6～3.2	螺栓孔端面	6.3～12.5
嵌入盖凸缘槽面	3.2～6.3	油塞孔端面	6.3～12.5
探视孔盖接合面	12.5	其余端面	12.5

（4）材料与热处理的选择　出于箱体零件形状结构比较复杂，一般先铸造成毛坯，然后再进行切削加工。根据使用要求，箱体材料可选用 HT100～HT300 之间各种牌号的灰口铸铁，常用牌号有 HT150、HT200。某些负荷较大的箱体，有的采用铸钢件铸造而成。

为避免箱体加工变形，提高尺寸的稳定性，改善切削性能，箱体零件毛坯要进行时效处理。箱体零件的材料和热处理可参考技术手册。

5.4　测绘实训综合案例

5.4.1　装配体测绘任务书

为了明确测绘目的和任务,机械制图测绘实训要下达任务书,在任务书里应提出测绘题目、测绘内容、绘图比例和图幅大小及其他要求,并绘有部件装配示意图和工作原理说明以及测绘总学时、测绘人姓名、班级、指导教师等内容。

测绘之前,要认真阅读任务书里提出的内容和要求,特别是要看懂装配示意图和部件工作原理说明,了解测绘对象的作用,弄清各零件的名称、数量、相互位置及装配关系等,以作为绘制零件草图和装配工作图的思路及依据。根据测绘任务书里提出的任务和要求,同时也应准备好必要的参考资料。

齿轮油泵测绘任务书

学年/学期	专业班级	姓名

测绘题目:齿轮油泵装配图

装配示意图:

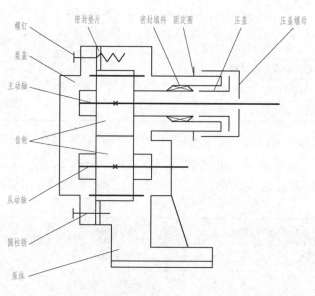

工作原理:齿轮油泵是一种为机器提供润滑油的部件。当电动机带动主动齿轮轴转动时,主动齿轮轴带动从动齿轮轴转动,油液通过齿轮进油孔吸入,再经过两齿轮的挤压产生压力油,最后通过出油孔流出。

测绘内容:(1)齿轮油泵装配图 1 张(2 号图纸);

(2)齿轮油泵各零件草图(标准件不画,3 号或 4 号图纸);

(3)齿轮油泵各零件工作图(3 号或 4 号图纸);

(4)齿轮油泵测绘任务书、测绘报告书各 1 份。

测绘学时:2 周(停课)。(也可根据实际情况安排)

完成日期:

指导教师(签名):

5.4.2　装配体测绘综合举例

1. 齿轮油泵的作用与工作原理

齿轮油泵是一种在供油系统中为机器提供润滑油的部件,一般由 12～18 个零件组成,是常用的教学测绘部件,如图 5-25 所示。

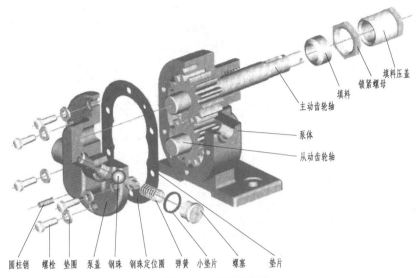

主动齿轮轴　填料　锁紧螺母　填料压盖
泵体
从动齿轮轴

圆柱销　螺栓　垫圈　泵盖　钢珠　钢珠定位圈　弹簧　小垫片　螺塞　垫片

图 5-25　齿轮油泵

齿轮油泵工作原理如图 5-26 所示,当电动机带动主动齿轮轴逆时针方向转动时,主动齿轮轴带动从动齿轮轴转动,泵体前端进口处形成真空,油液通过进油孔吸入,再经过两齿轮的挤压产生压力油,最后通过出油孔排出。为防止油压增高或空气进入产生出油不畅的事故,在泵盖上设计有安全阀装置。正常运行时,安全阀处在关闭状态,当油压升高超过安全阀的额定压力时,安全阀被压力顶开,这时出口处的油通过安全阀里的通道返回进口处,形成油在泵体内部的循环,从而起到安全保护的作用。

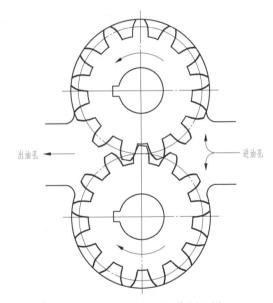

出油孔　　　　　　　　　进油孔

图 5-26　齿轮油泵工作原理图

2. 齿轮油泵的拆卸顺序及装配示意图画法

(1)齿轮油泵的拆卸顺序

①从泵盖处拧下 6 个螺栓和垫圈,将泵盖从泵体上卸下来,并卸下密封垫片。

②从泵体中取出从动齿轮和从动轴。

③从泵体另一面拧下压盖螺母,取走填料压盖,抽出填料(石棉或石棉绳),将主动轴、主动齿轮从泵体腔中取出(有的齿轮油泵从动齿轮和从动轴是一体的)。

④泵体上有两个圆柱定位销,用于泵体与泵盖的连接定位,可不必卸下。

⑤拧下安全阀上的螺钉,取下垫圈、弹簧和钢球。

齿轮油泵的装配顺序与拆卸顺序相反。

(2)画装配示意图　装配示意图是采用规定的符号和线条,画出组成装配体中各零件的大致轮廓形状和相对位置关系,用以说明零件之间装配关系、传动路线及工作原理等内容的单线条图形,图 5-27 所示为齿轮油泵的装配示意图。

画装配示意图时应注意以下几点:

①装配示意图的作用是将装配体内外各主要零件的装配位置和配合关系全部反映出来,因此要表达完整。

②每个零件只画出大致轮廓或用简单线条表示,标准件和常用件采用符号或规定画法表示。

③装配示意图一般只画一至两个图形,并按投影关系配置。

④装配示意图应按照部件的装配顺序编出零件序号,并列表写出各零件名称、数量、材料等项目。

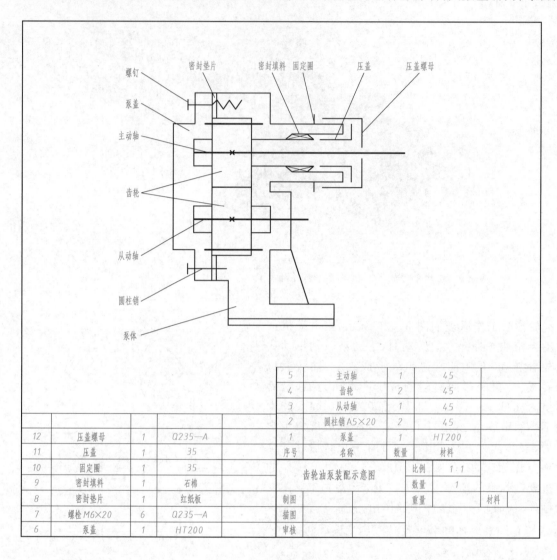

5	主动轴	1	45	
4	齿轮	2	45	
3	从动轴	1	45	
2	圆柱销A5×20	2	45	
1	泵盖	1	HT200	
序号	名称	数量	材料	

12	压盖螺母	1	Q235—A
11	压盖	1	35
10	固定圈	1	35
9	密封填料	1	石棉
8	密封垫片	1	红纸板
7	螺栓M6×20	6	Q235—A
6	泵盖	1	HT200

齿轮油泵装配示意图		比例	1:1
		数量	1
制图		重量	材料
描图			
审核			

图 5-27 齿轮油泵装配示意图

3. 齿轮油泵装配图画法

(1)齿轮油泵装配图的表达方案 图 5-28 为齿轮油泵的装配图。从图中看出,齿轮油泵选择了三个基本视图表达,按照工作位置放置、选择轴向方向作为主视图的投射方向,因为该投射方向能够较多地反映出齿轮油泵的形状特征和各零件的装配位置。主视图上通过两齿轮轴线采用全剖视方法,表现出齿轮油泵内部各零件之间相对位置、装配关系以及螺栓、圆柱销的连接情况。左视图采用沿泵体与泵盖结合面剖切的半剖视画法,表达出两齿轮的啮合情况及齿轮油泵的工作原理,同时也表达出螺栓和圆柱销沿泵体四壁的分布情况,并采用局部剖视图表达泵体上进出油孔的流通情况。俯视图采用沿安全阀孔轴线剖切的局部剖视方法,表达安全阀内部各零件的装配情况和油孔通道布置情况。

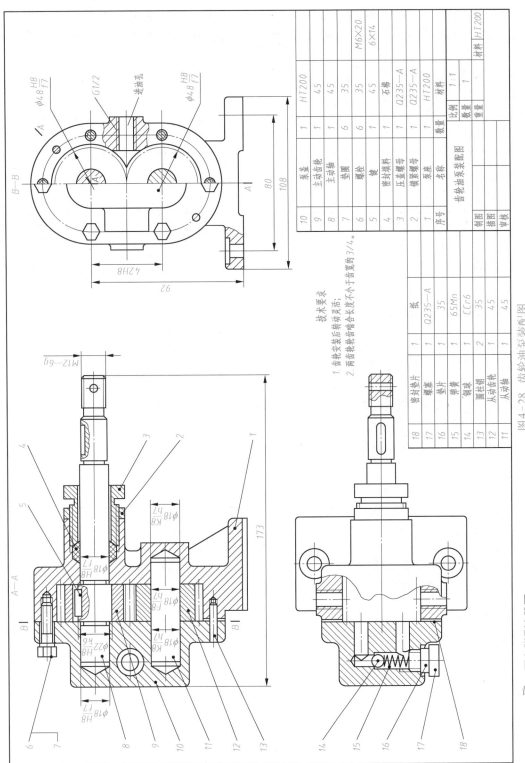

序号	名称	数量	材料	备注
10	泵盖	1	HT200	
9	主动齿轮	1	45	
8	垫圈	6	45	
7	螺栓	6	35	M6×20
6	键	1	45	6×14
5	密封填料	1	石棉	
4	压盖螺母	1	Q235-A	
3	锁紧螺母	1	Q235-A	
2	泵座	1	HT200	
1				
制图		比例	1:1	
描图		数量		
审核		重量		

齿轮油泵装配图

技术要求
1. 齿轮泵安装后转动灵活;
2. 两齿轮齿啮合啮合长度不小于齿宽的3/4。

18	密封垫片	1	纸	
17	螺塞	1	Q235-A	
16	垫片	1	35	
15	弹簧	1	65Mn	
14	钢球	1	CCr6	
13	圆柱销	2	35	
12	从动齿轮	1	45	
11	从动轴	1	45	

图 4-28　齿轮油泵装配图

齿轮油泵爆炸图

（2）齿轮油泵装配图画法步骤

①定比例、选图幅、布图。绘图比例大小及图纸幅面大小应根据齿轮油泵的总体大小、复杂程度，同时还要考虑尺寸标注、序号和明细表所占的位置来确定。视图布置是通过画各个视图的轴线、中心线、基准位置线来安排，如图5-29（a）所示；

②依次画主要零件或较大的零件的轮廓线。如图5-29（b）所示，先画出泵体和泵盖各视图的轮廓线；

③按照各零件的大小、相对位置和装配关系画出其他各零件视图的轮廓及其他细部结构，如图5-29（c）所示；

④画完视图之后，要进行检查修正，确定无误，按照图线的粗细要求和规格类型将图线描深加粗，如图5-29（d）所示；

⑤标注尺寸，注写技术要求，编写零件序号，填写标题栏和明细表，完成齿轮油泵装配图，如图5-28所示。

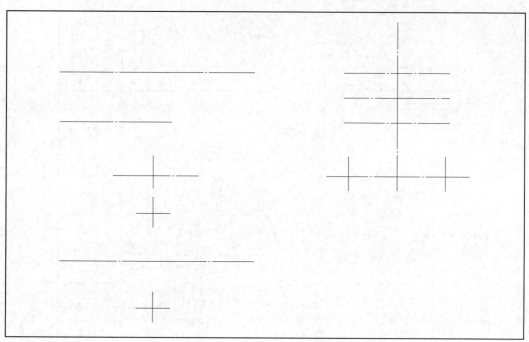

（a）布局定位，画各视图的基准线、对称线和中心线

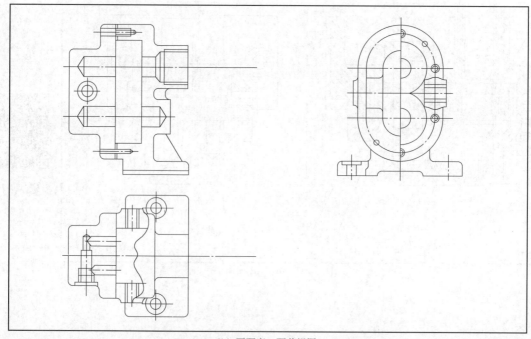

（b）画泵座、泵盖视图

图5-29 齿轮油泵装配图画图步骤

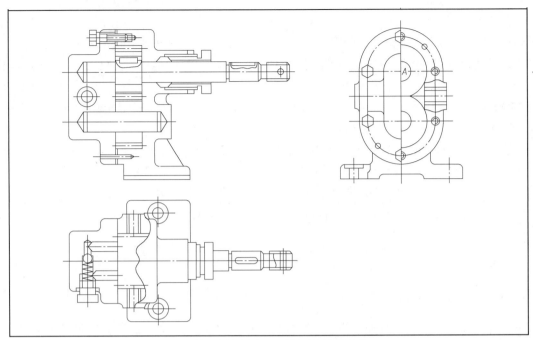

（c）画轴、齿轮、螺栓、压盖螺母及其他零件

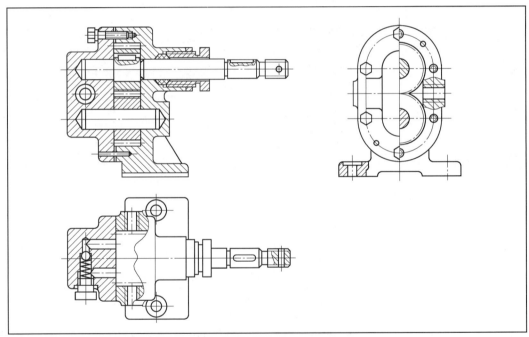

（d）描粗图线、画剖面线，完成全图

图 5 - 29　齿轮油泵装配图画图步骤（续）

（3）齿轮油泵装配图的尺寸标注

①性能尺寸：说明装配体的性能、规格大小尺寸，如图 5 - 28 齿轮油泵装配图中进出油口管螺纹孔尺寸 G1/2。

②装配尺寸：

a. 配合尺寸：说明零件尺寸大小及配合性质的尺寸，如轴与泵体支承孔的配合尺寸 $\phi18H8/f7$、$\phi18K8/h7$，齿轮与泵体孔的配合尺寸 $\phi48H8/f7$ 等。

b. 轴线的定位尺寸：如图 5 - 28 中标注的主动轴到底板底面高度 92。

c. 两轴中心距：如图 5 - 28 中标注的两轴中心距 42H8。

③安装尺寸：说明将机器或部件安装到基座、机器上的安装定位尺寸，如齿轮油泵底板上两个螺栓孔的中心距尺寸。

④外形尺寸：说明齿轮油泵外形轮廓尺寸，如总长尺寸173，总宽尺寸108，总高尺寸92+R38。

⑤其他重要尺寸：是指设计或经过计算得到的尺寸，如主动轴的螺纹尺寸M12−6g，计算得到的齿轮模数m，以及一些主要零件结构尺寸。

(4)齿轮油泵装配图的技术要求　齿轮油泵装配图技术要求的注写有规定标注和文字注写两种，如图5−28所示。一般应包括下列内容：

①零件装配后应满足的配合技术要求，如主动轴、从动轴与泵盖、泵座支承孔的配合尺寸$\phi18H8/f7$、$\phi18K8/h7$，齿轮与泵体孔的配合尺寸$\phi48H8/f7$等，这些技术要求一般在装配图中标注。

②装配时应保证润滑要求、密封要求、检验、试验的条件、规范以及操作要求。

③机器或部件的规格、性能参数，使用条件及注意事项，以上两项一般用文字说明的方法在标题栏上方写出。

5.4.3　测绘报告书

1. 测绘报告书的要求

测绘报告书是以书面形式对部件测绘实践后的一次总结汇报。测绘报告书应统一格式，按上述部件测绘内容及顺序表述，要求文字简明通顺、论述清楚、书写整齐。报告书的格式参见表5−7。

表5−7　测绘报告书

测绘内容	专业班级	姓　名	学　号

2. 测绘报告书的内容

报告书中应分析论述下列内容：

①说明部件的作用及工作原理；

②分析部件装配图表达方案的选择理由，并说明各视图的表达意义；

③说明部件各零件的装配关系以及各种配合尺寸的表达含意，主要零件结构形状的分析，零件之间的相对位置以及安装定位的形式；

④说明装配图技术要求的类型以及表达含意；

⑤装配图尺寸的种类，这些尺寸如何确定和标注；

⑥说明装配图的画图步骤；

⑦测绘实践的体会与总结。

5.4.4　答辩

1. 答辩的目的

答辩是测绘实践的最后一个环节,其目的是检查学生参与测绘实践后的效果,以及在测绘实践学习中了解和掌握的程度。通过答辩让学生展示自己的测绘作品,并且全面分析检查测绘作业的优缺点,总结在测绘实践中所获得的体会和经验,进一步巩固和提高学生在机械制图课程中培养起来的解决工程实际问题的能力。同时,答辩也是评定学生成绩的重要依据。

2. 答辩前的准备

答辩前应对测绘实践学习过程作一次回顾与总结,结合测绘作业复习总结部件的作用与工作原理、零部件测绘方法与步骤、视图表达方案的选择与画图步骤、零部件技术要求和尺寸的选择、测量工具及其使用方法等,并写好测绘报告书。

3. 答辩方式

答辩方式有以下几种:

①学生展示测绘作业,分析论述测绘部件的作用与工作原理;主要零件的视图、装配图视图是如何选择的,各视图重点表达的内容;各零件之间的装配关系以及配合尺寸的选择与表达含意;如何选择技术要求及表达含意;尺寸的类型、基准的选择与标注方法。

②学生现场抽两至三个答辩题,根据题目回答问题。

③根据情况由教师随机提出问题要求回答。

4. 答辩参考题

①说明齿轮油泵的作用与工作原理。

②齿轮油泵装配图采用了哪些表达方法?说明各视图的表达意义。

③齿轮油泵泵盖与泵座是靠什么连接和定位的?并说出该连接件和定位件的标准尺寸。

④说明齿轮油泵中的齿轮是什么类型的齿轮?齿数、模数是多少?两齿轮中心距是多少?

⑤主动轴上有几个零件与其装配在一起?说出装配连接关系。

⑥说明齿轮油泵的总体尺寸、安装尺寸和工作性能尺寸。

习　题

1. 千分尺是一种测量精度较高的通用量具,能用它来测量毛坯件和未加工表面吗?

2. 塞尺通常用于测量什么?

3. 轴孔配合通常有哪两种基准制?分别举一例。

4. 轴与孔的配合通常有哪三种?分别举一例。

5. 零件图中包含哪几项内容?装配图中包含哪几项内容?零件图和装配图的区别是什么?

面向工程应用的案例实操

现代机械制图的核心实质是解决零部件构型设计、三维模型和二维工程图纸间的相互转换问题。面向不同工程应用需求，当前机械制图领域主要涉及以下三个应用方向，即将现有零部件工程图纸转换为三维模型、通过测绘构建现有零部件三维模型和面向零部件结构功能约束基于三维建模设计绘制二维工程图纸。为此，本章将通过具体实例分别介绍上述三个应用方向的操作方法及相应技巧。

6.1 基于工程图的三维建模

三维建模软件可直观显示零部件结构形状等特征信息，伴随其推广应用，目前已成为工程设计人员普遍采用的有效工具。随着三维设计软件逐步融入设计流程，潜移默化地调节着设计人员习惯，设计过程中对产品进行三维建模已成为关键环节。然而，在机械发展的漫长历程中三维建模软件的应用才逐渐兴起，绝大多数熟知的经典零部件仅存有二维工程图纸，为便于对上述零部件进行升级改造，现在工程应用领域面临的一个主要任务就是将经典零部件的二维工程图纸转换为三维模型。由于本节三维建模基于工程图纸，面向工程应用，需在第2章的基础上综合考虑零部件设计加工等因素，故本节以快速阀为例介绍产品工程图纸转换为三维模型的操作方法及相应技巧。

6.1.1 快速阀的结构简介

快速阀是工业生产中普遍应用的一类阀门，其装配图如图6-1所示，主要由阀体、阀盖、上封盖、填料压盖、内阀瓣、外阀瓣、齿轮轴、齿条、手柄和底板等零件构成，工作过程中利用手柄带动齿轮轴旋转，通过齿条的上下移动控制内外阀瓣与阀体间的间隙，以实现阀内流量的调节。

6.1.2 快速阀的零件建模

1. 阀体的建模

快速阀阀体零件图如图6-2所示，按构型思想可认为由中部主体和左右两个法兰盘叠加构成阀体外形，通过若干圆柱挖切形成阀体内腔。为便于以后对阀体进行优化设计，建议主要通过拉伸操作对阀体进行三维建模。此外，值得注意的是在零件建模过程中尽量使零件三个方向的基准分别与软件基准平面重合，以在方便草图智能尺寸标注的同时，也便于后续零件的装配。

快速阀阀体三维模型如图6-3所示，考虑阀体的铸造加工工艺，在满足阀体配合、功能要求的前提下，需对阀体相应部位进行倒角处理，以满足铸造圆角工艺要求。

2. 阀盖的建模

快速阀阀盖零件图如图6-4所示，按构型思想可认为由竖直方向和水平方向两个形体叠加而成，建模过程中建议先由底向上主要采用拉伸操作绘制竖直方向形体，而后建立基准平面拉伸出水平方向空心圆柱，最后分别以空心圆柱左右两端面为基准平面完成水平方向形体的建模。

快速阀阀盖三维模型如图6-5所示，考虑阀盖的铸造加工工艺，需在基本形体相贯位置设置铸造圆角。

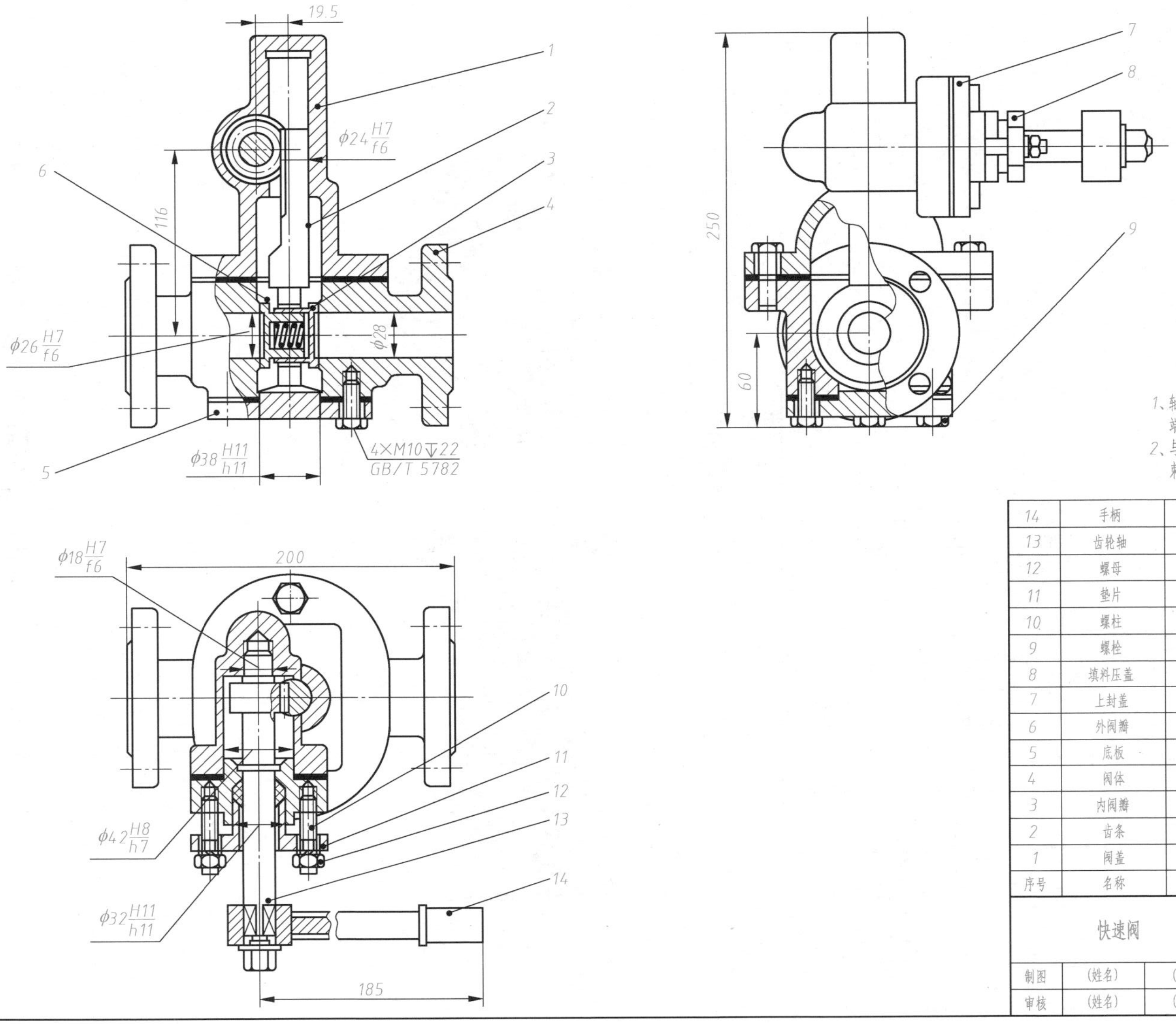

序号	名称	数量	材料	标准	备注
14	手柄	1	HT200		
13	齿轮轴	1	45#		
12	螺母	4		GB/T1070	
11	垫片	4		GB/T93	
10	螺柱	4		GB/T73	
9	螺栓	8	35	GB/T1671	
8	填料压盖	1	HT200		
7	上封盖	1	HT200		
6	外阀瓣	1	2Cr13		
5	底板	1	HT200		
4	阀杆	1	HT200		
3	内阀瓣	1	2Cr13		
2	齿条	1			
1	阀壳	1	……		

快速阀			比例	13	
			材料		(校名)
制图	(姓名)	(日期)			
审核	(姓名)	(日期)			

技术要求
1. 轴承采用冷装首次装前必须将端盖、轴承座等零部件清理干净。与轴承配合的零部件的面不得有毛刺，与轴承配合的零部件的面不得有毛刺、锈斑、磕碰划伤。
2. 安装后须保证法兰面平整，且安装后表面须清理干净。

图 6 - 1　快速阀装配图

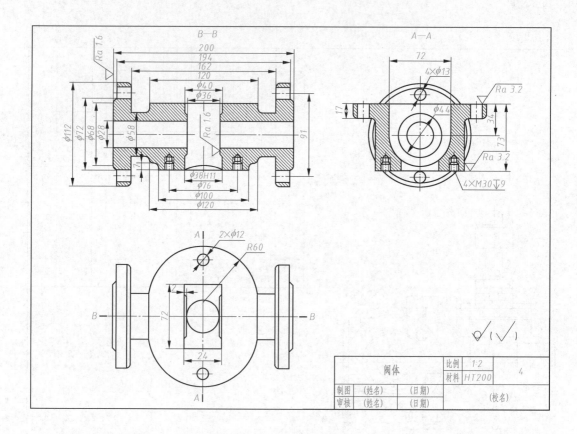

图 6-2 快速阀阀体零件图

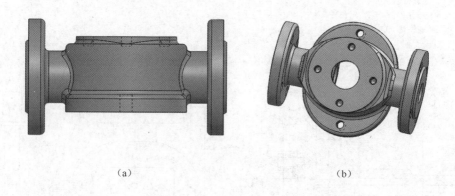

（a）　　　　　　　　　　　　　　（b）

图 6-3 快速阀阀体三维模型

3. 上封盖的建模

　　快速阀上封盖零件图如图 6-6 所示，可认为其由竖直方向布置的四个基本形体叠加而成，显而易见，中间方形法兰为该零件的主要基准，建模过程中可先基于基准平面绘制方形法兰，而后依次以该法兰表面为基准绘制其他形体，最后通过拉伸切除获得该零件内腔。值得注意的是，零件建模过程中基准平面的选取尤为重要，合理的基准平面选取方法可大幅提高设计与建模效率，实际操作过程中可遵循以下原则：①有严格尺寸要求的关键性能要素（如图 6-3 中法兰端面、图 6-5 中水平空心圆柱轴线等）要基于零件主要基准平面；②对于暂无配合性能要求的基本形体根据构型基本思想建议选取已完成建模的相邻形体表面作为基准平面以便于后续模型修改的尺寸联动。

　　快速阀上封盖三维模型如图 6-7 所示，由于该零件外形结构较为简单且多个表面需进行加工处理，实际制造过程中可直接采用切削加工方法，故可简化加工工艺圆角建模。

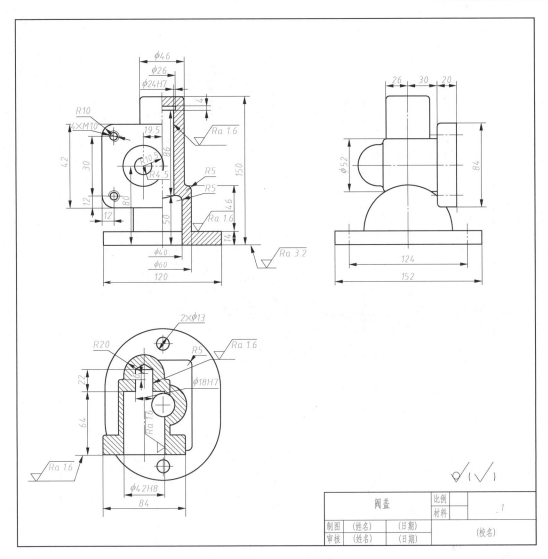

图 6-4　快速阀阀盖零件图

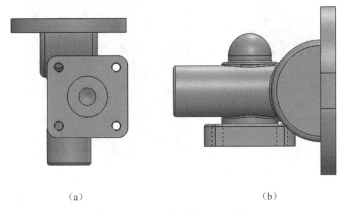

（a）　　　　　　　　（b）

图 6-5　快速阀阀盖三维模型

4. 内阀瓣和外阀瓣的建模

快速阀内阀瓣和外阀瓣零件图如图 6-8 所示，形体较为简单，可通过简单的拉伸操作快速建模。由于二者为典型的机加工零件，且内阀瓣右端外柱面与外阀瓣右端内柱面间存在一间隙配合，在实际建模过程中需考虑当今主流机床的加工精度，综合误差分析，将加工余量叠加于基本尺寸，以便后续直接利用三维模型进行加工生产时保证互换性要求。

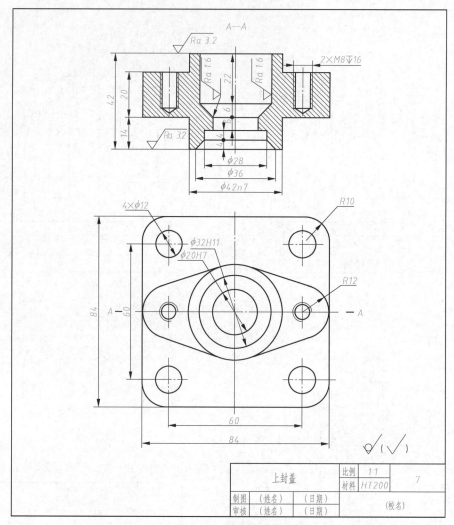

图 6-6 快速阀上封盖零件图

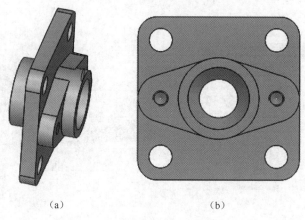

（a）   （b）

图 6-7 快速阀上封盖三维模型

5. 齿轮轴的建模

快速阀齿轮轴零件图如图 6-9 所示，针对轴类零件的三维建模通常建议采用拉伸操作以相邻部位端面为基准面进行建模操作以便于后续尺寸调整。由于该零件中部为一齿轮结构，建模过程中可利用模型库通过参数选取生成一齿轮，然后以齿轮两端面为基准平面完成后续建模操作，从而简化零件建模操作。

快速阀齿轮轴三维模型如图 6-10 所示，绝大多数轴类零件均需机加工完成，在其建模过程中需仔细甄别轴肩与轴端处的倒角需求。一般情况下,轴端处需进行倒角处理,在去除加工毛刺的同时,可利用锥面的自对中效应便于轴系零件的装配;在轴肩处需设计圆角结构,在无轴系零件配合安装部位设置较大圆角以避免负载情况下的应力集中,在有轴系零件配合安装部位需综合考虑加工刀具圆角、配合安装部件倒角或圆角等尺寸,在不增加加工难度及成本的情况下使圆角尺寸尽可能小于配合安装部件倒角或圆角,以避免轴系部件装配过程中难以保证装配尺寸要求。

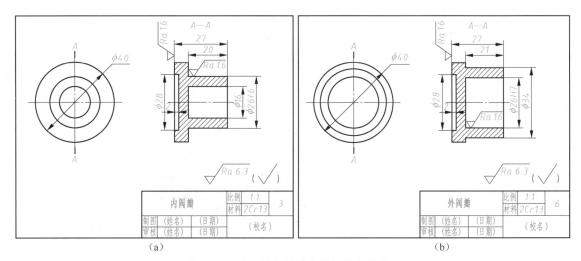

(a)　　　　　　　　　　　　　　　　　　　(b)

图 6-8　快速阀内阀瓣和外阀瓣的零件图

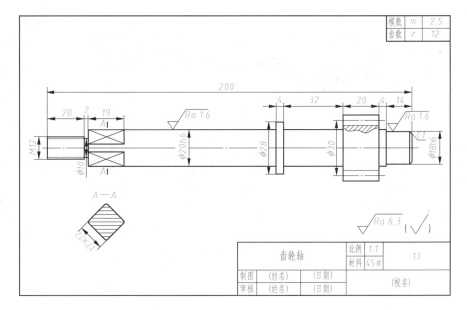

图 6-9　快速阀齿轮轴的零件图

图 6-10　快速阀齿轮轴三维模型

6. 齿条的建模

快速阀齿条零件图如图 6-11 所示,主要由左端空心圆柱和右端齿条两个形体叠加形成。建模过程中可使空心圆柱轴线和上下对称面分别与软件一组正交的轴线和基准面重合,通过对称拉伸操作完成空心圆柱建模,然后利用拉伸操作完成右端圆柱的建模,最后利用拉伸切除获得齿条结构。

快速阀齿条三维模型如图 6-12 所示,值得注意的是齿条的加工可通过滚齿、插齿等加工方式完成,一般情况下先以齿顶为基准获得加工毛坯,之后再进行齿形的加工。因此,齿条零件右端平面应与齿顶共面。

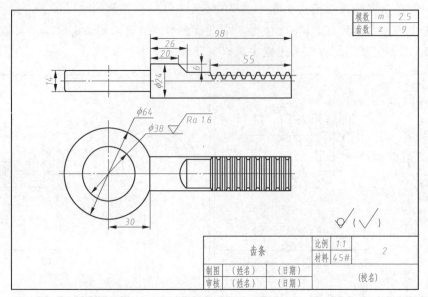

图 6-11　快速阀齿条的零件图

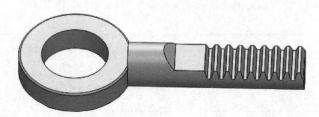

图 6-12　快速阀齿条三维模型

7. 手柄的建模

快速阀手柄零件图如图 6-13 所示,该零件与齿条构型类似,可利用左端圆柱为构型基准,对于零件中部工形杆件的建模,建议通过草图绘制完截面形状后拉伸完成,以便于后续长度的调整。

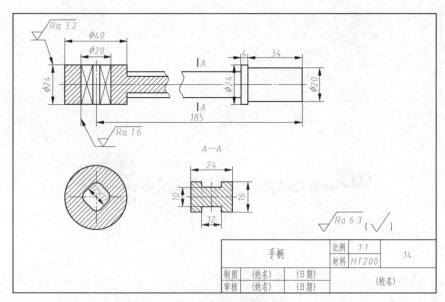

图 6-13　快速阀手柄的零件图

快速阀手柄三维模型如图 6-14 所示,其左端方形孔与齿轮轴通过形面连接用以带动齿轮轴旋转,为便于形面连接部位装配,同时保证传动精度,三维建模过程中需考虑加工误差等因素适当调整方形孔建模尺寸,同时方形孔圆角部位尺寸应略小于轴上圆角。

图 6-14　快速阀手柄三维模型

8. 底板、填料压盖及标准件的建模

快速阀底板和填料压盖的零件图如图 6-15 所示,形体较为简单,可通过简单拉伸操作快速完成建模。对于快速阀所需的各类标准件可通过标准件库生成,将零件命名后单独存档,也可在装配图中直接调用。

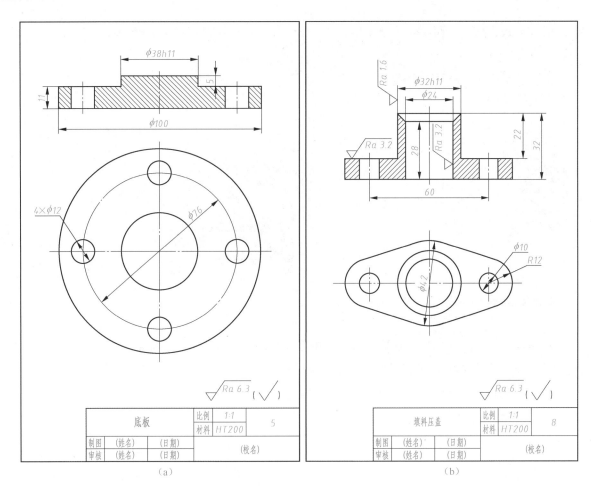

图 6-15　快速阀底板和填料压盖的零件图

6.1.3　快速阀的装配建模

部件装配过程中应首先基于其安装布置形式选取需固定的主体零件,通常选用多数尺寸或工艺基准所在的零件。以快速阀为例,可选用阀体作为固定零件,将其按安装布置方位固定于软件装配基准平面。然后,以阀体为基准,选用恰当的零件配合关系将各零件完全约束,建议各零件装配过程中,按照生产制造装配顺序完成,以便从装配工艺角度检验设计建模的合理性。快速阀的装配可参考下述流程。

（1）插入阀体零件，将阀体与软件基准平面固定，如图 6-16 所示。

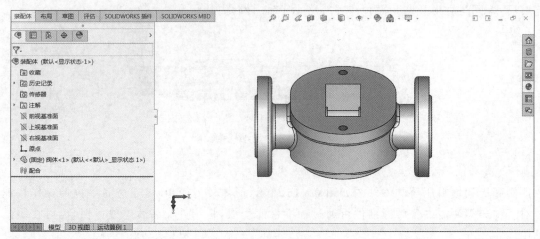

图 6-16　阀体零件固定

（2）插入齿条、弹簧、内阀瓣和外阀瓣四个零件，利用同心配合将弹簧与其余三个零件柱面同轴配合，如图 6-17 所示。

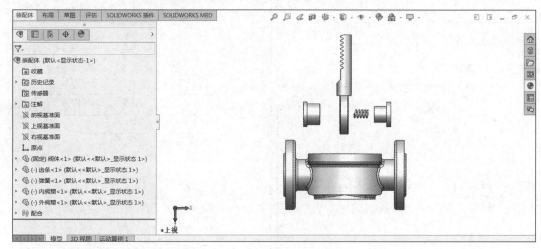

图 6-17　柱面同轴配合

（3）利用三次重合配合操作将阀体、弹簧、内阀瓣和外阀瓣轴向定位，如图 6-18 所示，之后利用外阀瓣与阀体的同心配合将上述零件定位于阀体之内。

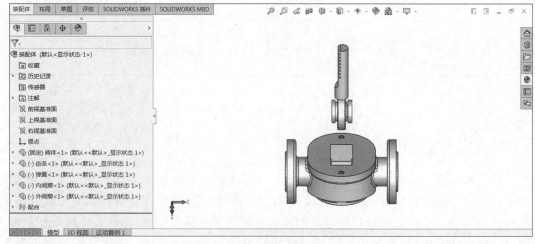

图 6-18　零件间轴向定位

（4）分别利用同心和重合配合完成底板及其上螺钉的装配，如图 6-19 所示，值得注意的是同心和重合配合在同一零件装配中同时采用时，建议尽量先将预装配的零件拖离预装配位置，待完成同心配合后再进行重合操作。

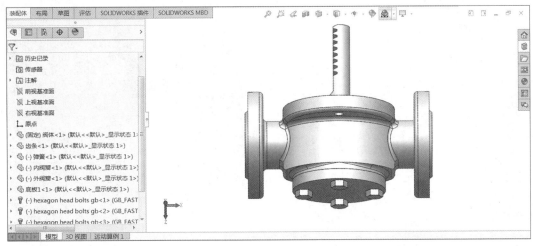

图 6-19　底板及其上螺钉的装配

（5）利用阀盖内柱面与齿条外柱面的同心配合实现齿条的完全定位，然后分别利用同心和重合配合完成阀盖及其上螺钉的装配，如图 6-20 所示。

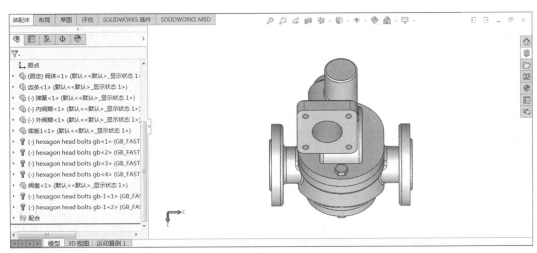

图 6-20　阀盖及其上螺钉的装配

（6）利用同心和重合配合完成齿轮轴、上封盖及上封盖上螺钉的装配，如图 6-21 所示。

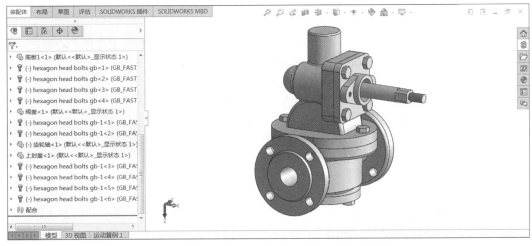

图 6-21　齿轮轴、上封盖及上封盖上螺钉的装配

（7）利用同心和重合配合逐步完成填料压盖及其上双头螺柱、手柄等零件的装配,快速阀装配完成后如图6-22所示。

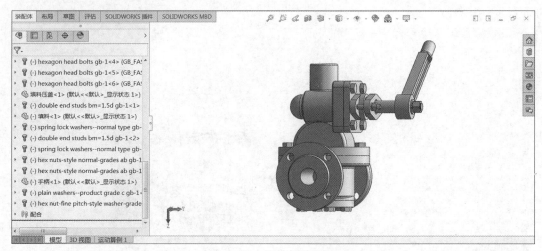

图6-22 快速阀装配图

6.2 基于测绘的三维建模

面向老旧及进口设备的维修、现有设备的自动化升级改造等工程应用需求,采用测绘手段对现有设备进行三维建模已成为当前工程应用领域需解决的主要任务。故本节以台虎钳为例,介绍基于测绘的产品三维建模的基本方法与相应技巧。

6.2.1 台虎钳的结构简介

台虎钳,又称虎钳。虎钳是用来夹持工件的通用夹具,装置在工作台上,用以夹稳加工工件,为钳工车间必备工具。虎钳结构主要由活动钳口、钳座、螺杆、钳口板、螺钉、螺母等零件组成。活动钳口通过螺杆与钳座的导轨作滑动配合。螺杆安装于钳座上,可相对于钳座旋转,但不能轴向移动。当摇动手柄时螺杆旋转,即可带动活动钳口相对于钳座作轴向移动,起夹紧或放松的作用。在钳座和活动钳口上,各装有钢制钳口板,并用螺钉固定。钳口的工作面上制有交叉的网纹,使工件夹紧后不易产生滑动。钳口板经过热处理淬硬,具有较好的耐磨性。

6.2.2 台虎钳的测绘方法

1. 整体的测绘

如图6-23,分析台虎钳结构与工作原理,深入了解台虎钳零部件。运用简单的线条和图例符号绘

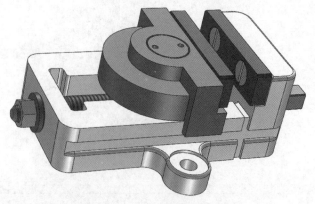

图6-23 台虎钳整体结构图

制出各部件大致轮廓以及装配图样。运用游标卡尺对台虎钳装配体的长、宽、高进行测量,将测得的尺寸和相关数据标注在零件草图上。根据零件草图,运用 AutoCAD 绘制出整体装配草图,如图 6-24所示。

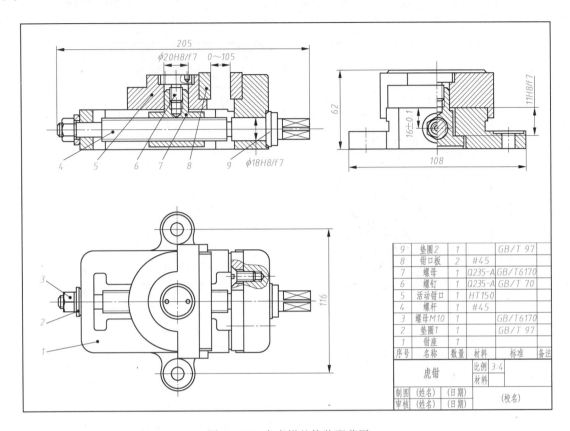

9	垫圈2	1		GB/T 97	
8	钳口板	2	#45		
7	螺母	1	Q235-A	GB/T6170	
6	螺钉	1	Q235-A	GB/T 70	
5	活动钳口	1	HT150		
4	螺杆	1	#45		
3	螺母M10	1		GB/T6170	
2	垫圈1	1		GB/T 97	
1	钳座	1			
序号	名称	数量	材料	标准	备注

图 6-24　台虎钳整体装配草图

2. 钳座的测绘

　　将钳座平放,由于实际测绘时无法知道钳座的对称线,因此以钳座的左面、前面和底面为基准,用游标卡尺测量各部分的长、宽、高尺寸,用圆角规测量圆弧半径。沉头孔的深度可以用游标卡尺测量,螺纹孔在测量出其直径后,用螺纹量规测量其螺纹,根据牙型、大径、螺距查标准螺纹表,取最接近的标准值。或者确定其使用相对应的螺钉后,通过查手册确定其实际尺寸与公差,如图 6-25所示。

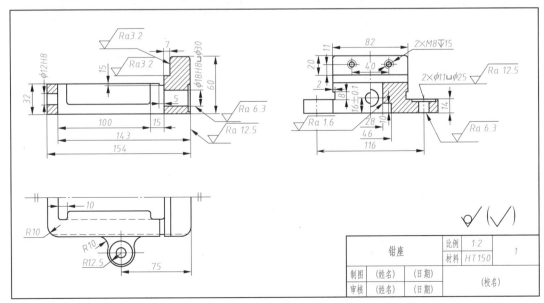

图 6-25　钳座零件图

3. 活动钳口的测绘

以活动钳口中的沉头孔的中心为基准,用游标卡尺或直尺测量出各圆的内径和外径,其沉头部分可以使用游标卡尺测量其深度。螺纹孔和沉头孔的测量方法与测量钳座时相同,如图 6-26 所示。

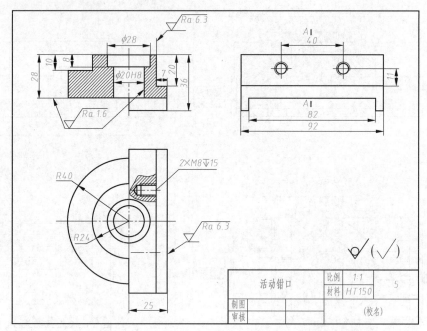

图 6-26 活动钳口零件图

4. 螺杆的测绘

以螺杆的最左端和轴线为基准,用游标卡尺分别测量各阶梯轴段的长度与直径,测量长螺纹两侧的直径后,标注时要保证其与钳座中的两个孔能相互配合,如图 6-27 所示。

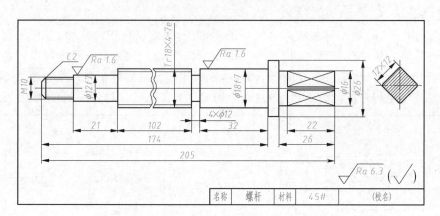

图 6-27 螺杆零件图

5. 钳口板的测绘

钳口板测绘相对简单,但是要注意两个沉头孔的位置要与钳座中两个螺纹孔的位置同心,其沉头孔也可以查手册标出相对应的尺寸,如图 6-28 所示。

6. 螺母的测绘

螺母中的螺纹孔测绘与钳座相同,但是测量出大致尺寸后要核对其上端螺纹孔的位置与活动钳口的沉头孔同心,且其实际尺寸可以查相对应螺钉的尺寸。下端螺纹孔的位置应与钳座、活动钳口相应孔的位置同心,其螺纹尺寸与螺杆中螺纹尺寸相配合,如图 6-29 所示。

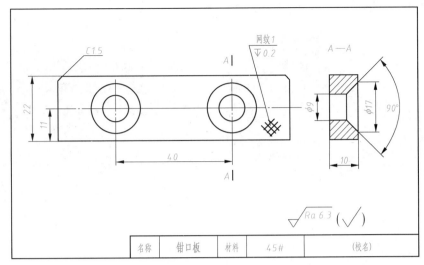

图 6-28　钳口板零件图

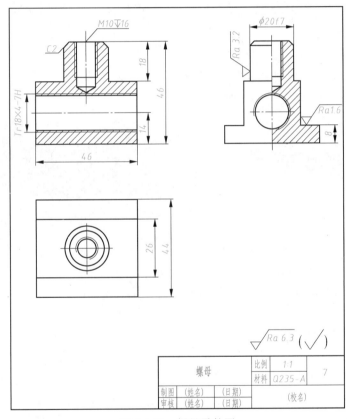

图 6-29　螺母零件图

6.2.3　台虎钳的三维建模

1. 钳座的建模

根据测绘得到的钳座的零件图如图 6-25 所示，在零件建模过程中使零件两个对称面和一个底面分别与软件基准平面重合，运用拉伸命令画出钳座的矩形结构和突出圆台结构，通过拉伸切除多余部分和画出相应的孔，螺纹孔可以应用异形孔向导命令，输入相应的尺寸自动生成标准的螺纹孔，最后对相应的棱边进行倒圆角，如图 6-30 所示。

2. 活动钳口的建模

根据测绘得到的活动钳口的零件图如图 6-26，以圆的圆心为基准，运用简单的拉伸切除、异形孔向导命令皆可以绘制出活动钳口,如图 6-31 所示。

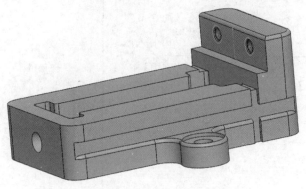

图 6-30 钳座三维模型

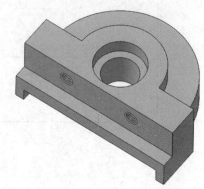

图 6-31 活动钳口三维模型

3. 螺杆的建模

根据测绘得到的螺杆的零件图如图 6-27 所示,以螺杆轴线为基准,先运用旋转命令画出一根光轴,再运用装饰螺纹线命令画出两段不同长度和规格的螺纹,运用拉伸切除对螺杆末端进行切除,如图6-32 所示。

4. 钳口板的建模

根据测绘得到的钳口板的零件图如图 6-28 所示,钳口板结构简单,运用拉伸命令画出主体后,应用异形孔向导画出其沉头孔,如图 6-33 所示。

图 6-32 螺杆三维模型

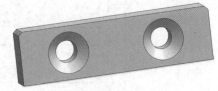

图 6-33 钳口板三维模型

5. 螺母的建模

根据测绘得到的螺母的零件图如图 6-29 所示,通过简单的拉伸切除以及螺纹孔向导命令即能完成建模,值得注意的是两个螺纹孔不能有干涉且要留有一定余量,如图 6-34 所示。

6.2.4 台虎钳的装配建模

(1)台虎钳的主体为钳座,因此以钳座为固定零件进行装配建模,将钳座的两个对称面和底面与装配体的三个基准面重合,并选中钳座鼠标右键单击固定,如图 6-35 所示。

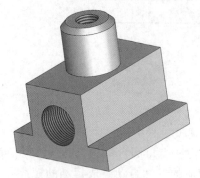

图 6-34 螺母三维模型

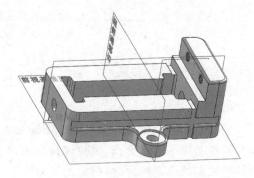

图 6-35 钳座装配图

(2)插入螺杆、垫片、小螺母,用同心和重合命令装配螺杆与螺杆配套的垫片和小螺母,如图 6-36 所示。

（3）再插入螺母，运用同心命令将螺母安装在螺杆上，并拖动螺母使其放置在螺杆的中间位置，如图 6 - 37 所示。

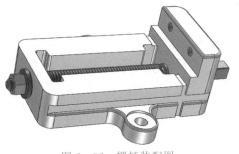

图 6 - 36　螺杆装配图

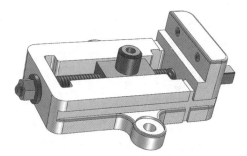

图 6 - 37　螺母装配图

（4）插入活动钳口，使其安装在螺母上，并装配配套的螺钉将螺母与活动钳口连接，如图 6 - 38 所示。

（5）插入两个钳口板，分别与活动钳口和钳座配合。并插入四个对应的螺钉将两个钳口板固定，如图 6 - 39 所示。

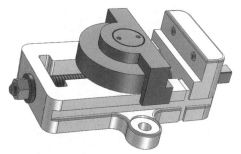

图 6 - 38　活动钳口装配图

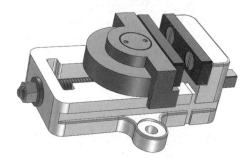

图 6 - 39　钳口板装配图

6.3　基于三维模型的工程制图

面向工程应用需求，经设计功能、结构尺寸等约束分析，选取合理的构型方案，通过结构尺寸优化设计，设计产品的三维模型，并绘制二维工程图纸，以用于制造生产一直是工程设计领域需解决的核心问题。故本节以一级减速机为例，介绍应用三维设计软件及二维工程制图软件等工具设计机械产品的基本流程及相应技巧。

6.3.1　减速机的方案设计

减速机是一种由封闭在刚性壳内的齿轮传动所组成的独立部件，常用在动力机与工作机之间作为减速的传动装置。减速机由于结构紧凑、效率较高、传动运动准确可靠、使用维护简单，并可成批生产，故在现代机械中应用很广。

本案例减速机的设计要求为：电机通过减速机带动传送带运动，如图 6 - 40 所示，传送带工作拉力 $F = 1.8$ kN，工作速度 1.2 m/s，减速比为 2.3，要求传动平稳，外形尺寸紧凑。

根据减速机设计要求，选取减速机各零部件参数，设置符合要求的零部件尺寸，初选直齿轮，大齿轮齿数 $Z_1 =$

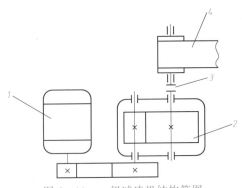

图 6 - 40　一级减速机结构简图
1—电机；2—减速机；3—联轴器；4—传送带

46,模数 $m=10$,压力角 $\alpha=20°$,中心孔径为 140 mm,精度等级为 TFL(GB/T 10095—2008);小齿轮齿数 $Z_2=20$,模数 $m=10$,压力角 $\alpha=20°$,中心孔径为120 mm,精度等级为 TFL(GB/T 10095—2008)。

6.3.2 减速机的三维建模

1. 齿轮的建模

由于齿轮轮齿外形复杂,利用阵列等特征进行绘图的过程较复杂且有一定难度,Solid Works 2016 给我们提供了设计库,在设计库 Toolbox 选项中选择正齿轮,然后输入齿轮属性值,可生成想要的齿轮外形。进一步对已经生成的齿轮零件进行特征画法,完成凸台、凹槽的建模,其大齿轮、小齿轮的三维模型分别如图 6-41 和图5-42 所示。

图 6-41 大齿轮三维模型　　　　　　　　图 6-42 小齿轮三维模型

2. 传动轴的建模

传动轴需与齿轮、轴承等零件配合,因此要设计适当的阶梯结构,以便轴系零件的定位装配。三维建模过程中可以以传动轴的一个端面为基准,依次利用拉伸特征建立模型,同时为了便于装配,可在台阶端面进行倒角,高速轴及低速轴三维模型分别如图 6-43 和图6-44 所示。

图 6-43 高速轴三维模型　　　　　　　　图 6-44 低速轴三维模型

3. 上箱盖的建模

上箱盖为中空壳体,可先进行拉伸,然后对其进行抽壳等操作。考虑上箱盖铸造加工方式,上箱盖需设计铸造圆角。因此对壳体进行倒圆。值得注意的是,在建模过程中应先进行倒圆等操作,然后对其进行抽壳,以免出现箱盖厚度不均的状况。为保证上箱盖结构强度,在箱盖两侧分别设计了加强筋。同时为了保证连接强度,应尽量加厚螺栓孔处耳板的厚度,上箱盖模型如图 6-45 所示。

4. 下箱体的建模

下箱体建模过程中应考虑与上箱体孔的位置、尺寸一致。其中盲孔深度应满足要求,以免深度不够造成连接强度不够。与上端盖相似,为了满足强度要求,箱体两侧设计加强筋,尽量加厚螺栓孔处耳板厚度。在零件建模过程中先倒角后抽壳,以免厚度不均。下箱体模型如图 6-46 所示。

5. 闷盖、透盖的建模

闷盖形体较为简单,可通过简单拉伸操作快速完成轮廓建模。四个通孔建模过程中可用阵列操作完成,但应保证孔位置与箱体、箱盖上孔的位置一致。透盖外形与闷盖相似,内部孔可用拉伸切除操作完成,模型如图 6-47 和图 6-48 所示。

图 6-45　上箱盖三维模型

图 6-46　下箱体三维模型

6.3.3　减速机的工程制图

导出工程图的过程如下:选择建好的三维模型,选择左上角的文件下拉菜单中"选择从装配体制作工程图"命令,如图 6-49 所示。接着将视图拖到工程图纸中,注意选取合适的视图方向,要考虑图形表达准确性及标注简易程度,如图 6-50 所示。将其另存为 dwg 格式,以便在 CAD 中打开文件,如图 6-51 所示。

图 6-47　闷盖三维模型

图 6-48　透盖三维模型

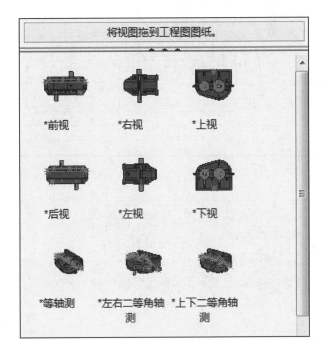

图 6-49　文件下拉菜单　　　　　　　　　　图 6-50　视图拖动菜单

工程图 (*.drw;*.slddrw)
分离的工程图 (*.slddrw)
工程图模板 (*.drwdot)
Dxf (*.dxf)
Dwg (*.dwg)
eDrawings (*.edrw)
Adobe Portable Document Format (*.pdf)
Adobe Photoshop Files (*.psd)
Adobe Illustrator Files (*.ai)
JPEG (*.jpg)
Portable Network Graphics (*.png)
Tif (*.tif)

图 6-51　文件另存菜单

1. 上箱盖的工程制图

CAD 中打开后，如图 6-52 所示，可以对 CAD 图层进行设置，单击图层特性按钮，如图 6-53 所示，然后单击所有图层，弹出如图 6-54 所示的"图层编辑"对话框，可以对图层进行新建、删除、冻结等操作。首先要对导出的图形进行冗余线条删除，然后将外形轮廓线加粗（导出图形线条为细实线），接着对缺失的中心线等进行添加。同时在工程图标注过程中注意基准的选取，视图中无法明确表示的部分可以对其局部剖视，与下箱体及传动轴接触的表面应标注粗糙度等修改后的图纸如图 6-55 所示。

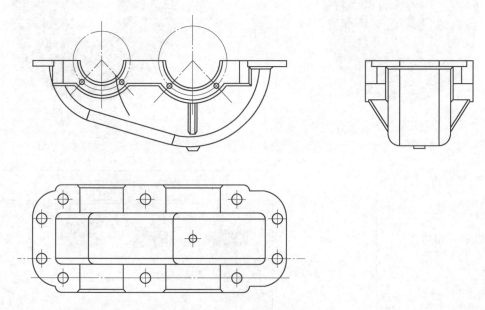

图 6-52　导出二维初始图

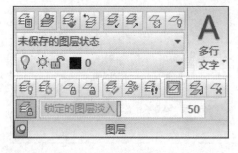

图 6-53　图层菜单栏

图 6-54　"图层编辑"对话框

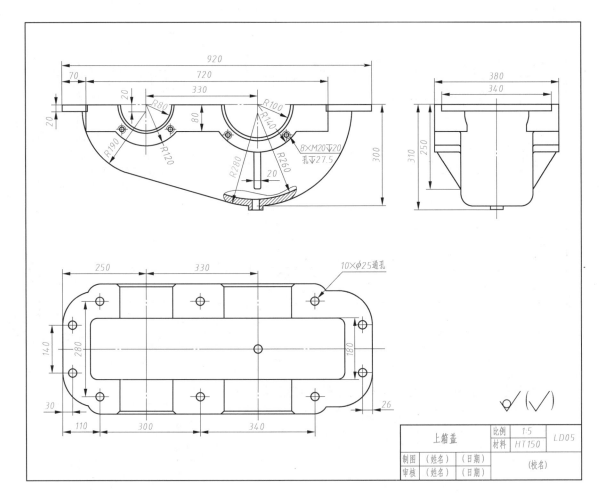

图 6 - 55　上箱盖零件图

2. 下箱体的工程制图

　　下箱体的导出过程与上箱盖类似。在下箱体标注过程中应注意，与输出轴相接触的表面应标注粗糙度。左视图中应对称标注，以保证孔位置的准确度，视图中无法表示的内部结构应进行剖视，值得注意的是筋在剖视图中不添加剖面线。为便于区分，中心线应与轮廓线颜色不同，其修改后的工程图如图 6 - 56 所示。

3. 高速轴、低速轴的工程制图

　　高速轴、低速轴的形体较为简单，在标注时，应注意选择合适的基准，如图 6 - 57 所示分别选取两个端面为基准进行标注。与箱盖和下箱体相配合的表面应标注粗糙度。有键槽的部分应添加断面图，以尽可能表示出键槽尺寸，其工程图分别如图 6 - 57、图 6 - 58 所示。

4. 齿轮的工程制图

　　在标注齿轮时应对称标注，同时注意在视图中应标注为直径形式。图纸右上角应添加齿轮参数表，其中应包括齿轮模数、齿数、压力角等。同时齿轮分度圆应用点画线表示，与轴配合的表面标注粗糙度，其工程图分别如图 6 - 59 和图 6 - 60 所示。

5. 透盖的工程制图

　　透盖工程图绘制过程中应对称标注，在主视图采用全剖形式，以更好的体现出透盖结构尺寸特征。与以上几个零件相似，与其余零部件相配合的部位应标注粗糙度，其工程图分别如图 6 - 61、图6－62所示。

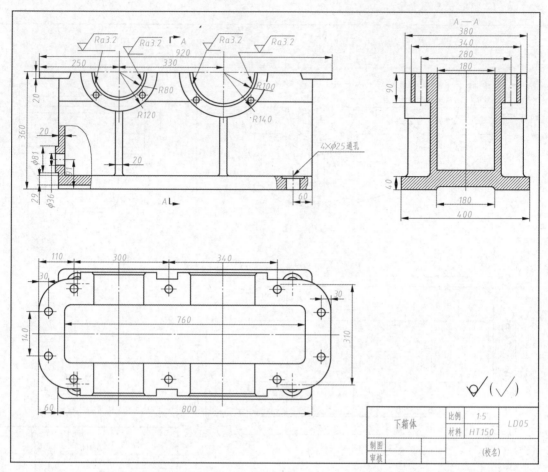

图 6-56 下箱体零件图

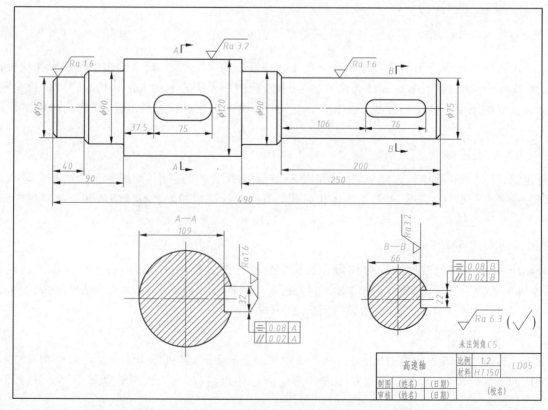

图 6-57 高速轴零件图

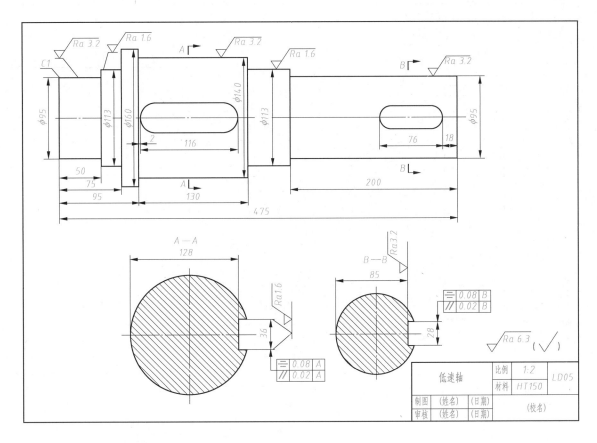

图 6-58　低速轴零件图

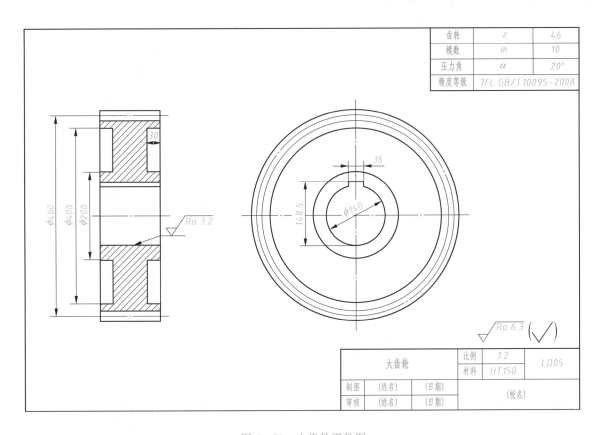

图 6-59　大齿轮零件图

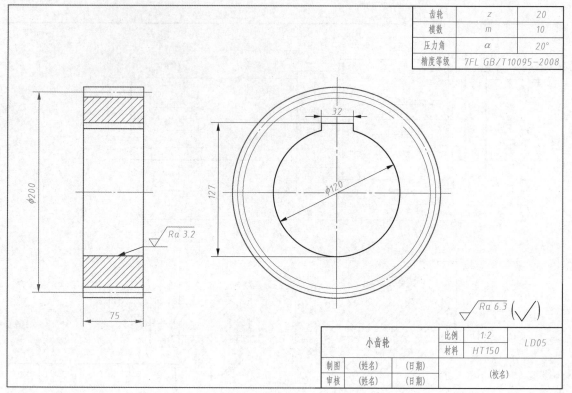

齿轮	z	20
模数	m	10
压力角	α	20°
精度等级	7FL GB/T10095-2008	

小齿轮	比例	1:2	LD05
	材料	HT150	
制图	(姓名)	(日期)	
审核	(姓名)	(日期)	(校名)

图 6-60　小齿轮零件图

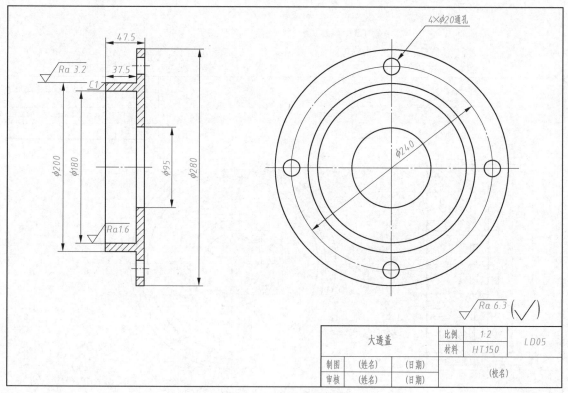

大透盖	比例	1:2	LD05
	材料	HT150	
制图	(姓名)	(日期)	
审核	(姓名)	(日期)	(校名)

图 6-61　大透盖零件图

6. 装配图的绘制

　　装配图绘制时,应首先选择合适的视图表达方案,以便更好的表示出各零部件之间的连接关系。装配体工程图中应标注整体尺寸等四类必要尺寸,且图中各零部件应按一定顺序进行标号,一般按顺时针方向标注,标号应该在同一水平和竖直方位上。图纸右下角绘制明细表,按从下往上的顺序添加

明细以免遗漏零件。装配体内部结构无法具体表示时,应对装配体工程图的内部结构进行剖视,值得
注意的是实心轴类零件和标准件一般按不剖绘制,其工程图如图 6-63 所示。

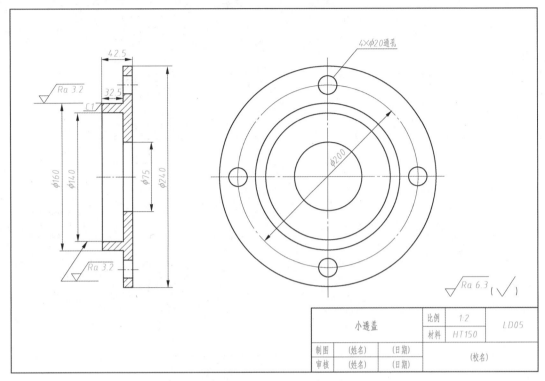

图 6-62 小透盖零件图

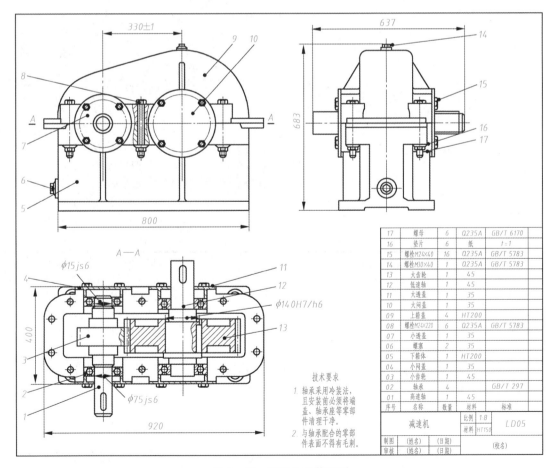

图 6-63 减速机的装配图

附 录

附录 A 标注尺寸用符号和缩写词

表 A-1 标注尺寸用符号和缩写词（GB/T 16675.2—2012）

名　　称	符号或缩写词	名　　称	符号或缩写词
直径	ϕ	沉孔或锪平	⊔
半径	R	埋头孔	∨
球直径	$S\phi$	均布	EQS
球半径	SR	弧长	⌒
厚度	t	斜度	∠
正方形	□	锥度	◁
45°倒角	C	锥度	
深度	⤓	展开	⌒→

附录 B 螺　　纹

（一）普通螺纹

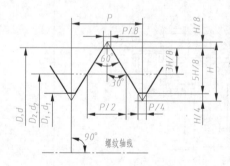

$H = 0.866P$

$d_2 = d - 0.649\,5P$

$d_1 = d - 1.082\,5P$

D, d——内、外螺纹大径

D_2, d_2——内、外螺纹中径

D_1, d_1——内、外螺纹小径

P——螺距

标记示例：

M20—6H（公称直径 20 粗牙右旋内螺纹，中径和大径的公差带均为 6H）

M20—6g（公称直径 20 粗牙右旋外螺纹，中径和大径的公差带均为 6g）

M20—6H/6g（上述规格的螺纹副）

M20×2 左—5g6g—S（公称直径 20，螺距 2 的细牙左旋外螺纹，中径，大径的公差带分别为 5g、6g，短旋合长度）

表 B-1 普通螺纹基本尺寸（GB/T 196—2003 摘录）　　　　单位：mm

公称直径 D, d 第一系列	公称直径 D, d 第二系列	螺距 P	中径 D_2, d_2	小径 D_1, d_1	公称直径 D, d 第一系列	公称直径 D, d 第二系列	螺距 P	中径 D_2, d_2	小径 D_1, d_1	公称直径 D, d 第一系列	公称直径 D, d 第二系列	螺距 P	中径 D_2, d_2	小径 D_1, d_1
3		0.5	2.675	2.459	5		0.8	4.480	4.134			1.5	9.026	8.376
		0.35	2.773	2.621			0.5	4.675	4.459	10		1.25	9.188	8.674
	3.5	(0.6)	3.110	2.850	6		1	5.350	4.917			1	9.350	8.917
		0.35	3.273	3.121			0.75	5.513	5.188			0.75	9.513	9.188
4		0.7	3.545	3.242								1.75	10.863	10.106
		0.5	3.675	3.459	8		1.25	7.188	6.647	12		1.5	11.026	10.376
	4.5	(0.75)	4.013	3.688			1	7.350	6.917			1.25	11.188	10.647
		0.5	4.175	3.959			0.75	7.513	7.188			1	11.350	10.917

续表

第一组

公称直径 D, d 第一系列	第二系列	螺距 P	中径 D_2, d_2	小径 D_1, d_1
	14	2	12.701	11.835
		1.5	13.026	12.376
		1	13.350	12.917
16		2	14.701	13.835
		1.5	15.026	14.376
		1	15.350	14.917
	18	2.5	16.376	15.294
		2	16.701	15.835
		1.5	17.026	16.376
		1	17.350	16.917
20		2.5	18.376	17.294
		2	18.701	17.835
		1.5	19.026	18.376
		1	19.350	18.917
	22	2.5	20.376	19.294
		2	20.701	19.835
		1.5	21.026	20.376
		1	21.350	20.917
24		3	22.051	20.752
		2	22.701	21.835
		1.5	23.026	22.376
		1	23.350	22.917

第二组

公称直径 D, d 第一系列	第二系列	螺距 P	中径 D_2, d_2	小径 D_1, d_1
	27	3	25.051	23.752
		2	25.701	24.835
		1.5	26.026	25.376
		1	26.350	25.917
30		3.5	27.727	26.211
		2	28.701	27.835
		1.5	29.026	28.376
		1	29.350	28.917
	33	3.5	30.727	29.211
		2	31.707	30.835
		1.5	32.026	31.376
36		4	33.402	31.670
		3	34.051	32.752
		2	34.701	33.835
		1.5	35.026	3.376
	39	4	36.402	34.670
		3	37.051	35.752
		2	37.701	36.835
		1.5	38.026	37.376
42		4.5	39.077	37.129
		3	40.051	38.752
		2	40.701	39.835
		1.5	41.026	40.376

第三组

公称直径 D, d 第一系列	第二系列	螺距 P	中径 D_2, d_2	小径 D_1, d_1
	45	4.5	42.077	40.129
		3	43.051	41.752
		2	43.701	42.853
		1.5	44.026	43.376
48		5	44.752	42.587
		3	46.051	44.752
		2	46.701	45.835
		1.5	47.026	46.376
	52	5	48.752	46.587
		3	50.051	48.752
		2	50.701	49.835
		1.5	51.026	50.376
56		5.5	52.428	50.046
		4	53.402	51.670
		3	54.051	52.752
		2	54.701	53.835
		1.5	55.026	54.376
	60	(5.5)	56.428	54.046
		4	47.402	55.670
		3	58.051	56.752
		2	58.701	57.835
		1.5	59.026	58.376
64		6	60.103	57.505
		4	61.402	59.670
		3	62.051	60.752

注：1. "螺距 P"栏中第一个数值（黑体字）为粗牙螺距，其余为细牙螺距。

　　2. 优先选用第一系列，其次是第二系列，第三系列（表中未列出）尽可能不用。

　　3. 括号内尺寸尽可能不用。

（二）梯形螺纹（GB 5796.3—2005）

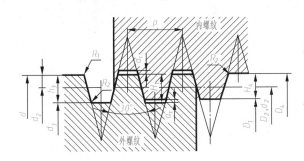

标记示例

公称直径 $d = 40$ mm，螺距为 $P = 7$ mm，中径公差带为 7H 的左旋梯形螺纹：

$$Tr40 \times 7 \ LH-7H$$

公称直径 40 mm，导程 14 mm，螺距为 7 mm，中径公差带为 7e 的右旋双线梯形螺纹：

$$Tr40 \times 14（P7）-7e$$

表 B-2　直径与螺距系列、基本尺寸　　　　　单位：mm

公称直径 d 第一系列	第二系列	螺距 P	中径 $d_2=D_2$	大径 D_4	小径 d_3	小径 D_1	公称直径 d 第一系列	第二系列	螺距 P	中径 $d_2=D_2$	大径 D_4	小径 d_3	小径 D_1
8	—	1.5	7.25	8.30	6.20	6.50	10	—	1.5	9.25	10.30	8.20	8.50
—	9	1.5	8.25	9.30	7.20	7.50			2	9.00	10.50	7.50	8.00
		2	8.00	9.50	6.50	7.00	—	11	2	10.00	11.50	8.50	9.00

续表

第一系列	第二系列	螺距 P	中径 $d_2=D_2$	大径 D_4	小径 d_3	小径 D_1	第一系列	第二系列	螺距 P	中径 $d_2=D_2$	大径 D_4	小径 d_3	小径 D_1
—	11	3	9.50	11.50	7.50	8.00	—	22	5	19.50	22.50	16.50	17.00
12	—	2	11.0	12.50	9.50	10.00		22	8	18.00	23.00	13.00	14.00
		3	10.50	12.50	8.50	9.00	—	26	3	22.50	24.50	20.50	21.00
—	14	2	13.00	14.50	11.50	12.00		26	5	21.50	24.50	18.50	19.00
		3	12.50	14.50	10.50	11.00		26	8	20.00	25.00	15.00	16.00
16	—	2	15.00	16.50	13.50	14.00	—	26	3	24.50	26.50	22.50	23.00
		4	14.00	16.50	11.50	12.00		26	5	23.50	26.50	20.50	21.00
—	18	2	17.00	18.50	15.50	16.00		26	8	22.00	27.00	17.00	18.00
		4	16.00	18.50	13.50	14.00	28	—	3	26.50	28.50	24.50	25.00
20	—	2	19.00	20.50	17.50	18.00			5	25.50	28.50	22.50	23.00
		4	18.00	20.50	15.50	16.00			8	24.00	29.00	19.00	20.00
—	22	3	20.50	22.50	18.50	19.00							

注：本表只摘录其中一部分。

（三）非螺纹密封的管螺纹（GB/T 7307—2001）

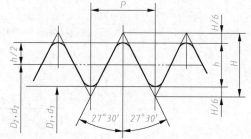

标记示例

$1\frac{1}{2}$ 左旋内螺纹：$G1\frac{1}{2}-LH$（右旋不标）

$1\frac{1}{2}$ A 级外螺纹：$G1\frac{1}{2}A$；$1\frac{1}{2}$ B 级外螺纹：$G1\frac{1}{2}B$

内外螺纹装配：$G1\frac{1}{2}/G1\frac{1}{2}A$

表 B-3 非螺纹密封的管螺纹的基本尺寸　　　　　　　单位：mm

尺寸代号	每 25.4 mm 内的牙数 n	螺距 P	牙高 h	圆弧半径 $r\approx$	基本直径 大径 $d=D$	基本直径 中径 $d_2=D_2$	基本直径 小径 $d_1=D_1$
1/16	28	0.907	0.581	0.125	7.723	7.142	6.561
1/8	28	0.907	0.581	0.125	9.728	9.147	8.566
1/4	19	1.337	0.856	0.184	13.157	12.301	11.445
3/8	19	1.337	0.856	0.184	16.662	15.806	14.950
1/2	14	1.814	1.162	0.249	20.955	19.793	18.631
5/8	14	1.814	1.162	0.249	22.911	21.749	20.587
3/4	14	1.814	1.162	0.249	26.441	25.279	24.117
7/8	14	1.814	1.162	0.249	30.201	29.039	27.877
1	11	2.309	1.479	0.317	33.249	31.770	30.291
$1\frac{1}{4}$	11	2.309	1.479	0.317	41.910	40.431	38.952
$1\frac{1}{2}$	11	2.309	1.479	0.317	47.803	46.324	44.845
$1\frac{3}{4}$	11	2.309	1.479	0.317	53.746	52.267	50.788

尺寸代号	每 25.4 mm 内的牙数 n	螺距 P	牙高 h	圆弧半径 r≈	基 本 直 径		
					大径 d＝D	中径 d₂＝D₂	小径 d₁＝D₁
2	11	2.309	1.479	0.317	59.614	58.135	56.656
2 $\frac{1}{4}$	11	2.309	1.479	0.317	65.710	64.231	62.752
2 $\frac{1}{2}$	11	2.309	1.479	0.317	75.184	73.705	72.226
2 $\frac{3}{4}$	11	2.309	1.479	0.317	81.534	80.055	78.576
3	1	2.309	1.479	0.317	87.884	86.405	84.926
3 $\frac{1}{2}$	11	2.309	1.479	0.317	100.330	98.851	97.372
4	11	2.309	1.479	0.317	113.030	111.551	110.072
4 $\frac{1}{2}$	11	2.309	1.479	0.317	125.730	124.251	122.772
5	11	2.309	1.479	0.317	138.430	136.951	135.472

注：本标准适应用于管接头、旋塞、阀门及其附件。

附录 C 常用标准件

（一）螺钉

表 C-1 开槽盘头螺钉（GB/T 67—2016） 单位：mm

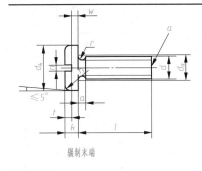
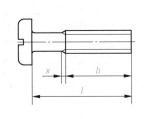

螺制末端

无螺纹部分杆径约等于螺纹中径或允许等于大径。

标记示例：

螺纹规格 d＝M5，公称长度 l＝20 mm，性能等级为 4.8 级，不经表面处理的 A 级开槽盘头螺钉：

螺钉 GB/T 67—2016 M5×20

螺纹规格 d		M1.6	M2	M2.5	M3	（M3.5）	M4	M5	M6	M8	M10
P		0.35	0.4	0.45	0.5	0.6	0.7	0.8	1	1.25	1.5
a	max	0.7	0.8	0.9	1	1.2	1.4	1.6	2	2.5	3
b	min	25	25	25	25	38	38	38	38	38	38
d_k	公称＝max	3.2	4.0	5.0	5.6	7.00	8.00	9.50	12.00	16.00	20.00
	min	2.9	3.7	4.7	5.3	6.64	7.64	9.14	11.57	15.57	19.48
d_a	max	2	2.6	3.1	3.6	4.1	4.7	5.7	6.8	9.2	11.2
k	公称＝max	1.00	1.30	1.50	1.80	2.10	2.40	3.00	3.6	4.8	6.0
	min	0.86	1.16	1.36	1.66	1.96	2.26	2.88	3.3	4.5	5.7
n	公称	0.4	0.5	0.6	0.8	1	1.2	1.2	1.6	2	2.5
	max	0.60	0.70	0.80	1.00	1.20	1.51	1.51	1.91	2.31	2.81
	min	0.46	0.56	0.66	0.86	1.06	1.26	1.26	1.66	2.06	2.56

螺纹规格 d		M1.6	M2	M2.5	M3	(M3.5)	M4	M5	M6	M8	M10
r	min	0.1	0.1	0.1	0.1	0.1	0.2	0.2	0.25	0.4	0.4
r_f	参考	0.5	0.6	0.8	0.9	1	1.2	1.5	1.8	2.4	3
t	min	0.35	0.5	0.6	0.7	0.8	1	1.2	1.4	1.9	2.4
w	min	0.3	0.4	0.5	0.7	0.8	1	1.2	1.4	1.9	2.4
x	max	0.9	1	1.1	1.25	1.5	1.75	2	2.5	3.2	3.8

| l | | | 每 1000 件钢螺钉的质量（$\rho = 7.85\text{kg/dm}^3$）$\approx$ kg | | | | | | | | |
公称	min	max									
2	1.8	2.2	0.075								
2.5	2.3	2.7	0.081	0.152							
3	2.8	3.2	0.087	0.161	0.281						
4	3.76	4.24	0.099	0.18	0.311	0.463					
5	4.76	5.24	0.11	0.198	0.341	0.507	0.825	1.16			
6	5.76	6.24	0.122	0.217	0.371	0.551	0.885	1.24	2.12		
8	7.71	8.29	0.145	0.254	0.431	0.639	1	1.39	2.37	4.02	
10	9.71	10.29	0.168	0.292	0.491	0.727	1.12	1.55	2.61	4.37	9.38
12	11.65	12.35	0.192	0.329	0.551	0.816	1.24	1.7	2.86	4.72	10	18.2
(14)	13.65	14.35	0.215	0.366	0.611	0.904	1.36	1.86	3.11	5.1	10.6	19.2
16	15.65	16.35	0.238	0.404	0.671	0.992	1.48	2.01	3.36	5.45	11.2	20.2
20	19.58	20.42		0.478	0.792	1.17	1.72	2.32	3.85	6.14	12.6	22.2
25	24.58	25.42			0.942	1.39	2.02	2.71	4.47	7.01	14.1	24.7
30	29.58	30.42				1.61	2.32	3.1	5.09	7.9	15.7	27.2
35	34.5	35.5					2.62	3.48	5.71	8.78	17.3	29.7
40	39.5	40.5						3.87	6.32	9.66	18.9	32.2
45	44.5	45.5							6.94	10.5	20.5	34.7
50	49.5	50.5							7.56	11.4	22.1	37.2
(55)	54.05	55.95								12.3	23.7	39.7
60	59.05	60.95								13.2	25.3	42.2
(65)	64.05	65.95									26.9	44.7
70	69.05	70.95									28.5	47.2
(75)	74.05	7.95									30.1	49.7
80	79.05	80.95									31.7	52.2

注：在阶梯实线间为优选长度。

尽可能不采用括号内的规格。

P——螺距。

公称长度在阶梯虚线以上的螺钉，制出全螺纹（$b = l - a$）。

表 C-2　开槽沉头螺钉（GB/T 68—2016）、开槽半沉头螺钉（GB/T 69—2016）　单位：mm

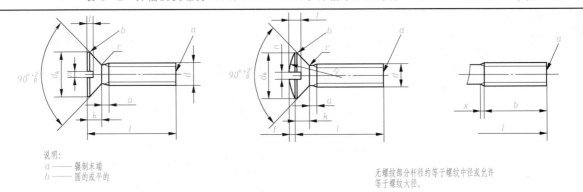

说明：
a —— 辗制末端
b —— 圆的或平的

无螺纹部分杆径约等于螺纹中径或允许等于螺纹大径。

标记示例：

螺纹规格 $d=M5$，公称长度 $l=20$ mm，性能等级为 4.8 级，不经表面处理的 A 级开槽半沉头盘头螺钉：

螺钉　GB/T 69—2016　M5×20

螺纹规格 d			M1.6	M2	M2.5	M3	(M3.5)	M4	M5	M6	M8	M10
P^b			0.35	0.4	0.45	0.5	0.6	0.7	0.8	1	1.25	1.5
a		max	0.7	0.8	0.9	1	1.2	1.4	1.6	2	2.5	3
b		min	25	25	25	25	38	38	38	38	38	38
d_k	理论值	max	3.6	4.4	5.5	6.3	8.2	9.4	10.4	12.6	17.3	20
	实际值	公称=max	3.0	3.8	4.7	5.5	7.30	8.40	9.30	11.30	15.80	18.30
		min	2.7	3.5	4.4	5.2	6.94	8.04	8.94	10.87	15.37	17.78
f		≈	0.4	0.5	0.6	0.7	0.8	1	1.2	1.4	2	2.3
k		公称=max	1	1.2	1.5	1.65	2.35	2.7	2.7	3.3	4.65	5
n		公称 (nom)	0.4	0.5	0.6	0.8	1	1.2	1.2	1.6	2	2.5
		max	0.60	0.70	0.80	1.00	1.20	1.51	1.51	1.91	2.31	2.81
		min	0.46	0.56	0.66	0.86	1.06	1.26	1.26	1.66	2.06	2.56
r		max	0.4	0.5	0.6	0.8	0.9	1	1.3	1.5	2	2.5
r_f		≈	3	4	5	6	8.5	9.5	9.5	12	16.5	19.5
t	GB/T 68	max	0.50	0.6	0.75	0.85	1.2	1.3	1.4	1.6	2.3	2.6
	GB/T 69		0.80	1.0	1.2	1.45	1.7	1.9	2.4	2.8	3.7	4.4
	GB/T 68	min	0.32	0.4	0.50	0.60	0.90	1.0	1.1	1.2	1.8	2.0
	GB/T 69		0.64	0.8	1.0	1.2	1.4	1.6	2.0	2.4	3.2	3.8
x		max	0.9	1	1.1	1.25	1.5	1.75	2	2.5	3.2	3.8

注：尽可能不采用括号内的规格。

P——螺距。

见 GB/T 5279。

表 C-3　内六角圆柱头螺钉（GB 70.1—2008）

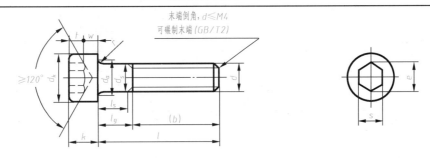

标记示例

螺纹规格 $d=M5$，公称长度 $l=20$ mm；性能等级为 8.8 级，表面氧化的内六角圆柱头螺钉：

螺钉 GB 70.1—2000　M5×20

单位：mm

螺纹规格 d			M3	M4	M5	M6	M8	M10	M12	M16	M20	M24
P（螺距）			0.5	0.7	0.8	1	1.25	1.5	1.75	2	2.5	3
b 参考			18	20	22	24	28	32	36	44	52	60
d_k	max		5.5	7	8.5	10	13	16	18	24	30	36
	min		5.32	6.78	8.28	9.78	12.73	15.73	17.73	23.67	29.67	35.61
d_a	max		3.6	4.7	5.7	6.8	9.2	11.2	13.7	17.7	22.4	26.4
d_s	max		3	4	5	6	8	10	12	16	20	24
	min		2.86	3.82	4.82	5.82	7.78	9.78	11.73	15.73	19.67	23.67
e	min		2.87	3.44	4.58	5.72	6.86	9.15	11.43	16.00	19.44	21.73
k	max		3	4	5	6	8	10	12	16	20	24
	min		2.86	3.82	4.82	5.70	7.64	9.64	11.57	15.57	19.48	23.48
r	min		0.1	0.2	0.2	0.25	0.4	0.4	0.6	0.6	0.8	0.8
s	公称		2.5	3	4	5	6	8	10	14	17	19
	min		2.52	3.02	4.02	5.02	6.02	8.025	10.025	14.032	17.05	19.065
	max		2.56	3.08	4.095	5.095	6.095	8.115	10.115	14.142	17.23	19.275
t	min		1.3	2	2.5	3	4	5	6	8	10	12
w	min		1.15	1.4	1.9	2.3	3.3	4	4.8	6.8	8.6	10.4
l（商品规格范围公称长度）			5～30	6～40	8～50	10～60	12～80	16～100	20～120	25～160	30～200	40～200
$l \leqslant$ 表中数值时，制出全螺纹			20	25	25	30	35	40	45	55	65	80
l（系列）			5、6、8、10、12、(14)、16、20、25、30、35、40、45、50、(55)、60、(65)、70、80、90、100、110、120、130、140、150、160、180、200									

注：① $l_{g\,max}$（夹紧长度）＝$l_{公称}-b_{参考}$；$l_{s\,min}$（无螺纹杆部长）＝$l_{g\,max}-5P$。

　　② 尽可能不采用括号内的规格。螺纹规格 $d=$ M1.6～M64。

表 C-4　十字槽盘头螺钉（GB/T 818—2000）、十字槽沉头螺钉（GB/T 819.1—2000）

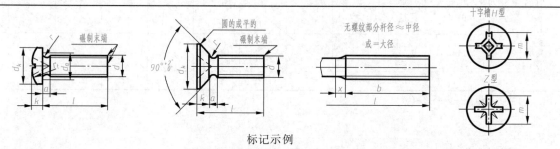

标记示例

螺纹规格 $d=$ M5，公称长度 $l=20$ mm，性能等级为 4.8 级，不经表面处理的 H 型十字槽盘头螺钉：

螺钉 GB/T 818—2000 M 5×20

单位：mm

螺纹规格 d			M1.6	M2	M2.5	M3	M4	M5	M6	M8	M10
P（螺距）			0.35	0.4	0.45	0.5	0.7	0.8	1	1.25	1.5
a	max		0.7	0.8	0.9	1	1.4	1.6	2	2.5	3
b	min		25	25	25	25	38	38	38	38	38
d_a	max		2.1	2.6	3.1	3.6	4.7	5.7	6.8	9.2	11.2
d_k	max	GB/T 818—2000	3.2	4	5	5.6	8	9.5	12	16	20
		GB/T 819.1—2000	3	3.8	4.7	5.5	8.4	9.3	11.3	15.8	18.3
	min	GB/T 818—2000	2.9	3.7	4.7	5.3	7.64	9.14	11.57	15.57	19.48
		GB/T 819.1—2000	2.7	3.5	4.4	5.2	8	8.9	10.9	15.4	17.8

螺纹规格 d			M1.6	M2	M2.5	M3	M4	M5	M6	M8	M10
k	max	GB/T 818—2000	1.3	1.6	2.1	2.4	3.1	3.7	4.6	6	7.5
		GB/T 819.1—2000	1	1.2	1.5	1.65	2.7	2.7	3.3	4.65	5
	min	GB/T 818—2000	1.16	1.46	1.96	2.26	2.92	3.52	4.30	5.70	7.14
r	min	GB/T 818—2000	0.1	0.1	0.1	0.1	0.2	0.2	0.25	0.4	0.4
	max	GB/T 819.1—2000	0.4	0.5	0.6	0.8	1	1.3	1.5	2	2.5
X	max		0.9	1	1.1	1.25	1.75	2	2.5	3.2	3.5
$r_f \approx$			2.5	3.2	4	5	6.5	8	10	13	16

		槽号 No.		0		1		2		3		4
十字槽	H型	插入深度	m 参考	GB/T 818—2000	1.7	1.9	2.7	3	4.4	4.9	6.9	9	10.1
				GB/T 819.1—2000	1.6	1.9	2.9	3.2	4.6	5.2	6.8	8.9	10
			min	GB/T 818—2000	0.7	0.9	1.15	1.4	1.9	2.4	3.1	4	5.2
				GRIT 819.1—2000	0.6	0.9	1.4	1.7	2.1	2.7	3	4	5.1
			max	GB/T 818—2000	0.95	1.2	1.55	1.8	2.4	2.9	3.6	4.6	5.1
				GB/T 819.1—2000	0.9	1.2	1.8	2.1	2.6	3.2	3.5	4.6	5.7
十字槽	Z型	插入深度	m 参考	GB/T 818—2000	1.7	1.9	2.6	2.9	4.4	4.6	6.8	8.8	10
				GB/T 819.1—2000	1.8	2	3	3.2	4.6	5.1	6.8	9	10
			min	GB/T 818—2000	0.65	0.85	1.1	1.35	1.9	2.3	3.05	4.05	5.45
				GB/T 819.1—2000	0.7	0.95	1.45	1.6	2.05	2.6	3	4.15	5.2
			max	GB/T 818—2000	0.9	1.2	1.5	1.75	2.35	2.75	3.5	4.5	5.2
				GRIT 819.1—2000	0.95	1.2	1.75	2	2.5	3.05	3.45	4.6	5.45
l （商品规格范围公称长度）					3～16	3～20	3～25	4～30	5～40	6～45	8～60	10～60	12～60
L （系列）					3，4，5，6，8，10，12，(14)，16，20，25，30，35，40，45，50，(55)，60								

注：① 公称长度 $l \leqslant 25$ mm（GB/T 819.1—2000，$l \leqslant 30$ mm），而螺纹规格 d 在 M1.6～M3 的螺钉，应制出全螺纹；公称长度
　　　$l \leqslant 40$ mm（GB/T 819.1—2000，$l \leqslant 45$ mm），而螺纹规格 d 在 M4～M8 的螺钉，也应制出全螺纹（$b = l - a$）。
　　② 尽可能不采用括号内的规格。

（二）螺栓

表 C-5　六角头螺栓——A 级和 B 级（GB/T 5782—2016）　　　　　单位：mm

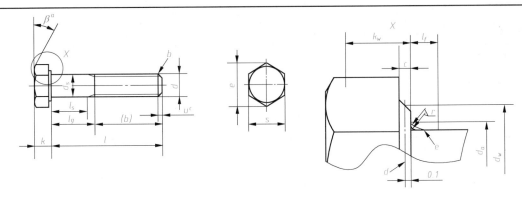

$\beta = 15° \sim 30°$。

b——末端应倒角，对螺纹规格 $\leqslant$ M4 可为碾制末端（GB/T2）。

c——不完整螺纹长度 $u \leqslant 2P$。

d——d_w 的仲裁基准。

e——最大圆弧过渡。

标记示例：

螺纹规格 d = M12，公称长度 l = 80 mm，性能等级为 8.8 级，产品等级为 A 级的六角头螺栓：

螺钉　GB/T 5782—2016　M12×80

螺纹规格 d		M1.6	M2	M2.5	M3	M4	M5	M6	M8	M10	M12	M16	M20	M24	M30	M36	M42	M48	M56	M64
P[a]		0.35	0.4	0.45	0.5	0.7	0.8	1	1.25	1.5	1.75	2	2.5	3	3.5	4	4.5	5	5.5	6
b 参考		9	10	11	12	14	16	18	22	26	30	38	46	54	66	—	—	—	—	—
		15	16	17	18	20	22	24	28	32	36	44	52	60	72	84	96	108	—	—
		28	29	30	31	33	35	37	41	45	49	57	65	73	85	97	109	121	137	153
c	max	0.25	0.25	0.25	0.40	0.40	0.50	0.50	0.60	0.60	0.60	0.8	0.8	0.8	0.8	0.8	1.0	1.0	1.0	1.0
	min	0.10	0.10	0.10	0.15	0.15	0.15	0.15	0.15	0.15	0.15	0.2	0.2	0.2	0.2	0.2	0.3	0.3	0.3	0.3
d_a	max	2	2.6	3.1	3.6	4.7	5.7	6.8	9.2	11.2	13.7	17.7	22.4	26.4	33.4	39.4	45.6	52.6	63	71
d_s 公称＝max		1.60	2.00	2.50	3.00	4.00	5.00	6.00	8.00	10.00	12.00	16.00	20.00	24.00	30.00	36.00	42.00	48.00	56.00	64.00
d_s 产品等级 A min		1.46	1.86	2.36	2.86	3.82	4.82	5.82	7.78	9.78	11.73	15.73	19.67	23.67	—	—	—	—	—	—
d_s 产品等级 B min		1.35	1.75	2.25	2.75	3.70	4.70	5.70	7.64	9.64	11.57	15.57	19.48	23.48	29.48	35.38	41.38	47.38	55.26	63.26
d_w 产品等级 A min		2.27	3.07	4.07	4.57	5.88	6.88	8.88	11.63	14.63	16.63	22.49	28.19	33.61	—	—	—	—	—	—
d_w 产品等级 B min		2.30	2.95	3.95	4.45	5.74	6.74	8.74	11.47	14.47	16.47	22	27.7	33.25	42.75	51.11	59.95	69.45	78.66	88.16
e 产品等级 A min		3.41	4.32	5.45	6.01	7.66	8.79	11.05	14.38	17.77	20.03	26.75	33.53	39.98	—	—	—	—	—	—
e 产品等级 B min		3.28	4.18	5.31	5.88		8.63	10.89	14.20	17.59	19.85	26.17	32.95	39.55	50.85	60.79	71.3	82.6	93.56	104.86
l_t	max	0.6	0.8	1	1	1.2	1.2	1.4	2	2	3	3	4	4	6	6	8	10	12	13
k 公称		1.1	1.4	1.7	2	2.8	3.5	4	5.3	6.4	7.5	10	12.5	15	18.7	22.5	26	30	35	40
k 产品等级 A max		1.225	1.525	1.825	2.125	2.925	3.65	4.15	5.45	6.58	7.68	10.18	12.715	15.215	—	—	—	—	—	—
k 产品等级 A min		0.975	1.275	1.575	1.875	2.675	3.35	3.85	5.15	6.22	7.32	9.82	12.285	14.785	—	—	—	—	—	—
k 产品等级 B max		1.3	1.6	1.9	2.2	3.0	3.74	4.24	5.54	6.69	7.79	10.29	12.85	15.35	19.12	22.92	26.42	30.42	35.5	40.5
k 产品等级 B min		0.9	1.2	1.5	1.8	2.6	3.26	3.76	5.06	6.11	7.21	9.71	12.15	14.65	18.28	22.08	25.58	29.58	34.5	39.5
k_w 产品等级 A min		0.68	0.89	1.10	1.31	1.87	2.35	2.70	3.61	4.35	5.12	6.87	8.6	10.35	—	—	—	—	—	—
k_w 产品等级 B min		0.63	0.84	1.05	1.26	1.82	2.28	2.63	3.54	4.28	5.05	6.8	8.51	10.26	12.8	15.46	17.91	20.71	24.15	27.65
r	min	0.1	0.1	0.1	0.1	0.2	0.2	0.25	0.4	0.4	0.6	0.6	0.8	0.8	1	1	1.2	1.6	2	2
s 公称＝max		3.20	4.00	5.00	5.50	7.00	8.00	10.00	13.00	16.00	18.00	24.00	30.00	36.00	46	55.0	65.0	75.0	85.0	95.0
s 产品等级 A min		3.02	3.82	4.82	5.32	6.78	7.78	9.78	12.73	15.73	17.73	23.67	29.67	35.38	—	—	—	—	—	—
s 产品等级 B min		2.90	3.70	4.70	5.20	6.64	7.64	9.64	12.57	15.57	17.57	23.16	29.16	35.00	45	53.8	63.1	73.1	82.8	92.8

k_w 外扳拧高度。

（三）双头螺柱

表 C-6　双头螺柱 $b_m=1d$（GB/T 897—1988 摘录）、$b_m=1.25d$（GB/T 898—1988 摘录）、

$b_m=1.5d$（GB/T 898—1988 摘录）　　　　　　　　　单位：mm

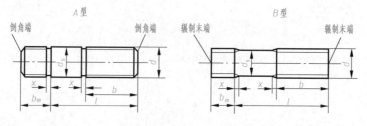

A 型　　　　　　　　　　　　B 型
倒角端　　　倒角端　　辗制末端　　　　辗制末端

$x\leqslant 1.5P$，P 为粗牙螺纹螺距，$d_s\approx$ 螺纹中径（B 型）

标记示例：

两端均为粗牙普通螺纹，$d=10\,\text{mm}$，$l=50\,\text{mm}$，性能等级为 4.8 级，不经表面处理，B 型 $b_\text{m}=1.25d$ 的双头螺柱

螺柱　GB/T 898　M10×50

旋入机体一端为粗牙普通螺纹，旋螺母一端为螺距 $P=1\,\text{mm}$ 的细牙普通螺纹，$d=10\,\text{mm}$，$l=50\,\text{mm}$，性能等级为 4.8 级，不经表面处理，A 型，$b_\text{m}=1.25d$ 的双头螺柱

螺柱　GB/T 898　AM10－M10×1×50

旋入机体一端为过渡配合螺纹的第一种配合，旋螺母一端为粗牙普通螺纹，$d=10\,\text{mm}$，$l=50\,\text{mm}$，性能等级为 8.8 级，镀锌钝化，B 型，$b_\text{m}=1.25d$ 的双头螺柱

螺柱　GB/T 898　GM10－M10×50－8.8－Zn·D

螺纹规格 d		5	6	8	10	12	(14)	16	(18)	20	24	30
b_m （公称）	GB897	5	6	8	10	12	14	16	18	20	24	30
	GB898	6	8	10	12	15	18	20	22	25	30	38
	GB899	8	10	12	15	18	21	24	27	30	36	45
d_s	max						$=d$					
	min	4.7	5.7	7.64	9.64	11.57	13.57	15.57	17.57	19.48	23.48	29.48
$\dfrac{l(公称)}{b}$		$\dfrac{16\sim22}{10}$	$\dfrac{20\sim22}{10}$	$\dfrac{20\sim22}{12}$	$\dfrac{25\sim28}{14}$	$\dfrac{25\sim30}{16}$	$\dfrac{30\sim35}{18}$	$\dfrac{30\sim38}{20}$	$\dfrac{35\sim40}{22}$	$\dfrac{35\sim40}{25}$	$\dfrac{45\sim50}{30}$	$\dfrac{60\sim65}{40}$
		$\dfrac{25\sim50}{16}$	$\dfrac{25\sim30}{14}$	$\dfrac{25\sim30}{16}$	$\dfrac{30\sim38}{16}$	$\dfrac{32\sim40}{20}$	$\dfrac{38\sim45}{25}$	$\dfrac{40\sim55}{30}$	$\dfrac{45\sim60}{35}$	$\dfrac{45\sim65}{35}$	$\dfrac{55\sim75}{45}$	$\dfrac{70\sim90}{50}$
			$\dfrac{32\sim75}{18}$	$\dfrac{32\sim90}{22}$	$\dfrac{40\sim120}{26}$	$\dfrac{45\sim120}{30}$	$\dfrac{50\sim120}{34}$	$\dfrac{60\sim120}{38}$	$\dfrac{65\sim120}{42}$	$\dfrac{70\sim120}{46}$	$\dfrac{80\sim120}{54}$	$\dfrac{90\sim120}{66}$
					$\dfrac{130}{32}$	$\dfrac{130\sim180}{36}$	$\dfrac{130\sim180}{40}$	$\dfrac{130\sim200}{44}$	$\dfrac{130\sim200}{48}$	$\dfrac{130\sim200}{52}$	$\dfrac{130\sim200}{60}$	$\dfrac{130\sim200}{72}$
												$\dfrac{210\sim250}{85}$
范围		16～50	20～75	20～90	25～130	25～180	30～180	30～200	35～200	35～200	45～200	60～250
l 系列		16，(18)，20，(22)，25，(28)，30，(32)，35，(38)，40～100（5 进位），110～260（10 进位），280，300										

注：1. 括号内的尺寸尽可能不用。

　　2. GB898 $d=5\sim20\,\text{mm}$ 为商品规格，其余均为通用规格。

（四）螺母

表 C-7　六角螺母—C 级（GB/T 41—2015）、I 型六角螺母—A 和 B 级（GB/T 6170—2015）

单位：mm

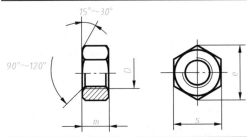

标 记 示 例

螺纹规格 $D=M12$，性能等级为 10 级，表面氧化，产品等级为 A 级的 1 型六角螺母：

螺母　GB/T 6170—2000　M12

螺纹规格 D		M3	M4	M5	M6	M8	M10	M12	M16	M20	M24	M30	M36	M42
e	GB/T 41—2000	—	—	8.63	11.89	14.20	17.59	19.85	26.17	32.95	39.55	50.85	60.79	72.02
	GB/T 6170—2000	6.01	7.66	8.79	11.05	14.38	17.77	20.03	26.75	32.95	39.55	50.85	60.79	72.02
m	GB/T 41—2000	—	—	5.6	6.1	7.9	9.5	12.2	15.9	18.7	22.3	26.4	31.5	34.9
	GB/T 6170—2000	2.4	3.2	4.7	5.2	6.8	8.4	10.8	14.8	18	21.5	25.6	31	34
s	GB/T 41—2000	—	—	8	10	13	16	18	24	30	36	46	55	65
	GB/T 6170—2000	5.50	7	8	10	13	16	18	24	30	36	46	55	65

注：A 级用于 $D\leqslant16\,\text{mm}$ 的螺母；B 级用于 $d>16\,\text{mm}$ 的螺母。产品等级 A、B 由公差取值决定，A 级公差数值小。材料为钢的螺母：GB/T 6170—2000 的性能等级有 6、8、10 级，8 级为常用；GB/T 41—2000 的性能等级为 4 和 5 级。这两类螺母的螺纹规格为 M5～M64。

表 C-8　Ⅰ型六角开槽螺母—A 和 B 级（GB/T 6178—1986 摘录）　　　　　单位：mm

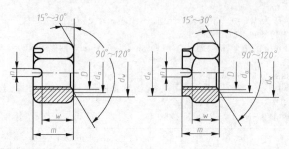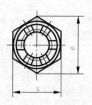

标记示例：
螺纹规格 D＝M5、性能等级为 8 级、不经表面处理、A 级的Ⅰ型六角开槽螺母
螺母　GB/T 6178　M5

螺纹规格 D		M4	M5	M6	M8	M10	M12	(M14)	M16	M20	M24	M30	M36
d_e	max	—	—	—	—	—	—	—	28	34	42	50
m	max	5	6.7	7.7	9.8	12.4	15.8	17.8	20.8	24	29.5	34.6	40
n	min	1.2	1.4	2	2.5	2.8	3.5	3.5	4.5	4.5	5.5	7	7
w	max	3.2	4.7	5.2	6.8	8.4	10.8	12.8	14.8	18	21.5	25.6	31
s	max	7	8	10	13	16	18	21	24	30	36	46	55
开口销		1×10	1.2×12	1.6×14	2×16	2.5×20	3.2×22	3.2×25	4×28	4×36	5×40	6.3×50	6.3×63

注：尽可能不采用括号内的规格。

（五）垫圈

表 C-9　小垫圈、平垫圈　　　　　　　　　　　单位：mm

小垫圈—A 级（GB/T 848—2002 摘录）
平垫圈—A 级（GB/T 97.1—2002 摘录）

平垫圈—倒角型—A 级
（GB/T 97.2—2002 摘录）

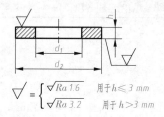

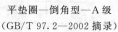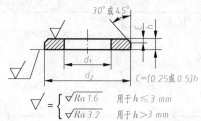

标记示例：
小系列（或标准系列）、公称规格 8 mm、由钢制造的硬度等级为 200 HV 级、不经表面处理、产品等级为 A 级的平垫圈
垫圈　　　　　　　　　　GB/T 848　8（或 GB/T 97.1　8 或 GB/T 97.2　8）

公称尺寸（螺纹规格 d）		1.6	2	2.5	3	4	5	6	8	10	12	(14)	16	20	24	30	36
d_1	GB/T 848—2002	1.7	2.2	2.7	3.2	4.3	5.3	6.4	8.4	10.5	13	15	17	21	25	31	37
	GB/T 97.1—2002																
	GB/T 97.2—2002	—	—	—	—	—											
d_2	GB/T 848—2002	3.5	4.5	5	6	8	9	11	15	18	20	24	28	34	39	50	60
	GB/T 97.1—2002	4	5	6	7	9	10	12	16	20	24	28	30	37	44	56	66
	GB/T 97.2—2002	—	—	—	—	—											
h	GB/T 848—2002	0.3	0.3	0.5	0.5	0.5	1	1.6	1.6	1.6	2	2.5	2.5	3	4	4	5
	GB/T 97.1—2002					0.8				2	2.5		3				
	GB/T 97.2—2002	—	—	—	—	—											

表 C-10　标准型弹簧垫圈（GB/T 93—1987 摘录）、轻型弹簧垫圈（GB/T 859—1987 摘录）

单位：mm

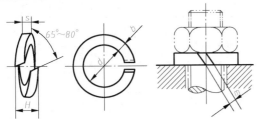

标记示例：
　　规格为 16、材料为 65Mn、表面氧化的标准型（或轻型）弹簧垫圈
　　垫圈　GB/T 93　16（或 GB/T 859　16）

规格(螺纹大径)			3	4	5	6	8	10	12	(14)	16	(18)	20	(22)	24	(27)	30	(33)	36
GB/T 93—1987	s(b)	公称	0.8	1.1	1.3	1.6	2.1	2.6	3.1	3.6	4.1	4.5	5.0	5.5	6.0	6.8	7.5	8.5	9
	H	min	1.6	2.2	2.6	3.2	4.2	5.2	6.2	7.2	8.2	9	10	11	12	13.6	15	17	18
		max	2	2.75	3.25	4	5.25	6.5	7.75	9	10.25	11.25	12.5	13.75	15	17	18.75	21.25	22.5
	m	≤	0.4	0.55	0.65	0.8	1.05	1.3	1.55	1.8	2.05	2.25	2.5	2.75	3	3.4	3.75	4.25	4.5
GB/T 859—1987	s	公称	0.6	0.8	1.1	1.3	1.6	2	2.5	3	3.2	3.6	4	4.5	5	5.5	6	—	—
	b	公称	1	1.2	1.5	2	2.5	3	3.5	4	4.5	5	5.5	6	7	8	9	—	—
	H	min	1.2	1.6	2.2	2.6	3.2	4	5	6	6.4	7.2	8	9	10	11	12	—	—
		max	1.5	2	2.75	3.25	4	5	6.25	7.5	8	9	10	11.25	12.5	13.75	15	—	—
	m	≤	0.3	0.4	0.55	0.65	0.8	1.0	1.25	1.5	1.6	1.8	2.0	2.25	2.5	2.75	3.0	—	—

注：尽可能不采用括号内的规格。

（六）键与键槽

表 C-11　平键连接的剖面和键槽尺寸（GB/T 1095—2003 摘录）
普通平键的形式和尺寸（GB/T 1096—2003 摘录）　　单位：mm

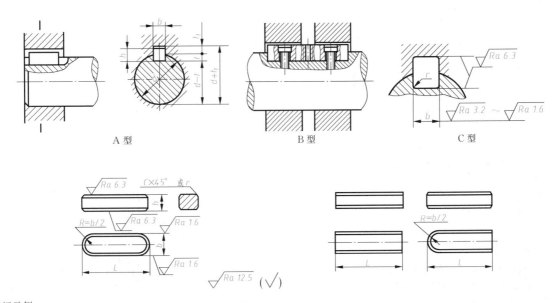

A 型　　　　　　　　　B 型　　　　　　　　　C 型

标记示例：
　GB/T 1096　键 16×10×100 [圆头普通平键（A 型）、$b=16$、$h=10$、$L=100$]
　GB/T 1096　键 B16×10×100 [平头普通平键（B 型）、$b=16$、$h=10$、$L=100$]
　GB/T 1096　键 C16×10×100 [单圆头普通平键（C 型）、$b=16$、$h=10$、$L=100$]

续表

轴	键	键槽											
公称直径 d	公称尺寸 b×h	宽度 b						深度				半径 r	
		公称尺寸 b	极限偏差					轴 t		毂 t₁			
			松连接		正常连接		紧密连接	公称尺寸	极限偏差	公称尺寸	极限偏差	最小	最大
			轴 H9	毂 D10	轴 N9	毂 JS9	轴和毂 P9						
自6~8	2×2	2	+0.025 0	+0.060 +0.020	−0.004 −0.029	±0.0125	−0.006 −0.031	1.2	+0.1 0	1	+0.1 0	0.08	0.16
>8~10	3×3	3						1.8		1.4		0.08	0.16
>10~12	4×4	4	+0.030 0	+0.078 +0.030	0 −0.030	±0.015	−0.012 −0.042	2.5		1.8		0.16	0.25
>12~17	5×5	5						3.0		2.3		0.16	0.25
>17~22	6×6	6						3.5		2.8		0.16	0.25
>22~30	8×7	8	+0.036 0	+0.098 +0.040	0 −0.036	±0.018	−0.015 −0.051	4.0		3.3		0.25	0.40
>30~38	10×8	10						5.0		3.3		0.25	0.40
>38~44	12×8	12	+0.043 0	+0.120 +0.050	0 −0.043	±0.0215	−0.018 −0.061	5.0		3.3		0.25	0.40
>44~50	14×9	14						5.5	+0.2 0	3.8	+0.2 0	0.25	0.40
>50~58	16×10	16						6.0		4.3		0.25	0.40
>58~65	18×11	18						7.0		4.4		0.25	0.40
>65~75	20×12	20	+0.052 0	+0.149 +0.065	0 −0.052	±0.026	−0.022 −0.074	7.5		4.9		0.40	0.60
>75~85	22×14	22						9.0		5.4		0.40	0.60
>85~95	25×14	25						9.0		5.4		0.40	0.60
>95~110	28×16	28						10.0		6.4		0.40	0.60

键的长度系列：6，8，10，12，14，16，18，20，22，25，28，32，36，40，45，50，56，63，70，80，90，100，110，125，140，160，180，200，220，250，280，320，360

注：1. 在工作图中，轴槽深用 t 或（d−t）标注，轮毂槽深用（d+t₁）标注。

2.（d−t）和（d+t₁）两组组合尺寸的极限偏差按相应的 t 和 t₁ 极限偏差选取，但（d−t）极限偏差值应取负号（−）。

3. 键尺寸的极限偏差 b 为 h8，h 为 h11，L 为 h14。

4. 键材料的抗拉强度应不小于 590 MPa。

（七）销

表 C-12　圆柱销（GB/T 119.1—2000 摘录）、圆锥销（GB/T 117—2000 摘录）　单位：mm

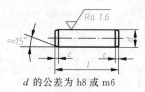

d 的公差为 h8 或 m6

公差 m6：表面粗糙度 $Ra \leqslant 0.8\ \mu m$

公差 h8：表面粗糙度 $Ra \leqslant 1.6\ \mu m$

标记示例：

公称直径 d=6、公差为 m6、公称长度 l=30、材料为钢、不经淬火、不经表面处理的圆柱销

销　GB/T 119.1　6 m6×30

公称直径 d=6、长度 l=30、材料为 35 钢、热处理硬度 28~38HRC、表面氧化处理的 A 型圆锥销

销　GB/T 117　6×30

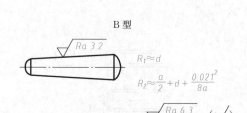

A 型

B 型

$R_1 \approx d$

$R_2 \approx \dfrac{a}{2} + d + \dfrac{0.021^2}{8a}$

$\sqrt{Ra\ 6.3}\ (\sqrt{\ })$

公称直径 d		3	4	5	6	8	10	12	16	20	25
圆柱销	d h8 或 m6	3	4	5	6	8	10	12	16	20	25
	c≈	0.5	0.63	0.8	1.2	1.6	2.0	2.5	3.0	3.5	4.0
	l（公称）	8~30	8~40	10~50	12~60	14~80	18~95	22~140	26~180	35~200	50~200

续表

公称直径d		3	4	5	6	8	10	12	16	20	25
圆锥销	dh10 min	2.96	3.95	4.95	5.95	7.94	9.94	11.93	15.93	19.92	24.92
	max	3	4	5	6	8	10	12	16	20	25
	a≈	0.4	0.5	0.63	0.8	1.0	1.2	1.6	2.0	2.5	3.0
	l（公称）	12～45	14～55	18～60	22～90	22～120	26～160	32～180	40～200	45～200	50～200
l（公称）的系列		12～32（2进位），35～100（5进位），100～200（20进位）									

附录 D 标 准 结 构

表 D-1 普通螺纹收尾、肩距、退刀槽和倒角（GB/T 3—1997 摘录）   单位：mm

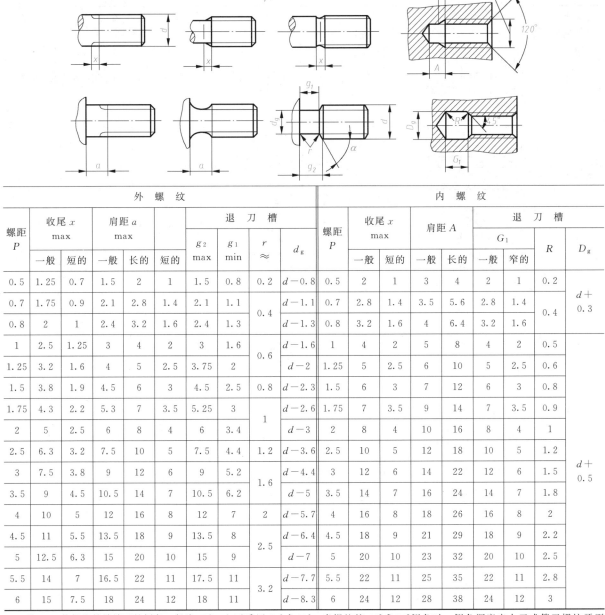

	外 螺 纹									内 螺 纹								
螺距 P	收尾 x max 一般	收尾 x max 短的	肩距 a max 一般	肩距 a max 长的	肩距 a max 短的	g2 max	g1 min	r ≈	dg	螺距 P	收尾 x max 一般	收尾 x max 短的	肩距 A 一般	肩距 A 长的	G1 一般	G1 窄的	R	Dg
0.5	1.25	0.7	1.5	2	1	1.5	0.8	0.2	d−0.8	0.5	2	1	3	4	2	1	0.2	
0.7	1.75	0.9	2.1	2.8	1.4	2.1	1.1	0.4	d−1.1	0.7	2.8	1.4	3.5	5.6	2.8	1.4	0.4	d+0.3
0.8	2	1	2.4	3.2	1.6	2.4	1.3		d−1.3	0.8	3.2	1.6	4	6.4	3.2	1.6		
1	2.5	1.25	3	4	2	3	1.6	0.6	d−1.6	1	4	2	5	8	4	2	0.5	
1.25	3.2	1.6	4	5	2.5	3.75	2		d−2	1.25	5	2.5	6	10	5	2.5	0.6	
1.5	3.8	1.9	4.5	6	3	4.5	2.5	0.8	d−2.3	1.5	6	3	7	12	6	3	0.8	
1.75	4.3	2.2	5.3	7	3.5	5.25	3		d−2.6	1.75	7	3.5	9	14	7	3.5	0.9	
2	5	2.5	6	8	4	6	3.4	1	d−3	2	8	4	10	16	8	4	1	
2.5	6.3	3.2	7.5	10	5	7.5	4.4	1.2	d−3.6	2.5	10	5	12	18	10	5	1.2	
3	7.5	3.8	9	12	6	9	5.2	1.6	d−4.4	3	12	6	14	22	12	6	1.5	d+0.5
3.5	9	4.5	10.5	14	7	10.5	6.2		d−5	3.5	14	7	16	24	14	7	1.8	
4	10	5	12	16	8	12	7	2	d−5.7	4	16	8	18	26	16	8	2	
4.5	11	5.5	13.5	18	9	13.5	8		d−6.4	4.5	18	9	21	29	18	9	2.2	
5	12.5	6.3	15	20	10	15	9	2.5	d−7	5	20	10	23	32	20	10	2.5	
5.5	14	7	16.5	22	11	17.5	11		d−7.7	5.5	22	11	25	35	22	11	2.8	
6	15	7.5	18	24	12	18	11	3.2	d−8.3	6	24	12	28	38	24	12	3	

注：1. 外螺纹始端端面的倒角一般为45°，也可采用60°或30°。当螺纹按60°或30°倒角时，倒角深度应大于或等于螺纹牙型高度。

2. 应优先选用"一般"长度的收尾和肩距；"短"收尾和"短"肩距仅用于结构受限制的螺纹件。

表 D-2 单头梯形螺纹的退刀槽和倒角　　　　　　　　　　　　单位：mm

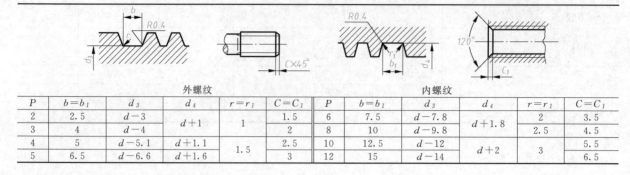

		外螺纹						内螺纹			
P	$b=b_1$	d_3	d_4	$r=r_1$	$C=C_1$	P	$b=b_1$	d_3	d_4	$r=r_1$	$C=C_1$
2	2.5	$d-3$	$d+1$	1	1.5	6	7.5	$d-7.8$	$d+1.8$	2	3.5
3	4	$d-4$			2	8	10	$d-9.8$		2.5	4.5
4	5	$d-5.1$	$d+1.1$	1.5	2.5	10	12.5	$d-12$	$d+2$	3	5.5
5	6.5	$d-6.6$	$d+1.6$		3	12	15	$d-14$			6.5

附录 E 技术图样通用的简化注法

附表 E-1 技术图样通用的简化注法（GB/T 1667.5—2012）

类型	简　化　后	简　化　前	类　型
1			标注尺寸时，可采用带箭头的指引线
2			从同一基准出发的尺寸可按左图（简化后）的形式标注
3			一组同心圆弧或圆心位于一条直线上的多个不同心圆弧的尺寸，可用共用的尺寸线和箭头依次表示
4			一组同心圆或尺寸较多的台阶孔的尺寸，可用共用的尺寸线和箭头依次表示

类型	简 化 后	简 化 前	类 型
4	φ5、φ10、φ12	φ12　φ10　φ5	一组同心圆或尺寸较多的台阶孔的尺寸，可用共用的尺寸线和箭头依次表示
5	16×φ2.5EQS　φ120 φ100　φ70	16×φ2.5EQS　φ100　φ120　φ70	标注尺寸时，也可采用不带箭头的指引线
6	□25f5	25f5　25f5	标注正方形结构尺寸时，可在正方形边长数字前加注"□"符号
7	4×φ4▽10　　4×φ4▽10	4×φ4　　10	各类孔可采用旁注和符号相结合的方法标注
	锥销孔φ4 配作　　锥销孔φ4 配作	锥销孔φ4 配作	
	6×φ7　　6×φ7 ▽φ13×90°　▽φ13×90°	90°　φ13　6×φ7	
	4×φ6.4　　4×φ6.4 ⊔φ12▽4.5　⊔φ12▽4.5	φ12　4.5　4×φ6.4	
	4×φ9　　4×φ9 ⊔φ20　　⊔φ20	⊔φ20　4×φ9	

附录 F 极限与配合

（一）标准公差及基本偏差数值

表 F-1 公称尺寸至 500 mm 的标准公差数值（GB/T 1800.3—2020 摘录）

单位：μm

公称尺寸/mm	标准公差等级																	
	IT1	IT2	IT3	IT4	IT5	IT6	IT7	IT8	IT9	IT10	IT11	IT12	IT13	IT14	IT15	IT16	IT17	IT18
≤3	0.8	1.2	2	3	4	6	10	14	25	40	60	100	140	250	400	600	1 000	1 400
>3~6	1	1.5	2.5	4	5	8	12	18	30	48	75	120	180	300	480	750	1 200	1 800
>6~10	1	1.5	2.5	4	6	9	15	22	36	58	90	150	220	360	580	900	1 500	2 200
>10~18	1.2	2	3	5	8	11	18	27	43	70	110	180	270	430	700	1 100	1 800	2 700
>18~30	1.5	2.5	4	6	9	13	21	33	52	84	130	210	330	520	840	1 300	2 100	3 300
>30~50	1.5	2.5	4	7	11	16	25	39	62	100	160	250	390	620	1 000	1 600	2 500	3 900
>50~80	2	3	5	8	13	19	30	46	74	120	190	300	460	740	1 200	1 900	3 000	4 600
>80~120	2.5	4	6	10	15	22	35	54	87	140	220	350	540	870	1 400	2 200	3 500	5 400
>120~180	3.5	5	8	12	18	25	40	63	100	160	250	400	630	1 000	1 600	2 500	4 000	6 300
>180~250	4.5	7	10	14	20	29	46	72	115	185	290	460	720	1 150	1 850	2 900	4 600	7 200
>250~315	6	8	12	16	23	32	52	81	130	210	320	520	810	1 300	2 100	3 200	5 200	8 100
>315~400	7	9	13	18	25	36	57	89	140	230	360	570	890	1 400	2 300	3 600	5 700	8 900
>400~500	8	10	15	20	27	40	63	97	155	250	400	630	970	1 550	2 500	4 000	6 300	9 700

注：1. 公称尺寸大于 500 mm 的 IT1~IT5 的数值为试行的。
　　2. 公称尺寸小于或等于 1 mm 时，无 IT4~IT18。

表 F－2　常用及优先配合中轴的极限偏差

常用及优先公差带（带圈者为优先公差带）

基本尺寸/mm 大于	至	a 11	b 11	b 12	c 9	c 10	c ⑪	d 8	d ⑨	d 10	d 11	e 7	e 8	e 9
—	3	−270 / −330	−140 / −200	−140 / −240	−60 / −85	−60 / −100	−60 / −120	−20 / −34	−20 / −45	−20 / −60	−20 / −80	−14 / −24	−14 / −28	−14 / −39
3	6	−270 / −345	−140 / −215	−140 / −260	−70 / −100	−70 / −118	−70 / −145	−30 / −48	−30 / −60	−30 / −78	−30 / −105	−20 / −32	−20 / −38	−20 / −50
6	10	−280 / −370	−150 / −240	−150 / −300	−80 / −116	−80 / −138	−80 / −170	−40 / −62	−40 / −76	−40 / −98	−40 / −130	−25 / −40	−25 / −47	−25 / −61
10	14	−290 / −400	−150 / −260	−150 / −330	−95 / −138	−95 / −165	−95 / −205	−50 / −77	−50 / −93	−50 / −120	−50 / −160	−32 / −50	−32 / −59	−32 / −75
14	18	−290 / −400	−150 / −260	−150 / −330	−95 / −138	−95 / −165	−95 / −205	−50 / −77	−50 / −93	−50 / −120	−50 / −160	−32 / −50	−32 / −59	−32 / −75
18	24	−300 / −430	−160 / −290	−160 / −370	−110 / −162	−110 / −194	−110 / −240	−65 / −98	−65 / −117	−65 / −149	−65 / −195	−40 / −61	−40 / −73	−40 / −92
24	30	−300 / −430	−160 / −290	−160 / −370	−110 / −162	−110 / −194	−110 / −240	−65 / −98	−65 / −117	−65 / −149	−65 / −195	−40 / −61	−40 / −73	−40 / −92
30	40	−310 / −470	−170 / −330	−170 / −420	−120 / −182	−120 / −220	−120 / −280	−80 / −119	−80 / −142	−80 / −180	−80 / −240	−50 / −75	−50 / −89	−50 / −112
40	50	−320 / −480	−180 / −340	−180 / −430	−130 / −192	−130 / −230	−130 / −290	−80 / −119	−80 / −142	−80 / −180	−80 / −240	−50 / −75	−50 / −89	−50 / −112
50	65	−340 / −530	−190 / −380	−190 / −490	−140 / −214	−140 / −260	−140 / 330	−100 / −146	−100 / −174	−100 / −220	−100 / −290	−60 / −90	−60 / −106	−60 / −134
65	80	−360 / −550	−200 / −390	−200 / −500	−150 / −224	−150 / −270	−150 / −340	−100 / −146	−100 / −174	−100 / −220	−100 / −290	−60 / −90	−60 / −106	−60 / −134
80	100	−380 / −600	−220 / −440	−220 / −570	−170 / −257	−170 / −310	−170 / −390	−120 / −174	−120 / −207	−120 / −260	−120 / −340	−72 / −107	−72 / −126	−72 / −159
100	120	−410 / −630	−240 / −460	−240 / −590	−180 / −267	−180 / −320	−180 / −400	−120 / −174	−120 / −207	−120 / −260	−120 / −340	−72 / −107	−72 / −126	−72 / −159
120	140	−460 / −710	−260 / −510	−260 / −660	−200 / −300	−200 / −360	−200 / −450	−145 / −208	−145 / −245	−145 / −305	−145 / −395	−85 / −125	−85 / −148	−85 / −185
140	160	−520 / −770	−280 / −530	−280 / −680	−210 / −310	−210 / −370	−210 / −460	−145 / −208	−145 / −245	−145 / −305	−145 / −395	−85 / −125	−85 / −148	−85 / −185
160	180	−580 / −830	−310 / −560	−310 / −710	−230 / −330	−230 / −390	−230 / −480	−145 / −208	−145 / −245	−145 / −305	−145 / −395	−85 / −125	−85 / −148	−85 / −185
180	200	−660 / −950	−340 / −630	−340 / −800	−240 / −355	−240 / −425	−240 / −530	−170 / −242	−170 / −285	−170 / −355	−170 / −460	−100 / −146	−100 / −172	−100 / −215
200	225	−740 / −1030	−380 / 670	−380 / −840	−260 / −375	−260 / −445	−260 / −550	−170 / −242	−170 / −285	−170 / −355	−170 / −460	−100 / −146	−100 / −172	−100 / −215
225	250	−820 / −1110	−420 / −710	−420 / −880	−280 / −395	−280 / −465	−280 / −570	−170 / −242	−170 / −285	−170 / −355	−170 / −460	−100 / −146	−100 / −172	−100 / −215
250	280	−920 / −1240	−480 / −800	−480 / −1000	−300 / −430	−300 / −510	−300 / −620	−190 / −271	−190 / −320	−190 / −400	−190 / −510	−110 / −162	−110 / −191	−110 / −240
280	315	−1050 / −1370	−540 / −860	−540 / −1060	−330 / −460	−330 / −540	−330 / 650	−190 / −271	−190 / −320	−190 / −400	−190 / −510	−110 / −162	−110 / −191	−110 / −240
315	355	−1200 / −1560	−600 / −960	−600 / −1170	−360 / −500	−360 / −590	−360 / −720	−210 / −299	−210 / −350	−210 / −440	−210 / −570	−125 / −182	−125 / −214	−125 / −265
355	400	−1350 / −1710	−680 / −1040	−680 / 1250	−400 / −540	−400 / −630	−400 / −760	−210 / −299	−210 / −350	−210 / −440	−210 / −570	−125 / −182	−125 / −214	−125 / −265
400	450	−1500 / −1900	−760 / −1160	−760 / −1390	−440 / −595	−440 / −690	−440 / −840	−230 / −327	−230 / −385	−230 / −480	−230 / −630	−135 / −198	−135 / −232	−135 / −290
450	500	−1650 / −2050	−840 / −1240	−840 / −1470	−480 / −635	−480 / −730	−480 / −880	−230 / −327	−230 / −385	−230 / −480	−230 / −630	−135 / −198	−135 / −232	−135 / −290

续表

基本尺寸 mm		常用及优先公差带（带圈者为优先公差带）															
		f					g			h							
大于	至	5	6	⑦	8	9	5	⑥	7	5	⑥	⑦	8	⑨	10	⑪	12
—	3	−6 / −10	−6 / −12	−6 / −16	−6 / −20	−6 / −31	−2 / −6	−2 / −8	−2 / −12	0 / −4	0 / −6	0 / −10	0 / −14	0 / −25	0 / −40	0 / −60	0 / −100
3	6	−10 / −15	−10 / −18	−10 / −22	−10 / −28	−10 / −40	−4 / −9	−4 / −12	−4 / −16	0 / −5	0 / −8	0 / −12	0 / −18	0 / −30	0 / −48	0 / −75	0 / −120
6	10	−13 / −19	−13 / −22	−13 / −28	−13 / −35	−13 / −49	−5 / −11	−5 / −14	−5 / −20	0 / −6	0 / −9	0 / −15	0 / −22	0 / −36	0 / −58	0 / −90	0 / −150
10	14	−16 / −24	−16 / −27	−16 / −34	−16 / −43	−16 / −59	−6 / −14	−6 / −17	−6 / −24	0 / −8	0 / −11	0 / −18	0 / −27	0 / −43	0 / −70	0 / −110	0 / −180
14	18																
18	24	−20 / −29	−20 / −33	−20 / −41	−20 / −53	−20 / −72	−7 / −16	−7 / −20	−7 / −28	0 / −9	0 / −13	0 / −21	0 / −33	0 / −52	0 / −84	0 / −130	0 / −210
24	30																
30	40	−25 / −36	−25 / −41	−25 / −50	−25 / −64	−25 / −87	−9 / −20	−9 / −25	−9 / −34	0 / −11	0 / −16	0 / −25	0 / −39	0 / −62	0 / −100	0 / −160	0 / −250
40	50																
50	65	−30 / −43	−30 / −49	−30 / −60	−30 / −76	−30 / −104	−10 / −23	−10 / −29	−10 / −40	0 / −13	0 / −19	0 / −30	0 / −46	0 / −74	0 / −120	0 / −190	0 / −300
65	80																
80	100	−36 / −51	−36 / −58	−36 / −71	−36 / −90	−36 / −123	−12 / −27	−12 / −34	−12 / −47	0 / −15	0 / −22	0 / −35	0 / −54	0 / −87	0 / −140	0 / −220	0 / −350
100	120																
120	140	−43 / −61	−43 / −68	−43 / −83	−43 / −106	−43 / −143	−14 / −32	−14 / −39	−14 / −54	0 / −18	0 / −25	0 / −40	0 / −63	0 / −100	0 / −160	0 / −250	0 / −400
140	160																
160	180																
180	200	−50 / −70	−50 / −79	−50 / −96	−50 / −122	−50 / −165	−15 / −35	−15 / −44	−15 / −61	0 / −20	0 / −29	0 / −46	0 / −72	0 / −115	0 / −185	0 / −290	0 / −460
200	225																
225	250																
250	280	−56 / −79	−56 / −88	−56 / −108	−56 / −137	−56 / −186	−17 / −40	−17 / −49	−17 / −69	0 / −23	0 / −32	0 / −52	0 / −81	0 / −130	0 / −210	0 / −320	0 / −520
280	315																
315	355	−62 / −87	−62 / −98	−62 / −119	−62 / −151	−62 / −202	−18 / −43	−18 / −54	−18 / −75	0 / −25	0 / −36	0 / −57	0 / −89	0 / −140	0 / −230	0 / −360	0 / −570
355	400																
400	450	−68 / −95	−68 / −108	−68 / −131	−68 / −165	−68 / −223	−20 / −47	−20 / −60	−20 / −83	0 / −27	0 / −40	0 / −63	0 / −97	0 / −155	0 / −250	0 / −400	0 / −630
450	500																

基本尺寸 mm		常用及优先公差带（带圈者为优先公差带）														
		js			k			m			n			p		
大于	至	5	6	7	5	⑥	7	5	6	7	5	⑥	7	5	⑥	7
—	3	±2	±3	±5	+4 / 0	+6 / 0	+10 / 0	+6 / +2	+8 / +2	+12 / +2	+8 / +4	+10 / +4	+14 / +4	+10 / +6	+12 / +6	+16 / +6
3	6	±2.5	±4	±6	+6 / +1	+9 / +1	+13 / +1	+9 / +4	+12 / +4	+16 / +4	+13 / +8	+16 / +8	+20 / +8	+17 / +12	+20 / +12	+24 / +12
6	10	±3	±4.5	±7	+7 / +1	+10 / +1	+16 / +1	+12 / +6	+15 / +6	+21 / +6	+16 / +10	+19 / +10	+25 / +10	+21 / +15	+24 / +15	+30 / +15
10	14	±4	±5.5	±9	+9 / +1	+12 / +1	+19 / +1	+15 / +7	+18 / +7	+25 / +7	+20 / +12	+23 / +12	+30 / +12	+26 / +18	+29 / +18	+36 / +18
14	18	±4	±5.5	±9	+9 / +1	+12 / +1	+19 / +1	+15 / +7	+18 / +7	+25 / +7	+20 / +12	+23 / +12	+30 / +12	+26 / +18	+29 / +18	+36 / +18
18	24	±4.5	±6.5	±10	+11 / +2	+15 / +2	+23 / +2	+17 / +8	+21 / +8	+29 / +8	+24 / +15	+28 / +15	+36 / +15	+31 / +22	+35 / +22	+43 / +22
24	30	±4.5	±6.5	±10	+11 / +2	+15 / +2	+23 / +2	+17 / +8	+21 / +8	+29 / +8	+24 / +15	+28 / +15	+36 / +15	+31 / +22	+35 / +22	+43 / +22
30	40	±5.5	±8	±12	+13 / +2	+18 / +2	+27 / +2	+20 / +9	+25 / +9	+34 / +9	+28 / +17	+33 / +17	+42 / +17	+37 / +26	+42 / +26	+51 / +26
40	50	±5.5	±8	±12	+13 / +2	+18 / +2	+27 / +2	+20 / +9	+25 / +9	+34 / +9	+28 / +17	+33 / +17	+42 / +17	+37 / +26	+42 / +26	+51 / +26
50	65	±6.5	±9.5	±15	+15 / +2	+21 / +2	+32 / +2	+24 / +11	+30 / +11	+41 / +11	+33 / +20	+39 / +20	+50 / +20	+45 / +32	+51 / +32	+62 / +32
65	80	±6.5	±9.5	±15	+15 / +2	+21 / +2	+32 / +2	+24 / +11	+30 / +11	+41 / +11	+33 / +20	+39 / +20	+50 / +20	+45 / +32	+51 / +32	+62 / +32
80	100	±7.5	±11	±17	+18 / +3	+25 / +3	+38 / +3	+28 / +13	+35 / +13	+48 / +13	+38 / +23	+45 / +23	+58 / +23	+52 / +37	+59 / +37	+72 / +37
100	120	±7.5	±11	±17	+18 / +3	+25 / +3	+38 / +3	+28 / +13	+35 / +13	+48 / +13	+38 / +23	+45 / +23	+58 / +23	+52 / +37	+59 / +37	+72 / +37
120	140	±9	±12.5	±20	+21 / +3	+28 / +3	+43 / +3	+33 / +15	+40 / +15	+55 / +15	+45 / +27	+52 / +27	+67 / +27	+61 / +43	+68 / +43	+83 / +43
140	160	±9	±12.5	±20	+21 / +3	+28 / +3	+43 / +3	+33 / +15	+40 / +15	+55 / +15	+45 / +27	+52 / +27	+67 / +27	+61 / +43	+68 / +43	+83 / +43
160	180	±9	±12.5	±20	+21 / +3	+28 / +3	+43 / +3	+33 / +15	+40 / +15	+55 / +15	+45 / +27	+52 / +27	+67 / +27	+61 / +43	+68 / +43	+83 / +43
180	200	±10	±14.5	±23	+24 / +4	+33 / +4	+50 / +4	+37 / +17	+46 / +17	+63 / +17	+54 / +31	+60 / +31	+77 / +31	+70 / +50	+79 / +50	+96 / +50
200	225	±10	±14.5	±23	+24 / +4	+33 / +4	+50 / +4	+37 / +17	+46 / +17	+63 / +17	+54 / +31	+60 / +31	+77 / +31	+70 / +50	+79 / +50	+96 / +50
225	250	±10	±14.5	±23	+24 / +4	+33 / +4	+50 / +4	+37 / +17	+46 / +17	+63 / +17	+54 / +31	+60 / +31	+77 / +31	+70 / +50	+79 / +50	+96 / +50
250	280	±11.5	±16	±26	+27 / +4	+36 / +4	+56 / +4	+43 / +20	+52 / +20	+72 / +20	+57 / +34	+66 / +34	+86 / +34	+79 / +56	+88 / +56	+108 / +56
280	315	±11.5	±16	±26	+27 / +4	+36 / +4	+56 / +4	+43 / +20	+52 / +20	+72 / +20	+57 / +34	+66 / +34	+86 / +34	+79 / +56	+88 / +56	+108 / +56
315	355	±12.5	±18	±28	+29 / +4	+40 / +4	+61 / +4	+46 / +21	+57 / +21	+78 / +21	+62 / +37	+73 / +37	+94 / +37	+87 / +62	+98 / +62	+119 / +62
355	400	±12.5	±18	±28	+29 / +4	+40 / +4	+61 / +4	+46 / +21	+57 / +21	+78 / +21	+62 / +37	+73 / +37	+94 / +37	+87 / +62	+98 / +62	+119 / +62
400	450	±13.5	±20	±31	+32 / +5	+45 / +5	+68 / +5	+50 / +23	+63 / +23	+86 / +23	+67 / +40	+80 / +40	+103 / +40	+95 / +68	+108 / +68	+131 / +68
450	500	±13.5	±20	±31	+32 / +5	+45 / +5	+68 / +5	+50 / +23	+63 / +23	+86 / +23	+67 / +40	+80 / +40	+103 / +40	+95 / +68	+108 / +68	+131 / +68

基本尺寸 mm		常用及优先公差带（带圈者为优先公差带）														
		r			s			t			u		v	x	y	z
大于	至	5	6	7	5	⑥	7	5	6	7	⑥	7	6	6	6	6
—	3	+14 +10	+16 +10	+20 +10	+18 +14	+20 +14	+24 +14	—	—	—	+24 +18	+28 +18	—	+26 +20	—	+32 +26
3	6	+20 +15	+23 +15	+27 +15	+24 +19	+27 +19	+31 +19	—	—	—	+31 +23	+35 +23	—	+36 +28	—	+43 +35
6	10	+25 +19	+28 +19	+34 +19	+29 +23	+32 +23	+38 +23	—	—	—	+37 +28	+43 +28	—	+43 +34	—	+51 +42
10	14	+31 +23	+34 +23	+41 +23	+36 +28	+39 +28	+46 +28	—	—	—	+44 +33	+51 +33	—	+51 +40	—	+61 +50
14	18												+50 +39	+56 +45		+71 +60
18	24	+37 +28	+41 +28	+49 +28	+44 +35	+48 +35	+56 +35	—	—	—	+54 +41	+62 +41	+60 +47	+67 +54	+76 +63	+86 +73
24	30							+50 +41	+54 +41	+62 +41	+61 +43	+69 +48	+68 +55	+77 +64	+88 +75	+101 +88
30	40	+45 +34	+50 +34	+59 +34	+54 +43	+59 +43	+68 +43	+59 +48	+64 +48	+73 +48	+76 +60	+85 +60	+84 +68	+96 +80	+110 +94	+128 +112
40	50							+65 +54	+70 +54	+79 +54	+86 +70	+95 +70	+97 +81	+113 +97	+130 +114	+152 +136
50	65	+54 +41	+60 +41	+71 +41	+66 +53	+72 +53	+83 +53	+79 +66	+85 +66	+96 +66	+106 +87	+117 +87	+121 +102	+141 +122	+163 +144	+191 +172
65	80	+56 +43	+62 +43	+73 +43	+72 +59	+78 +59	+89 +59	+88 +75	+94 +75	+105 +75	+121 +102	+132 +102	+139 +120	+165 +146	+193 +174	+229 +210
80	100	+66 +51	+73 +51	+86 +51	+86 +71	+93 +71	+106 +71	+106 +91	+113 +91	+126 +91	+146 +124	+159 +124	+168 +146	+200 +178	+236 +214	+280 +258
100	120	+69 +54	+76 +54	+89 +54	+94 +79	+101 +79	+114 +79	+110 +104	+126 +104	+139 +104	+166 +144	+179 +144	+194 +172	+232 +210	+276 +254	+332 +310
120	140	+81 +63	+88 +63	+103 +63	+110 +92	+117 +92	+132 +92	+140 +122	+147 +122	+162 +122	+195 +170	+210 +170	+227 +202	+273 +248	+325 +300	+390 +365
140	160	+83 +65	+90 +65	+105 +65	+118 +100	+125 +100	+140 +100	+152 +134	+159 +134	+174 +134	+215 +190	+230 +190	+253 +228	+305 +280	+365 +340	+440 +415
160	180	+86 +68	+93 +68	+108 +68	+126 +108	+133 +108	+148 +108	+164 +146	+171 +146	+186 +146	+235 +210	+250 +210	+277 +252	+335 +310	+405 +380	+490 +465
180	200	+97 +77	+106 +77	+123 +77	+142 +122	+151 +122	+168 +122	+186 +166	+195 +166	+212 +166	+265 +236	+282 +236	+313 +284	+379 +350	+454 +425	+549 +520
200	225	+100 +80	+109 +80	+126 +80	+150 +130	+159 +130	+176 +130	+200 +180	+209 +180	+226 +180	+287 +258	+304 +258	+339 +310	+414 +385	+499 +470	+604 +575
225	250	+104 +84	+113 +84	+130 +84	+160 +140	+169 +140	+186 +140	+216 +196	+225 +196	+242 +196	+313 +284	+330 +284	+369 +340	+454 +425	+549 +520	+669 +640
250	280	+117 +94	+126 +94	+146 +94	+181 +158	+290 +158	+210 +158	+241 +218	+250 +218	+270 +218	+347 +315	+367 +315	+417 +385	+507 +475	+612 +580	+747 +710
280	315	+121 +98	+130 +98	+150 +98	+193 +170	+202 +170	+222 +170	+263 +240	+272 +240	+292 +240	+382 +350	+402 +350	+457 +425	+557 +525	+682 +650	+322 +790
315	355	+133 +108	+144 +108	+165 +108	+215 +190	+226 +190	+247 +190	+293 +268	+304 +268	+325 +268	+426 +390	+447 +390	+511 +475	+626 +590	+766 +730	+936 +900
355	400	+139 +114	+150 +114	+171 +114	+233 +208	+244 +208	+265 +208	+319 +294	+330 +294	+351 +294	+471 +435	+492 +435	+566 +530	+696 +660	+856 +820	+1 036 +1 000
400	450	+153 +126	+166 +126	+189 +126	+259 +232	+272 +232	+295 +232	+357 +330	+370 +330	+393 +330	+530 +490	+553 +490	+635 +595	+780 +740	+960 +920	+1 140 +1 100
450	500	+159 +132	+172 +132	+195 +132	+279 +252	+292 +252	+315 +252	+387 +360	+400 +360	+423 +360	+580 +540	+603 +540	+700 +660	+860 +820	+1 040 +1 000	+1 290 +1 250

注：基本尺寸小于 1 mm 时，各级的 a 和 b 均不采用。

表 F-3　常用及优先配合中孔的极限偏差　　　　　　　　单位：μm

基本尺寸/mm 大于	至	A 11	B 11	C 12	C ⑪	D 8	D ⑨	D 10	D 11	E 8	E 9	F 6	F 7	F ⑧	F 9
—	3	+330 +270	+200 +140	+240 +140	+120 +60	+34 +20	+45 +20	+60 +20	+80 +20	+28 +14	+39 +14	+12 +6	+16 +6	+20 +6	+31 +6
3	6	+345 +270	+215 +140	+260 +140	+145 +70	+48 +30	+60 +30	+78 +30	+105 +30	+38 +20	+50 +20	+18 +10	+22 +10	+28 +10	+40 +10
6	10	+370 +280	+240 +150	+300 +150	+170 +80	+62 +40	+76 +40	+98 +40	+130 +40	+47 +25	+61 +25	+22 +13	+28 +13	+35 +13	+49 +13
10	14	+400 +290	+260 +150	+330 +150	+205 +95	+77 +50	+93 +50	+120 +50	+160 +50	+59 +32	+75 +32	+27 +16	+34 +16	+43 +16	+59 +16
14	18	+400 +290	+260 +150	+330 +150	+205 +95	+77 +50	+93 +50	+120 +50	+160 +50	+59 +32	+75 +32	+27 +16	+34 +16	+43 +16	+59 +16
18	24	+430 +300	+290 +160	+370 +160	+240 +110	+98 +65	+117 +65	+149 +65	+195 +65	+73 +40	+92 +49	+33 +20	+41 +20	+53 +20	+72 +20
24	30	+430 +300	+290 +160	+370 +160	+240 +110	+98 +65	+117 +65	+149 +65	+195 +65	+73 +40	+92 +49	+33 +20	+41 +20	+53 +20	+72 +20
30	40	+470 +310	+330 +170	+420 +170	+280 +120	+119 +80	+142 +80	+180 +80	+240 +80	+89 +50	+112 +50	+41 +25	+50 +25	+64 +25	+87 +25
40	50	+480 +320	+340 +180	+430 +180	+290 +130	+119 +80	+142 +80	+180 +80	+240 +80	+89 +50	+112 +50	+41 +25	+50 +25	+64 +25	+87 +25
50	65	+530 +340	+380 +190	+490 +190	+330 +140	+146 +100	+170 +100	+220 +100	+290 +100	+106 +60	+134 +60	+49 +30	+60 +30	+76 +30	+104 +30
65	80	+550 +360	+390 +200	+500 +200	+340 +150	+146 +100	+170 +100	+220 +100	+290 +100	+106 +60	+134 +60	+49 +30	+60 +30	+76 +30	+104 +30
80	100	+600 +380	+440 +220	+570 +220	+390 +170	+174 +120	+207 +120	+260 +120	+340 +120	+126 +72	+159 +72	+58 +36	+71 +36	+90 +36	+123 +36
100	120	+630 +410	+460 +240	+590 +240	+400 +180	+174 +120	+207 +120	+260 +120	+340 +120	+126 +72	+159 +72	+58 +36	+71 +36	+90 +36	+123 +36
120	140	+710 +460	+510 +260	+660 +260	+450 +210	+208 +145	+245 +145	+305 +145	+395 +145	+148 +85	+185 +85	+68 +43	+83 +43	+106 +43	+143 +43
140	160	+770 +520	+530 +280	+680 +280	+460 +210	+208 +145	+245 +145	+305 +145	+395 +145	+148 +85	+185 +85	+68 +43	+83 +43	+106 +43	+143 +43
160	180	+830 +580	+560 +310	+710 +310	+480 +230	+208 +145	+245 +145	+305 +145	+395 +145	+148 +85	+185 +85	+68 +43	+83 +43	+106 +43	+143 +43
180	200	+950 +660	+630 +340	+800 +340	+530 +240	+242 +170	+285 +170	+355 +170	+460 +170	+172 +100	+215 +100	+79 +50	+96 +50	+122 +50	+165 +50
200	225	+1 030 +740	+670 +380	+840 +380	+550 +260	+242 +170	+285 +170	+355 +170	+460 +170	+172 +100	+215 +100	+79 +50	+96 +50	+122 +50	+165 +50
225	250	+1 110 +820	+710 +420	+880 +420	+570 +280	+242 +170	+285 +170	+355 +170	+460 +170	+172 +100	+215 +100	+79 +50	+96 +50	+122 +50	+165 +50
250	280	+1 240 +920	+800 +480	1 000 +480	+620 +300	+271 +190	+320 +190	+400 +190	+510 +190	+191 +110	+240 +110	+88 +56	+108 +56	+137 +56	+186 +56
280	315	+1 370 +1 050	+860 +540	+1 060 +540	+650 +330	+271 +190	+320 +190	+400 +190	+510 +190	+191 +110	+240 +110	+88 +56	+108 +56	+137 +56	+186 +56
315	355	+1 560 +1 200	+960 +600	+1 170 +600	+720 +360	+299 +210	+350 +210	+440 +210	+570 +210	+214 +125	+265 +125	+98 +62	+119 +62	+151 +62	+202 +62
355	400	+1 710 +1 350	+1 040 +680	+1 250 +680	+760 +400	+299 +210	+350 +210	+440 +210	+570 +210	+214 +125	+265 +125	+98 +62	+119 +62	+151 +62	+202 +62
400	450	+1 900 +1 500	+1 160 +760	+1 390 +760	+840 +440	+327 +230	+385 +230	+480 +230	+630 +230	+232 +135	+290 +135	+108 +68	+131 +68	+165 +68	+223 +68
450	500	+2 050 +1 650	+1 240 +840	+1 470 +840	+880 +480	+327 +230	+385 +230	+480 +230	+630 +230	+232 +135	+290 +135	+108 +68	+131 +68	+165 +68	+223 +68

续表

基本尺寸 mm 大于	至	G 6	G ⑦	H 6	H ⑦	H ⑧	H ⑨	H 10	H ⑪	H 12	Js 6	Js 7	Js 8	K 6	K ⑦	K 8	M 6	M 7	M 8
—	3	+8/+2	+12/+2	+6/0	+10/0	+14/0	+25/0	+40/0	+60/0	+100/0	±3	±5	±7	0/−6	0/−10	0/−14	−2/−8	−2/−12	−2/−16
3	6	+12/+4	+16/+4	+8/0	+12/0	+18/0	+30/0	+48/0	+75/0	+120/0	±4	±6	±9	+2/−6	+3/−9	+5/−13	−1/−9	0/−12	+2/−16
6	10	+14/+5	+20/+5	+9/0	+15/0	+22/0	+36/0	+58/0	+90/0	+150/0	±4.5	±7	±11	+2/−7	+5/−10	+6/−16	−3/−12	0/−15	+1/−21
10	14	+17/+6	+24/+6	+11/0	+18/0	+27/0	+43/0	+70/0	+110/0	+180/0	±5.5	±9	±13	+2/−9	+6/−12	+8/−19	−4/−15	0/−18	+2/−25
14	18																		
18	24	+20/+7	+28/+7	+13/0	+21/0	+33/0	+52/0	+84/0	+130/0	+210/0	±6.5	±10	±16	+2/−11	+6/−15	+10/−23	−4/−17	0/−21	+4/−29
24	30																		
30	40	+25/+9	+34/+9	+16/0	+25/0	+39/0	+62/0	+100/0	+160/0	+250/0	±8	±12	±19	+3/−13	+7/−18	+12/−27	−4/−20	0/−25	+5/−34
40	50																		
50	65	+29/+10	+40/+10	+19/0	+30/0	+46/0	+74/0	+120/0	+190/0	+300/0	±9.5	±15	±23	+4/−15	+9/−21	+14/−32	−5/−24	0/−30	+5/−41
65	80																		
80	100	+34/+12	+47/+12	+22/0	+35/0	+54/0	+87/0	+140/0	+220/0	+350/0	±11	±17	±27	+4/−18	+10/−25	+16/−38	−6/−28	0/−35	+6/−48
100	120																		
120	140	+39/+14	+54/+14	+25/0	+40/0	+63/0	+100/0	+160/0	+250/0	+400/0	±12.5	±20	±31	+4/−21	+12/−28	+20/−43	−8/−33	0/−40	+8/−55
140	160																		
160	180																		
180	200	+44/+15	+61/+15	+29/0	+46/0	+72/0	+115/0	+185/0	+290/0	+460/0	±14.5	±23	±36	+5/−24	+13/−33	+22/−50	−8/−37	0/−46	+9/−63
200	225																		
225	250																		
250	280	+49/+17	+69/+17	+32/0	+52/0	+81/0	+130/0	+210/0	+320/0	+520/0	±16	±26	±40	+5/−27	+16/−36	+25/−56	−9/−41	0/−52	+9/−72
280	315																		
315	355	+54/+18	+75/+18	+36/0	+57/0	+89/0	+140/0	+230/0	+360/0	+570/0	±18	±28	±44	+7/−29	+17/−40	+28/−61	−10/−46	0/−57	+11/−78
355	400																		
400	450	+60/+20	+83/+20	+40/0	+63/0	+97/0	+155/0	+250/0	+400/0	+630/0	±20	±31	±48	+8/−32	+18/−45	+29/−68	−10/−50	0/−63	+11/−86
450	500																		

基本尺寸 mm		常用及优先公差带（带圈者为优先公差带）											
		N			P		R		S		T		U
大于	至	6	⑦	8	6	⑦	6	7	6	⑦	6	7	⑦
—	3	−4 −10	−4 −14	−4 −18	−6 −12	−6 −16	−10 −16	−10 −20	−14 −20	−14 −24	—	—	−18 −28
3	6	−5 −13	−4 −16	−2 −20	−9 −17	−8 −20	−12 −20	−11 −23	−16 −24	−15 −27	—	—	−19 −31
6	10	−7 −16	−4 −19	−3 −25	−12 −21	−9 −24	−16 −25	−13 −28	−20 −29	−1 −32	—	—	−22 −37
10	14	−9 −20	−5 −23	−3 −30	−15 −26	−11 −29	−20 −31	−16 −34	−25 −36	−21 −39	—	—	−26 −44
14	18												
18	24	−11 −24	−7 −28	−3 −36	−18 −31	−14 −35	−24 −37	−20 −41	−31 −44	−27 −48	—	—	−33 −54
24	30										−37 −50	−33 −54	−40 −61
30	40	−12 −28	−8 −33	−3 −42	−21 −37	−17 −42	−29 −45	−25 −50	−38 −54	−34 −59	−43 −59	−39 −64	−51 −76
40	50										−49 −65	−45 −70	−61 −86
50	65	−14 −33	−9 −39	−4 −50	−26 −45	−21 −51	−35 −54	−30 −60	−47 −66	−42 −72	−60 −79	−55 −85	−76 −106
65	80						−37 −56	−32 −62	−53 −72	−48 −78	−69 −88	−64 −94	−91 −121
80	100	−16 −38	−10 −45	−4 −58	−30 −52	−24 −59	−44 −66	−38 −73	−64 −86	−58 −93	−84 −106	−78 −113	−111 −146
100	120						−47 −69	−41 −76	−72 −94	−66 −101	−97 −119	−91 −126	−131 −166
120	140	−20 −45	−12 −52	−4 −67	−36 −61	−28 −68	−56 −81	−48 −88	−85 −110	−77 −117	−115 −140	−107 −147	−155 −195
140	160						−58 −83	−50 −90	−93 −118	−85 −125	−127 −152	−119 −159	−175 −215
160	180						−61 −86	−53 −93	−101 −126	−93 −133	−139 −164	−131 −171	−195 −235
180	200	−22 −51	−14 −60	−5 −77	−41 −70	−33 −79	−68 −97	−60 −106	−113 −142	−105 −151	−157 −186	−149 −195	−219 −265
200	225						−71 −100	−63 −109	−121 −150	−113 −159	−171 −200	−163 −209	−241 −287
225	250						−75 −104	−67 −113	−131 −160	−123 −169	−187 −216	−179 −225	−267 −313
250	280	−25 −57	−14 −66	−5 −86	−47 −79	−36 −88	−85 −117	−74 −126	−149 −181	−138 −190	−209 −241	−198 −250	−295 −347
280	315						−89 −121	−78 −130	−161 −193	−150 −202	−231 −263	−220 −272	−330 −382
315	355	−26 −62	−16 −73	−5 −94	−51 −87	−41 −98	−97 −133	−87 −144	−179 −215	−169 −226	−257 −293	−247 −304	−369 −425
355	400						−103 −139	−93 −150	−197 −233	−187 −244	−283 −319	−273 −330	−414 −471
400	450	−27 −67	−17 −80	−6 −103	−55 −95	−45 −108	−113 −153	−103 −166	−219 −259	−209 −272	−317 −357	−307 −370	−467 −530
450	500						−119 −159	−109 −172	−239 −279	−229 −292	−347 −387	−337 −400	−517 −580

注：基本尺寸小于 1 mm 时，各级的 A 和 B 均不采用。

（二）优先、常用配合

表 F-4　轴与孔优先、常用公差带（公称尺寸 500 mm）（GB/T 1800.1—2020）

优先、常用和一般用途的轴公差带（优先选用圆圈中的公差带，其次选用方框中的公差带，最后选用其他的公差带）

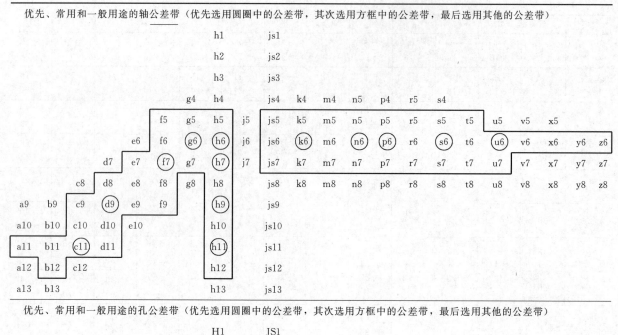

优先、常用和一般用途的孔公差带（优先选用圆圈中的公差带，其次选用方框中的公差带，最后选用其他的公差带）

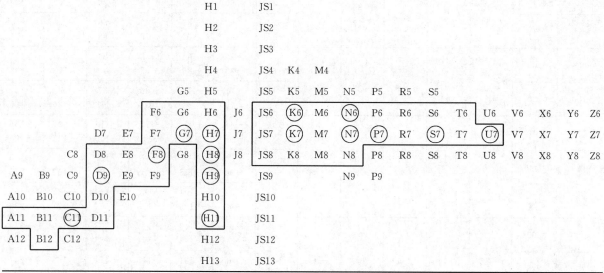

表 F-5　基孔制优先配合和常用配合（摘自 GB/T 1800.1—2020）

基准孔	轴																			
	a	b	c	d	e	f	g	h	js	k	m	n	p	r	s	t	u	v	x	y	z
	间 隙 配 合								过 渡 配 合				过 盈 配 合							
H6						$\frac{H6}{f5}$	$\frac{H6}{g5}$	$\frac{H6}{h5}$	$\frac{H6}{js5}$	$\frac{H6}{k5}$	$\frac{H6}{m5}$	$\frac{H6}{n5}$	$\frac{H6}{p5}$	$\frac{H6}{r5}$	$\frac{H6}{s5}$	$\frac{H6}{t5}$				
H7						$\frac{H7}{f6}$	$\frac{H7}{g6}$	$\frac{H7}{h6}$	$\frac{H7}{js6}$	$\frac{H7}{k6}$	$\frac{H7}{m6}$	$\frac{H7}{n6}$	$\frac{H7}{p6}$	$\frac{H7}{r6}$	$\frac{H7}{s6}$	$\frac{H7}{t6}$	$\frac{H7}{u6}$	$\frac{H7}{v6}$	$\frac{H7}{x6}$	$\frac{H7}{y6}$	$\frac{H7}{z6}$
H8					$\frac{H8}{e7}$	$\frac{H8}{f7}$	$\frac{H8}{g7}$	$\frac{H8}{h7}$	$\frac{H8}{js7}$	$\frac{H8}{k7}$	$\frac{H8}{m7}$	$\frac{H8}{n7}$	$\frac{H8}{p7}$	$\frac{H8}{r7}$	$\frac{H8}{s7}$	$\frac{H8}{t7}$	$\frac{H8}{u7}$			
				$\frac{H8}{d8}$	$\frac{H8}{e8}$	$\frac{H8}{f8}$		$\frac{H8}{h8}$												

基准孔	轴																				
	a	b	c	d	e	f	g	h	js	k	m	n	p	r	s	t	u	v	x	y	z
	间隙配合								过渡配合				过盈配合								
			$\dfrac{H9}{c9}$	$\dfrac{H9}{d9}$	$\dfrac{H9}{e9}$	$\dfrac{H9}{f9}$		$\dfrac{H9}{h9}$													
H10			$\dfrac{H10}{c10}$	$\dfrac{H10}{d10}$				$\dfrac{H10}{h10}$													
H11	$\dfrac{H11}{a11}$	$\dfrac{H11}{b11}$	$\dfrac{H11}{c11}$	$\dfrac{H11}{d11}$				$\dfrac{H11}{h11}$													
H12		$\dfrac{H12}{b12}$						$\dfrac{H12}{h12}$													

注：1. 在基本尺寸小于等于 3mm 和在基本尺寸小于等于 100mm 时，为过渡配合。

2. 标注▼的配合为优先配合。

表 F-6　基轴制优先配合和常用配合（摘自 GB/T1800.1—2020）

基准轴	孔																				
	A	B	C	D	E	F	G	H	JS	K	M	N	P	R	S	T	U	V	X	Y	Z
	间隙配合								过渡配合				过盈配合								
h5						$\dfrac{F6}{h5}$	$\dfrac{G6}{h5}$	$\dfrac{H6}{h5}$	$\dfrac{JS6}{h5}$	$\dfrac{K6}{h5}$	$\dfrac{M6}{h5}$	$\dfrac{N6}{h5}$	$\dfrac{P6}{h5}$	$\dfrac{R6}{h5}$	$\dfrac{S6}{h5}$	$\dfrac{T6}{h5}$					
h6						$\dfrac{F7}{h6}$	$\dfrac{G7}{h6}$	$\dfrac{H7}{h6}$	$\dfrac{JS7}{h6}$	$\dfrac{K7}{h6}$	$\dfrac{M7}{h6}$	$\dfrac{N7}{h6}$	$\dfrac{P7}{h6}$	$\dfrac{R7}{h6}$	$\dfrac{S7}{h6}$	$\dfrac{T7}{h6}$	$\dfrac{U7}{h6}$				
h7					$\dfrac{E8}{h7}$	$\dfrac{F8}{h7}$		$\dfrac{H8}{h7}$	$\dfrac{JS8}{h7}$	$\dfrac{K8}{h7}$	$\dfrac{M8}{h7}$	$\dfrac{N8}{h7}$									
h8				$\dfrac{D8}{h8}$	$\dfrac{E8}{h8}$	$\dfrac{F8}{h8}$		$\dfrac{H8}{h8}$													
h9				$\dfrac{D9}{h9}$	$\dfrac{E9}{h9}$	$\dfrac{F9}{h9}$		$\dfrac{H9}{h9}$													
h10				$\dfrac{D10}{h10}$				$\dfrac{H10}{h10}$													
h11	$\dfrac{A11}{h11}$	$\dfrac{B11}{h11}$	$\dfrac{C11}{h11}$					$\dfrac{H11}{h11}$													
h12		$\dfrac{B12}{h12}$						$\dfrac{H12}{h12}$													

注：标注▼的配合为优先配合。

附录 G　滚动轴承代号方法（GB/T 272—2017）

表 G-1　滚动轴承常用相关标准

编号	内容	编号	内容
GB/T 273.1	滚动轴承 外形尺寸总方案 第 1 部分圆锥滚子轴承	GB/T 283	滚动轴承 圆柱滚子轴承 外形尺寸
		GB/T 285	滚动轴承 双列圆柱滚子轴承 外形尺寸
GB/T 273.2	滚动轴承 推力轴承 外形尺寸总方案	GB/T 288	滚动轴承 调心滚子轴承 外形尺寸
GB/T 273.3	滚动轴承 外形尺寸总方案 第 3 部分：向心轴承	GB/T 290	滚动轴承 冲压外圈滚针轴承 外形尺寸
GB/T 276	滚动轴承 深沟球轴承 外形尺寸	GB/T 292	滚动轴承 角接触轴承 外形尺寸
GB/T 281	滚动轴承 调心球轴承 外形尺寸	GB/T 294	滚动轴承 三点和四点接触球轴承 外形尺寸

续表

编号	内 容	编号	内 容
GB/T 296	滚动轴承 双列角接触轴承 外形尺寸	GB/T 29717	滚动轴承 风力发电机组偏航、变桨轴承
GB/T 297	滚动轴承 圆锥滚子轴承 外形尺寸	GB/T 29718	滚动轴承 风力发电机组主轴轴承
GB/T 299	滚动轴承 双列圆锥滚子轴承 外形尺寸	JB/T 3232	滚动轴承 万向节滚针轴承
GB/T 300	滚动轴承 四列圆锥滚子轴承 外形尺寸	JB/T 3370	滚动轴承 万向节圆柱滚子轴承
GB/T 301	滚动轴承 推力球轴承 外形尺寸	JB/T 3588	滚动轴承 满装滚针轴承 外形尺寸和公差
GB/T 3882	滚动轴承 外球面球轴承和偏心套 外形尺寸	JB/T 3632	滚动轴承 轧机压下机构用满装圆锥滚子推力轴承
GB/T 4199	滚动轴承 公差 定义	JB/T 5312	滚动轴承 汽车离合器分离轴承单元
GB/T 4605	滚动轴承 推力滚针和保持架组件及推力垫圈	JB/T 5389.1	滚动轴承 轧机用滚子轴承 第1部分：四列圆柱滚子轴承
GB/T 4663	滚动轴承 推力圆柱滚子轴承 外形尺寸	JB/T 5389.2	滚动轴承 轧机用滚子轴承 第2部分：双列和四列圆锥滚子轴承
GB/T 5801	滚动轴承 48、49和69系列滚针轴承 外形尺寸和公差	JB/T 6362	滚动轴承 机床主轴用双向推力角接触轴承
GB/T 5859	滚动轴承 推力调心滚子轴承 外形尺寸	JB/T 6635	滚动轴承 变速传动轴承
GB/T 6445	滚动轴承 滚轮滚针轴承 外形尺寸和公差	JB/T 6636	滚动轴承 机器人用薄壁密封轴承
GB/T 6930	滚动轴承 词汇	JB/T 7751	滚动轴承 推力圆锥滚子轴承
GB/T 7811	滚动轴承 参数符号	JB/T 7754	滚动轴承 双列满装圆柱滚子滚轮轴承
GB/T 9160.1	滚动轴承 附件 第1部分：紧定套和推卸衬套	JB/T 8563	滚动轴承 水泵轴连轴承
GB/T 12764	滚动轴承 无内圈、冲压外圈滚针轴承 外形尺寸和公差	JB/T 8568	滚动轴承 输送链用圆柱滚子滚轮轴承
GB/T 16643	滚动轴承 滚针和推力圆柱滚子组合轴承 外形尺寸	JB/T 8717	滚动轴承 转向器用推力角接触球轴承
GB/T 20056	滚动轴承 向心滚针和保持架组件 外形尺寸和公差	JB/T 8721	滚动轴承 磁电机球轴承
GB/T 24604	滚动轴承 机床丝杠用推力角接触轴承	JB/T 8722	滚动轴承 煤矿输送机械用轴承
GB/T 25760	滚动轴承 滚针和推力球组合轴承 外形尺寸	JB/T 10188	滚动轴承 汽车转向节用推力轴承
GB/T 25761	滚动轴承 滚针和角接触球组合轴承 外形尺寸	JB/T 10189	滚动轴承 汽车等速万向节及其总成
GB/T 25762	滚动轴承 摩托车连杆支撑用滚针和保持架组件	JB/T 10238	滚动轴承 汽车轮毂轴承单元
GB/T 25763	滚动轴承 汽车变速箱用滚针轴承	JB/T 10471	滚动轴承 转盘轴承
GB/T 25764	滚动轴承 汽车变速箱用滚子轴承	JB/T 10531	滚动轴承 汽车空调电磁离合器用双列角接触球轴承
GB/T 25765	滚动轴承 汽车变速箱用球轴承	JB/T 10857	滚动轴承 农机用圆盘轴承
GB/T 25768	滚动轴承 滚针和双向推力圆柱滚子组合轴承	JB/T 10859	滚动轴承 汽车发动机张紧轮和惰轮轴承及其单元
GB/T 25770	滚动轴承 铁路货车轴承		
GB/T 25771	滚动轴承 铁路机车轴承	JB/T 11086	滚动轴承 摩托车用超越离合器
GB/T 25772	滚动轴承 铁路客车轴承	JB/T 11251	滚动轴承 冲压外圈滚针离合器
GB/T 27554	滚动轴承 带座外球面轴承 代号方法	JB/T 11252	滚动轴承 圆柱滚子离合器和球轴承组件
GB/T 27559	滚动轴承 机床主轴用圆柱滚子轴承		
GB/T 28697	滚动轴承 调心推力球轴承和调心坐垫圈 外形尺寸	JB/T 11613	滚动轴承 汽/柴油发动机启动机用滚针轴承

表 G-2 符号及含义

符号	含义	符号	含义
B	轴承公称宽度	d	轴承公称内径
B_c	保持架公称宽度	d_c	保持架公称内径
C	冲压外圈公称宽度	d_1	螺栓公称直径
D	轴承公称外径	E_w	滚针总体公称外径
D_c	保持架公称外径	F_w	滚针总体公称内径
D_1	带冲压中心套的推力滚针和保持架中心套公称外径		

表 G-3 轴承代号的构成

轴 承 代 号					
前置代号	基 本 代 号				后置代号
	轴 承 系 列			内径代号	
	类型代号	尺寸系列代号			
		宽度（或高度）系列代号	直径系列代号		

表 G-4 类 型 代 号

代号	轴 承 类 型	代号	轴 承 类 型
0	双列角接触轴承	N	圆柱滚子轴承
1	调心球轴承		双列或多列用字母 NN 表示
2	调心滚子轴承和推力滚子轴承	U	外球轴球轴承
3	圆锥滚子轴承	QJ	四点接触球轴承
4	双列深沟球轴承	C	长弧面滚子轴承（圆环轴承）
5	推力球轴承		
6	深沟球轴承		
7	角接触轴承		
8	推力圆柱滚子轴承		

注：在代号后或前加字母或数字表示该类轴承的不同结构。

• 符合 GB/T 273.1 的圆锥滚子轴承代号按相关国标规定。

表 G-5 尺寸系列代号

直径系列代号	向心轴承							推力轴承				
	宽度系列代号							高度系列代号				
	8	0	1	2	3	4	5	6	7	9	1	2
	尺寸系列代号											
7	—	—	17	—	37	—	—	—	—	—	—	—
8	—	08	18	28	38	48	58	68	—	—	—	—
9	—	09	19	29	39	49	59	69	—	—	—	—
0	—	00	10	20	30	40	50	60	70	90	10	—
1	—	01	11	21	31	41	51	61	71	91	11	—
2	82	02	12	22	32	42	52	62	72	92	12	22
3	83	03	13	23	33	—	—	—	73	93	13	23
4	—	04	—	24	—	—	—	—	74	94	14	24
5	—	—	—	—	—	—	—	—	—	95	—	—

表 G-6 内径代号

轴承公称直径 mm		内径代号	系列
0.6—10（非整数）		用公称内径毫米数直接表示，在其尺寸系列代号之间用"/"分开	深沟球轴承 617/0.6 $d=0.6$ mm 深沟球轴承 618/2.5 $d=2.5$ mm
1—9（整数）		用公称内径毫米数直接表示。对深沟及角接触球轴承直径系列 7、8、9，内径与尺寸系列代号之间用"/"分开	深沟球轴承 625 $d=5$ mm 深沟球轴承 618/5 $d=5$ mm 角接触球轴承 707 $d=7$ mm 角接触球轴承 719/7 $d=7$ mm
10—17	10	00	深沟球轴承 6200 $d=10$ mm
	12	01	调心球轴承 1201 $d=12$ mm
	15	02	圆柱滚子轴承 NU202 $d=15$ mm
	17	03	推力球轴承 51103 $d=17$ mm
20—480（22，24，32 除外）		公称内径除以 5 的商数，商数为个位数，需在左边加"0"，如 06	调心球轴承 22308 $d=40$ mm 圆柱滚子轴承 NU1096 $d=480$ mm
≧500 以及 22，24，32		用公称内径毫米数直接表示，但在与尺寸系列之间用"/"分开	调心滚子轴承 230/500 $d=500$ mm 深沟球轴承 62/22 $d=22$ mm

表 G-7 代 号 示 例

编号	示 例
示例 1	调心滚子轴承 23224，2—类型代号，32—尺寸系列代号，24—内径代号，$d=120$ mm
示例 2	深沟球轴承 6203，6—类型代号，2—尺寸系列（02）代号，03—内径代号，$d=17$ mm
示例 3	深沟球轴承 617/0.6，6—类型代号，17—尺寸系列代号，0.6—内径代号，$d=0.6$ mm
示例 4	圆柱滚子轴承 N2210，N—类型代号，12—尺寸系列代号，10—内径代号，$d=50$ mm
示例 5	角接触球轴承 719/7，7 类型代号，19—尺寸系列代号，7—内径代号，$d=7$ mm
示例 6	角接触球轴承 707，7 类型代号，0—尺寸系列（10）代号，7—内径代号，$d=7$ mm
示例 7	双列圆柱滚子轴 NN30/550，NN—类型代号，30—尺寸系列代号，550—内径代号，$d=540$ mm

表 G-8 轴承前置代号

代号	含 义	示 例
L	可分离轴承的可分离内圈或外圈	LNU 207，表示 NU 207 轴承的内圈 LN 207，表示 N 207 轴承的外圈
LR	带可分离内圈或外圈与滚动体的组件	—
R	不带可分离内圈或外圈的组件（滚针轴承仅适用于 NA 型）	RNU 207，表示 NU207 轴承的外圈和滚子组件 RNA 6904，表示无内圈的 NA6904 滚针轴承
K	滚子和保持架组件	K81107，表示无内圈和外圈的 81107 轴承
WS	推力圆柱滚子轴承轴圈	WS 81107
GS	推力圆柱滚子轴承座圈	GS 81107
F	带凸缘外圈的向心球轴承（仅适用于 $d≤10$ mm）	F 618/4
FSN	凸缘外圈分离型微型角接触轴承（仅适用于 $d≤10$ mm）	ESN719/9—Z
KIW—	无座圈的推力轴承组件	KIW—51108
KOW—	无座圈的推力轴承组件	KOW—51108

表 G-9 轴承后置代号排列顺序

组别	1	2	3	4	5	6	7	8	9
含义	内部结构	密封与防尘与外部形状	保持架及其材料	轴承零件材料	公差等级	游隙	配置	振动及噪声	其他

表 G-10 内部结构代号

代号	含 义	示例
A	无装球缺口的双列角接触或深沟球轴承	3205A
	滚针轴承外圈带双锁圈（$d>9$ mm，$F_w>12$ mm）	—
	套圈直滚道的深沟球轴承	—
AC	角接触球轴承 公称接触角 $\alpha=25°$	7210AC
B	角接触球轴承 公称接触角 $\alpha=40°$	7210B
	圆锥滚子轴承 接触角加大	32310B
C	角接触球轴承 公称接触角 $\alpha=15°$	7005C
	调心滚子轴承 C 型 调心滚子轴承设计改变，内圈无挡圈，活动中挡圈，冲压保持架，对称型滚子，加强型	23122C
CA	C 型调心滚子轴承，内圈带挡边，活动中挡圈，实体保持架	23084CA/W33
CAB	CA 型调心滚子轴承，滚子中部穿孔，带柱销式保持架	—
CABC	CAB 型调心滚子轴承，滚子引导方式有改进	—
CAC	CA 型调心滚子轴承，滚子引导方式有改进	22252 CACK
CC	C 型调心滚子轴承，滚子引导方式有改进	22205 CC
D	剖分式轴承	K50×55×20D
E	加强型	NU207E
ZW	滚针保持架组件 双列	K20×25×40 ZW

·加强型，即内部结构设计改进，增大轴承承载能力

表 G-11 密封、防尘与外部形状变化代号

代号	含 义	示 例
D	双列角接触球轴承，双内圈	3307D
	双列圆锥滚子轴承，无内隔圈，端面不修磨	—
DI	双列圆锥滚子轴承，无内隔圈，端面修磨	—
DC	双列角接触球轴承，双外圈	3924-2KDC
DH	有两个座圈的单项推力轴承	—
DS	有两个座圈的单项推力轴承	—
-FS	轴承一面带毡圈密封	6203-FS
-2FS	轴承两面带毡圈密封	6206-2FSWB
K	圆锥孔轴承 锥度为1：12（外球面球轴承除外）	1210K，锥度为1：12 代号为1210 的圆锥孔调心球轴承

表 G-12 公差等级代号

代号	含 义	示 例
/PN	公差等级符合标准规定的普通级，代号中省略不表示	6203
/P6	公差等级符合标准规定的 6 级	6203/P6
/P6X	公差等级符合标准规定的 6X 级	30210/P6X
/P5	公差等级符合标准规定的 5 级	6203/P5
/P4	公差等级符合标准规定的 4 级	6203/P4
/P2	公差等级符合标准规定的 2 级	6203/P2
/SP	尺寸精度相当于 5 级，旋转精度相当于 4 级	234420/SP
/UP	尺寸精度相当于 4 级，旋转精度高于 4 级	234730/UP

表 G-13 游隙代号

代号	含 义	示 例
/C2	游隙符合标准规定的 2 组	6210/C2
/CN	游隙符合标准规定的 N 组，代号中省略不表示	6210
/C3	游隙符合标准规定的 3 组	6210/C3
/C4	游隙符合标准规定的 4 组	NN 3006 K/C4
/C5	游隙符合标准规定的 5 组	NNU 4920 K/C5
/CA	公差等级为 SP 和 UP 的机床主轴用圆柱滚子轴承径向游隙	—
/CM	电机深沟球轴承游隙	6204-2RZ/P6CM
/CN	N 组游隙，/CN 与字母 H、M、L 组合，表示游隙范围减半，或与 P 组合，表示游隙范围偏移。 /CNH——N 组游隙减半，相当于 N 组游隙范围的上半部 /CNL——N 组游隙减半，相当于 N 组游隙范围的下半部 /CNM——N 组游隙减半，相当于 N 组游隙范围的中部 /CNP——偏移的游隙范围，相当于 N 组游隙范围的上半部及 3 组游隙范围的下半部组成	—
/C9	轴承游隙不同于现标准	6205-2RS/C9

公差等级代号于游隙代号需同时表示时，可进行简化，取公差等级代号加上游隙组号（N 组不表示）组合表示。

示例 1：/P63 表示轴承公差等级 6 级，径向游隙 3 组。

示例 2：/P52 表示轴承公差等级 5 级，径向游隙 2 组。

表 G-14 配置代号

代号	含 义	示 例
/DB	成对背靠背安装	7210 C/DB
/DF	成对面对面安装	32208/DF
/DT	成对串联安装	7210 C/DT

代号		含义	示例
配置组中轴承数目	/D	两套轴承	配置组中轴承数目和配置中轴承排列可以组合成多种配置方式，如： ——成对配置的/D8、/DF、/DT； ——三套配置的 TBT、/TFT、/TT； ——四套配置的/QBC、/QFC、/QT、/QBT、/QFT 等。 7210 C/TFT——接触角 $\alpha = 15°$ 的角接触球轴承 7210 C，三套配置，两套串联和一套面对面 7210 C/PT——接触角 $\alpha = 15°$ 的角接触球轴承 7210 C，五套串联配置 7210 AC/QBT——接触角 $\alpha = 25°$ 的角接触球轴承 7210 AC，四套串联配置，三套串联和一套背对背
	/T	三套轴承	
	/Q	四套轴承	
	/P	五套轴承	
	/S	六套轴承	
配置中轴承排列	B	背对背	
	F	面对面	
	T	串联	
	G	万能组配	
	BT	背对背串联	
	FT	面对面串联	
	BC	成对串联的背对背	
	FC	成对串联的面对面	
预载荷	G	特殊预紧，附加数字直接表示预紧的大小（单位为 N）用于角接触球轴承时，"G"可省略	7210 C/G23S——接触角 $\alpha = 15°$ 的角接触球轴承 7210 C，提升预载荷为 325 N
	GA	轻预紧，预紧值较小（深沟及角接触球轴承）	7210 C/DBGA——接触角 $\alpha = 15°$ 的角接触球轴承 7210 C，成对背靠背配置，有轻预紧
	GB	中预紧，预紧值大于 GA（深沟及角接触球轴承）	—
	GC	重预紧，预紧值大于 GB（深沟及角接触球轴承）	—
	R	轻载荷均匀分配	NU 210/QTR——圆柱滚子轴承 NU 210 四套配置，均匀预紧
轴向游隙	CA	轴向游隙较小（深沟及角接触球轴承）	
	CB	轴向游隙大于 CA（深沟及角接触球轴承）	
	CC	轴向游隙大于 CB（深沟及角接触球轴承）	
	CG	轴向游隙为零（圆锥滚子轴承）	

表 G-15 带制件轴承代号

所带制件名称	带制件轴承代号	示例
带紧定套	轴承代号＋紧定套代号	22203 K＋H308
带退卸衬套	轴承代号＋退卸衬套代号	22203 K＋AH 308
带内圈	适用于无内圈的滚针轴承、滚针组合轴承 轴承代号＋内圈代号 IR	NKX 3D＋IR
带斜挡圈	适用于圆柱滚子轴承 轴承代号＋斜挡圈代号 HJ	NJ210＋HJ210

- 紧定套、退卸衬套代号按 GB/T 9160.1 的规定。
- 仅适用于带附件轴承的包装及图纸、设计文件、的标记，不适用于轴承标志。
- 可组合简化 NJ…＋HJ…—NH…，例：NH210

参 考 文 献

[1] 高金莲，刘淑英，刘宇红. 工程图学 [M]. 3 版. 北京：机械工业出版社，2011.

[2] 佟国治. 现代工程设计图学 [M]. 北京：机械工业出版社，2000.

[3] 孙兰凤，梁艳书. 工程制图 [M]. 北京：高等教育出版社，2004.

[4] 全国技术产品文件标准化技术委员会. 机械制图 [M]. 北京：中国标准出版社，2004.

[5] 苑彩云. 工程图学 [M]. 北京：机械工业出版社，2004.

[6] 邢邦圣. 机械工程制图 [M]. 南京：东南大学出版社，2010.

[7] 郭友寒. 现代机械制图 [M]. 北京：北京航空航天大学出版社，2004.

[8] 刘朝儒. 机械制图 [M]. 5 版. 北京：高等教育出版社，2006.

[9] 何铭新，钱可强，徐祖茂. 机械制图 [M]. 7 版. 北京：高等教育出版社，2016.

[10] 古塞克. 工程图学 [M]. 焦永和，韩宝玲，李苏红，译. 8 版　改编版. 北京：高等教育出版社，2005.

[11] 王永智，林启迪. 画法几何及机械制图 [M]. 北京：机械工业出版社，2003.

[12] 臧宏琦，王永平，机械制图 [M]. 4 版. 西安：西北工业大学出版社，2013.

[13] 窦忠强，曹彤，陈锦昌，等. 工业产品设计与表达 [M]. 3 版. 北京：高等教育出版社，2016.

[14] 大连理工大学工程画教研室. 机械制图 [M]. 5 版. 北京：高等教育出版社，2003.

[15] 王幼苓，陈华. 工程图学基础与应用 [M]. 西安：陕西科学技术出版社，2005.

[16] 王喜力. 产品几何技术规范（GPS）国家标准应用指南 [M]. 北京：中国标准出版社，2010.

[17] 胡仁喜，刘昌丽，康士廷，等. Autodesk AutoCAD 2010 电气制图标准实训教材 [M]. 北京：人民邮电出版社，2010.

[18] 谭建荣，张树有，陆国栋，等. 国家基础教程 [M]. 2 版. 北京：高等教育出版社，2006.

[19] 刘小年，刘庆国. 工程制图 [M]. 北京：高等教育出版社，2004.